建筑电气工程师技术丛书

电梯电气控制技术

芮静康 主编

中国建筑工业出版社

图书在版编目（CIP）数据

电梯电气控制技术/芮静康主编．—北京：中国建筑工业出版社，2005
（建筑电气工程师技术丛书）
ISBN 978-7-112-07807-3

Ⅰ. 电… Ⅱ. 芮… Ⅲ. 电梯-电气控制 Ⅳ. TU857

中国版本图书馆 CIP 数据核字（2005）第 114644 号

建筑电气工程师技术丛书
电梯电气控制技术
芮静康 主编

*

中国建筑工业出版社出版、发行（北京西郊百万庄）
各地新华书店、建筑书店经销
北京红光制版公司制版
北京富生印刷厂印刷

*

开本：850×1168 毫米 1/32 印张：15⅛ 字数：410 千字
2005 年 11 月第一版 2012 年 2 月第二次印刷
印数：3001—4000 册 定价：**30.00** 元
ISBN 978-7-112-07807-3
（13761）

版权所有 翻印必究
如有印装质量问题，可寄本社退换
（邮政编码 100037）

本书详细地论述电梯的技术问题,内容包括:电梯的种类、特点和用途,电梯的机械和电气设备,电梯的电气控制系统,电梯的安装和调试,电梯的运行和维护,自动扶梯等。

本书内容广泛、概念准确、图文并茂、通俗易懂、文字简练,有理论、有实践。可供电梯工程技术人员和宾馆、饭店、写字楼、高层住宅的物业及安装、施工、运行、维护的技术人员和技术工人阅读,也可作大专院校有关师生教学参考。

*　　*　　*

责任编辑:刘　江　刘婷婷
责任设计:董建平
责任校对:关　健　刘　梅

编审委员会名单

顾　问：陈汤铭　清华大学教授，电机学奠基人之一
　　　　翟中和　北京大学教授，中国科学院院士
　　　　韩运铎　清华大学教授，中国科学院院士
　　　　袁世鹰　教授，原焦作工学院院长
　　　　焦留成　教授，郑州大学副校长
　　　　李友海　清华大学教授
主　任：芮静康
副主任：余发山　武钦铎　张燕杰
委　员：曾慎聪　童启明　路云坡　席德熊
　　　　温发和　周铁英　王　梅　朱孝业
　　　　方　铭　蔡碧濂　周德铭　刘　俊
　　　　雷焕平　潘永华　黄显琴　胡渝珏
　　　　朱正琼　王福忠　杨　静　王祥勇
主　编：芮静康（特聘教授、高工）
副主编：余发山　张燕杰　田慧君
作　者：芮静康　余发山　王福忠　田　书　张燕杰
　　　　马小郑　雷乃清　郭三明　上官璇峰　王玉梅
　　　　孙岩州　段俊东　李福军　宋运忠　苏　姗
　　　　陈晓峰　陈　洁　屠姝姝　王　梅　杨　静
　　　　田慧君

前　言

　　随着城市人口的增加，科学技术日新月异地发展，人们物质文化生活水平的提高，建筑迅速发展，大批的高楼大厦拔地而起，十几层乃至几十层的宾馆、饭店、写字楼、住宅楼鳞次栉比。电梯在人们的生产、工作、生活中的地位和汽车一样，成为重要的运输设备之一。

　　电梯是在垂直方向上运行的运输设备，扶梯是在斜面上运行的运输设备，但都把人和货物从一个水平面提升到另一个水平面。由于电梯的电力拖动系统和工厂的龙门刨床极其接近，所以有人说："电梯是竖着走的龙门刨，龙门刨是横着走的电梯。"

　　电梯兴盛发展的根本原因在于采用了电力作为动力来源。并随着电机技术的发展，从直流电机的改进，交流异步单速、双速交流电梯，乃至生产专用的交直流电梯电机、开口电机等，显著改善了电梯的工作性能。随着控制技术的发展，特别电子技术的发展、PC机和电子计算机技术成功地应用到电梯的电气控制系统中，电梯的自动化程度、性能、可靠性、运行效果得到更为显著提高。

　　介绍电梯的结构和电气控制的书籍已经不少，有的还非常实用、具有很高的价值。笔者虽主要撰写电气控制和电路技术方面的书籍，但毕竟早年毕业于清华大学电机系，后在电机工厂工作了几十年，亲自参加电梯电机的科研、生产、安装、施工、运行维护的实践工作，所以本书对与电梯性能有密切关系的电梯电机也作了详尽的介绍，以为电梯的电气控制奠定基础。本书有多位从事电梯教学有丰富教学经验的教授参加撰稿，并结合电梯的安装、施工、运行的实践，对积累的实践经验和资料加以整理，充实书的内容，将各种电梯控制系统加以详尽的分析和介绍，给从事电梯电气控制的技术人员提供了依据。本书篇幅不算过长，但叙述全面，内容新颖，图文并茂，深入浅出。希望该书能成为广大读者的良师益友。

本书由清华大学著名教授，电机学奠基人之一陈汤铭先生任首席顾问，由中国科学院士、北京大学翟中和教授和清华大学韩运铎教授等为顾问。由业内专家芮静康同志任主任，余友山教授、武钦韬教授、张燕杰教授任副主任，原水利部杭州小水电研究所所长、教授级、高工曾慎聪等为委员。本书由芮静康兼任主编，余发山教授、张燕杰教授、田慧君为副主编，详细编审委员会名单见封内所列。

本书得到编审委员会的领导、教授、专家、工程技术人员的大力支持和帮助，长期的合作，并得到许多公司、企业和单位提供资料，在此一并表示深深的谢意。

由于编者水平有限，错漏和不妥之处在所难免，敬请专业同仁和广大读者批评指正。

芮静康
2004 年 5 月 1 日于北京

目 录

第一章 电梯的种类、特点和用途

第一节 电梯的种类 1
  一、按用途分类 1
  二、按额定速度分类 2
  三、按拖动方式分类 3
  四、按控制方式分类 3
第二节 电梯的型号和参数 5
  一、电梯的型号 5
  二、电梯的主要参数及规格尺寸 7
第三节 电梯的结构和选择 16
  一、电梯的基本结构 16
  二、电梯的选择 19

第二章 电梯的机械和电气设备

第一节 电梯的机械设备 29
  一、轿厢 29
  二、门系统 31
  三、导向系统 33
  四、曳引系统 33
  五、对重系统 34
  六、机械安全保护系统 35
第二节 电梯电机 37
  一、电梯电机的用途 37
  二、电梯电机的种类 39

三、电梯电机的系列和型号 ··· 40
　　四、电梯电机的铭牌 ··· 42
　　五、电梯电机的结构 ··· 46
　　六、电梯电机的性能指标和技术要求 ································ 59
　　七、电梯电机的试验 ··· 78
　　八、电梯电机的微机检测 ··· 107
第三节　电梯的电器件和装置 ··· 120
　　一、低压电器 ··· 120
　　二、电子元器件 ··· 138
　　三、电气装置 ··· 185

第三章　电梯的电气控制系统

第一节　电梯的电气控制 ·· 280
　　一、电梯的电力拖动系统 ··· 280
　　二、VVVF 控制的矢量变换与脉宽调制 ·························· 294
第二节　电梯的电气控制系统 ··· 303
　　一、分类与组成 ··· 303
　　二、定向选层控制线路 ·· 303
　　三、运行控制线路 ·· 308
　　四、电梯的开关门控制线路 ·· 313
　　五、电梯的检修运行线路 ··· 315
　　六、电梯的消防运行线路 ··· 316
第三节　典型电梯控制电路 ·· 319
　　一、德国 DYNALIFT"DCL"电梯电路 ·························· 319
　　二、德国 ZETADYN1 调速拖动电路 ····························· 330
　　三、日本 YP 调速拖动电路 ·· 343
　　四、交流双速、轿内按钮 PLC 控制电梯电路 ·················· 351
　　五、直流集选控制、晶闸管励磁、机械选层器的快速直流
　　　　电梯电路 ·· 362

第四章　电梯的安装和调试

第一节　机房内机械设备的安装 ··· 371

一、承重梁的安装 …………………………………… 371
　　二、曳引机安装 ……………………………………… 372
　　三、限速器的安装 …………………………………… 373
第二节　井道内设备的安装 ……………………………… 374
　　一、导轨支架及导轨的安装 ………………………… 374
　　二、轿厢、安全钳及导靴的安装 …………………… 376
　　三、对重的安装 ……………………………………… 377
　　四、缓冲器的安装 …………………………………… 378
　　五、钢丝绳及补偿缆的安装 ………………………… 378
　　六、门系统安装 ……………………………………… 380
第三节　电气装置的安装 ………………………………… 382
　　一、机房电气装置安装 ……………………………… 382
　　二、井道电气装置安装 ……………………………… 384
　　三、轿厢电气装置安装 ……………………………… 387
　　四、层站电气装置安装 ……………………………… 389
　　五、供电及控制线路安装 …………………………… 389
第四节　电梯的调试 ……………………………………… 398
　　一、通电前的检查工作 ……………………………… 398
　　二、不挂曳引钢丝绳的通电动作试验 ……………… 399
　　三、悬挂曳引钢丝绳后的慢车运行调试 …………… 400
　　四、电梯的快速运行及整机性能调试 ……………… 402
第五节　电梯的竣工检查和验收 ………………………… 405
　　一、安装质量检查 …………………………………… 405
　　二、安全可靠性检查 ………………………………… 420
　　三、技术性能检查 …………………………………… 422

第五章　电梯的运行和维护

第一节　电梯事故原因的分析 …………………………… 427
　　一、事故分析 ………………………………………… 427
　　二、常见电梯出入口坠落事故分析及对策 ………… 430
第二节　电梯的维护与保养 ……………………………… 438
　　一、机械部分的保养 ………………………………… 438

二、电气装置的保养 …………………………………………… 443
第三节 电梯常见故障的排除 …………………………………… 444

第六章 自动扶梯

第一节 自动扶梯的分类和电气控制系统的发展 ……………… 450
 一、自动扶梯的分类 …………………………………………… 450
 二、自动扶梯电气控制系统的发展 …………………………… 451
第二节 PLC 式和单片机式自动扶梯控制系统 ………………… 452
 一、PLC 式自动扶梯控制系统 ………………………………… 452
 二、PLC 机 ……………………………………………………… 455
 三、故障维修 …………………………………………………… 460
 四、单片机式自动扶梯控制系统 ……………………………… 461
第三节 自动扶梯梯级两侧的安装问题 ………………………… 466
 一、制动器 ……………………………………………………… 466
 二、监控装置 …………………………………………………… 466
 三、安全保护装置 ……………………………………………… 467
 四、电气保护装置 ……………………………………………… 471
 五、辅助的安全装置 …………………………………………… 471

参考文献 …………………………………………………………… 474

第一章 电梯的种类、特点和用途

电梯是随着高层建筑的兴起而发展起来的一种以垂直运输为主的运输工具。从电力拖动的角度，有人描写为，电梯是垂直运行的龙门刨床。

多层厂房和仓库需要有货梯，高层住宅楼需要有住宅梯，百货商场和宾馆饭店、大厦需要客梯、自动扶梯……在现代化生活中，电梯已像汽车、有轨交通、轮船一样，成为人们不可缺少的交通运输工具。

电梯的起源和发展，从人力提升卷扬机开始，随后是蒸汽机为动力的客梯，鼓轮式电梯、曳列式电梯；近代半导体、晶闸管技术的发展，使电梯的控制系统由机电式过渡到电子式控制。更由于集成电路的发展，计算机技术的应用，使得电梯的控制出现了飞跃。从而自动扶梯、单片机、PLC控制、微机全电脑控制，以及群控，相继得到广泛应用。自动平层、微机检测、图像显示、监控以及现代通信都在电梯中得到应用。电梯技术向现代化、网络化、智能化发展，给人们提供了极其方便和舒适的条件。

第一节 电梯的种类

电梯通常按用途、速度、拖动方式和控制方式等进行分类。

一、按用途分类

（1）乘客电梯：为运送乘客而设计的电梯。主要用于宾馆、饭店、办公大楼、高层公寓等场所，要求运行平稳、舒适安全，乘客可见部分装饰讲究。

(2) 载货电梯：主要为运送货物而设计的通常有人伴随的电梯。其轿厢面积和载重量较大，但自动化程度和运行速度不高，通常在大型商场、货仓和生产车间使用较多。

(3) 客货电梯：主要是用作运送乘客，但也可以运送货物的电梯。它与乘客电梯的区别在于轿厢内部装饰结构不同。如宾馆、饭店员工使用的工作梯（常兼作消防时使用）大多采用此类电梯。

(4) 病床电梯：为运送病床而设计的电梯。因而轿厢窄而深，且通常要求前后贯通开门，有司机操纵，运行应平稳。

(5) 住宅电梯：即供住宅楼使用的电梯。一般应能满足运送家具、物品的要求。

(6) 杂物电梯：这是一种只运送图书、文件、食品等，但不允许人员进入的电梯，主要用于图书馆、办公楼、饭店等场所。

(7) 观光电梯：即供乘客观光用的电梯。其特点是轿厢壁透明，乘客在轿厢内可以观看、欣赏周围风光。

(8) 其他专用电梯：如用于船舶上的船舶电梯，专作运送车辆的车辆电梯，以及矿井电梯、建筑施工用电梯等。这些专用电梯通常运行速度较低（1m/s 及以下），轿厢面积根据用途制作，专用性强。

二、按额定速度分类

(1) 高速梯：是指梯速在 2~3m/s 的电梯。梯速在 3m/s 以上的电梯，我国目前常称为超高速电梯。现在世界上已有 10m/s 的电梯投入使用。

(2) 快速梯：即梯速大于 1m/s 而小于 2m/s 的电梯，如 1.5m/s、1.75m/s 的电梯均为快速梯。

(3) 低速梯：即梯速为 1m/s 及以下的电梯。如梯速为 0.25、0.5、0.75、1m/s 的电梯均属于低速梯。

三、按拖动方式分类

(1) 交流电梯：即采用交流电动机拖动的电梯。如交流单速电梯、交流双速电梯、交流调压调速（ACVV）电梯、交流变压变频调速（VVVF）电梯等。

(2) 直流电梯：即采用直流电动机拖动的电梯。如采用直流发电机-电动机组拖动的电梯和直流可控硅励磁拖动的电梯，整流器供电的直流拖动的电梯。

(3) 液压电梯：即靠液压传动的电梯。根据液压柱塞设置的方式不同，目前有以下两种：

①柱塞直顶式液压电梯：油缸柱塞直接支撑轿厢底部，使轿厢升降。

②柱塞侧置式液压电梯：油缸柱塞设置在井道的侧面，借助曳引绳或链通过滑轮组与轿厢联接使轿厢升降。

(4) 齿轮齿条式电梯：这种电梯无须曳引钢丝绳，其电动机及齿轮传动机构直接装在轿厢上，依靠齿轮与固定在构架上的齿条之间的啮合来驱动轿厢上下运行。如建筑工程用的电梯即为此种电梯。

(5) 螺旋式电梯：即通过螺杆旋转，带动安装在轿厢上的螺母使轿厢升降的电梯。

四、按控制方式分类

(1) 手柄操纵控制电梯：此种电梯由司机操纵轿厢内的手动开关，实现轿厢运行的控制。电梯轿门和厅门的开关有自动的和手动的两种型式。对于自动门电梯，当轿厢运行到平层区域时，司机即将手柄开关回到零位，电梯就会换速自动平层，自动开门。手动门电梯，则需由司机手动将门关闭或打开。

(2) 按钮控制电梯：这是一种通过操纵层门外侧按钮或轿厢内按钮发出指令，使轿厢停靠层站的电梯。这种电梯也有自动门和手动门两种型式。自动门电梯具有自动平层、开关门功能。手动门电梯的门，在电梯到站平层后，需人将其打开，并通过人工关闭门以后，电梯得到按钮指令才可运行。

(3) 信号控制电梯：这也是一种由电梯司机操纵轿厢运行的电梯，具有将层门外上下召唤信号、轿厢内选层信号和其他各种专用信号加以综合分析判断的功能，因而自动控制程度较高。

(4) 集选控制电梯：此种电梯自动控制程度更高，可以实现将层门外上下召唤信号、轿厢内选层信号和其他各种专用信号加以综合分析判断后自动决定轿厢运行的无司机控制。

集选控制电梯一般均设"有/无司机"操纵转换开关，可根据使用需要灵活选择。如人流高峰或特殊需要时，可转换为有司机操纵，而成为信号控制电梯。在其他情况下作正常行驶时，可转为无司机操纵，即为集选控制电梯。

(5) 向下集选控制（向下集中控制）电梯：这种电梯的特点是，对于各层站的呼梯信号，轿厢只有在向下运行时才能顺向应答召唤停靠。

(6) 并联控制电梯：即将 2~3 台电梯集中排列，共用层门外召唤信号，按规定顺序自动调度，确定其运行状态。采用此种控制方式的电梯，在无召唤信号时，在主楼面有一台电梯处于关门备用状态，另外一台或两台电梯停在中间楼层随时应答厅外呼梯信号，前者常称为基梯，后者称为自由梯。当基梯起动运行后，自由梯可自动起动至基站等待。若厅外其他层站有呼梯信号时，自由梯则前往应答与其运行方向相同的所有召唤信号。对于与自由梯运行方向相反的召唤信号，则由基梯前往应答。如果两台（或三台）电梯都在应答两个方向的呼梯信号时，先完成应答任务的电梯返回主楼面备用。这种控制方式有利于提高电梯的运输效率，节省乘客的候梯时间。

(7) 群控电梯：将多台电梯进行集中排列，并共用层门外按钮，按规定程序集中调度和控制的电梯。采用此种控制方式，是基于建筑物内不同时段客流量不均匀：早、晚和中午会出现客流高峰，平时上下往返交错为中等客流量，夜间、清晨客流量少。

利用轿厢底下的负载自动计量装置及其相应的计算机管理系统，进行轿厢负载计算，并根据上下方向的停站数、厅外呼梯信号和轿厢所处位置，选择最适合客流量的输送方式，避免轿厢轻载起动运行、满载中途呼梯停车和空载往返。在客流量逐渐减少的夜间和清晨，还可实现电梯运行台数的相应减少，在返回基站后，不运行的电梯经过一定时间可切断电源。因此，这种控制方式有利于增加电梯的运输能力，提高效率，缩短乘客候梯时间，减少电力消耗，适用于配用电梯在3台以上的高层建筑中。

(8) 智能控制电梯：这是一种先进的应用电脑技术对电梯进行控制的群控电梯。其最大特点是，它能根据厅外召唤，给梯群中每部电梯作试探性的分配，以心理性等候时间最短为原则，避免乘客长时间等候和将厅外呼梯信号分配给满载性较大的电梯，使乘客候梯失望，从而提高了预告的准确性和运输效率，达到电梯的最佳服务。此外，由于电梯采用了微机控制，取代了大量的继电器，使故障率大大降低，控制系统的可靠性大大增强。

第二节　电梯的型号和参数

一、电梯的型号

由于电梯的品种及其分类方法比较多，为有利于电梯的设计、制造、销售、选购、安装和使用、维修管理，加快国产梯的发展，我国已制订了电梯产品型号的统一编制方法。

根据《电梯、液压梯产品型号编制方法》中的规定，电梯、液压梯产品的型号均是采用具有代表意义的汉语拼音字母和阿拉伯数字来分别表示其类、组、型（及改型）、主参数和控制方式的。图1-1为电梯型号表示方法。表1-1为类别（类）代号，表1-2为品种（组）代号，表1-3为拖动方式（型）代号，表1-4为主参数表示代号，表1-5为控制方式代号，现列出，以方便在实际应用中查找。

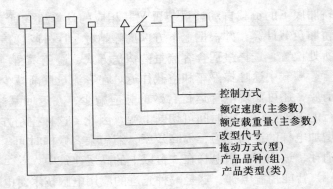

图 1-1　电梯型号表示方法

类别代号　　　　　　　　　　表 1-1

产品类别	代表汉字	拼音	采用代号
电梯	梯	TI	T
液压梯			

品种（组）代号　　　　　　　表 1-2

产品类别	代表汉字	拼音	采用代号
乘客电梯	客	KE	K
载货电梯	货	HUO	H
客货（两用）电梯	两	LIANG	L
病床电梯	病	BING	B
住宅电梯	住	ZHU	Z
杂物电梯	物	WU	W
船用电梯	船	CHUAN	C
观光电梯	观	GUAN	G
汽车用电梯	汽	QI	Q

拖动方式（型）代号　　　　　表 1-3

产品类别	代表汉字	拼音	采用代号
交流	交	JIAO	J
直流	直	ZHI	Z
液压	液	YE	Y

主参数表示代号 表1-4

额定载重量（kg）	表　示	额定速度（m/s）	表　示
400	400	0.63	0.63
630	630	1.0	1
800	800	1.6	1.6
1000	1000	2.5	2.5

控制方式代号 表1-5

控　制　方　式	代表汉字	采用代号
手柄开关控制、自动门	手、自	SZ
手柄开关控制、手动门	手、手	SS
按钮控制、自动门	按、自	AZ
按钮控制、手动门	按、手	AS
信号控制	信　号	XH
集选控制	集　选	JX
并联控制	并　联	BL
梯群控制	群　控	QK

注：控制方式采用微处理机时，以汉语拼音字母W表示，排在其他代号的后面。如采用微机的集选控制方式，代号为JXW。

目前我国一些电梯生产厂家以引进技术生产的电梯，其产品型号的编制方法与国产梯不同，如上海三菱电梯、天津奥的斯电梯等，在选购时应注意。

二、电梯的主要参数及规格尺寸

（一）电梯的主要参数及规格

（1）额定载重量（乘客人数）。即指制造和设计规定的电梯载重量。对于客用电梯，还有轿厢乘客人数的限定（包括电梯司机在内）。

（2）额定速度。即制造和设计所规定的电梯运行速度。

（3）轿厢尺寸。即宽×深×高，是指轿厢内部的尺寸。

（4）门的形式。如封闭式中分门和双折门、旁开式双折门或三扇门、前后两面开门、栅栏门，自动门、手动门等，并包括开门方向。

(5) 开门宽度。指轿厢门和层门完全开启后的净宽。

(6) 层站数量。即建筑物内各楼层用于出入轿厢的地点数量。

(7) 提升高度。是指从底层端站楼面至顶层端站楼面之间的垂直距离。

(8) 顶层高度。即由顶层端站楼面至机房楼板或隔层楼板下最突出构件的垂直距离。该参数与电梯的额定速度有关，梯速越高，顶层高度一般就越高。

(9) 底坑深度。指由底层端站楼面至井道底平面之间的垂直距离。它同样与梯速有关，速度越快，底坑一般则越深。

(10) 井道总高度。即由井道底平面至机房楼板或隔层楼板之间的垂直距离。

(11) 井道尺寸。即宽×深，是指井道内部的尺寸。

(12) 拖动方式。如交流电机拖动、直流电机拖动等。

(13) 控制方式。如手柄控制、按钮控制、集选控制、有/无司机控制等。

(14) 信号装置。如呼梯按钮、层灯指示的方向和位置、呼叫方式等。

(15) 轿厢装置与装饰要求。轿厢装置通常是指照明灯、电风扇、电话、扶手等。装饰则包括轿厢和层门、门套的材质、颜色、轿顶装饰的特定要求等。

(二) 主要规格参数的意义

(1) 表明了电梯的基本特征。如额定载重量、乘客人数、额定速度、拖动方式与控制方式、轿厢尺寸和门的形式、轿厢装置及装饰等，是表明电梯的主要规格参数及特征。

(2) 是用户选购电梯的重要依据。在需配用电梯的建筑物的筹建阶段，电梯是慎重选购的重要设备之一。实地考察和了解电梯的性能及主要规格参数后，根据建筑物的功能需要及资金等情况进行综合比较、论证和决策。电梯的主要规格参数即为选购电梯的重要依据。但是在订购电梯时，除了上述各主要规格参数外，还须将以下内容写清楚：

①建筑类别。如宾馆、饭店、商场、学校、办公写字楼、住宅楼、医院、图书馆、工厂、仓库等。

②电梯的配置台数及平面布局。通常应提供建筑方案平面图。

③停站方式。如一层一站、一层两站（前、后开门）、隔层或多层停站等。

④井道建筑结构。钢筋混凝土、砖混结构或金属构架等。

⑤机房位置及面积。机房设置的具体位置，如在井道顶部、井道侧面、井道底部。机房的高度、宽度、深度及有无隔声层或滑轮间等。

⑥供电方式。包括电梯电源是单回路或双回路、供电电压、频率、有无稳压装置等。

⑦其他特殊功能。如消防运行状态、停电自平层功能、警铃、轿厢应急照明灯等。

（3）反映了与建筑结构的密切关系。电梯是以建筑物或能满足安装要求的结构体为基础进行安装的设备。在一定意义上，与电梯安装相配套的建筑结构是构成电梯产品的重要组成部分。为保证电梯在建筑物中的顺利安装，并为今后的安全使用和维修保养创造条件，建筑结构的设计与电梯产品的设计、制造必须密切配合。在确定电梯的选型后，应根据电梯生产厂家提供的技术资料及有关设计要求再进行机房、井道、底坑、厅门口及顶层高度的具体设计。电梯台数、品种较多，使用要求较高的大型建筑的电梯平面布置和相关建筑结构的设计，通常由建筑设计单位与电梯厂家共同商定电梯的平面布置方案，并征求建设方的意见，然后将有关建筑图纸和资料提供给电梯厂家作配梯设计。

电梯对建筑结构的要求主要体现在机房、井道等部位：

①电梯的机房、井道的建筑结构（楼板、承重梁、墙体、底坑）必须具有足够的机械强度，满足电梯的安装和使用时各种载

荷的要求。机房楼板应能承载 600kg/cm² 以上。超高层建筑的电梯井道，还应考虑结构、建筑材料及自然气候的变化等因素对井道稳定性的影响。

②机房的尺寸、面积，井道的尺寸、顶层高度和底坑深度以及机房和井道的永久性工艺孔洞应满足国家有关标准和所选电梯的具体要求，其尺寸和预留位置应准确。顶层高度和底坑深度应能满足电梯导轨安装对制导行程的要求。

③对重装置为刚性金属导轨的电梯井道的水平尺寸应为铅锤测定的最小净空尺寸，其允差值应满足以下要求：

高度≤30m 的井道为 0～+25mm；
高度≤60m 的井道为 0～+35mm；
高度≤90m 的井道为 0～+50mm。

④底坑应做防水处理，要求地面平整，不渗水、漏水。兼有消防状态的电梯底坑应有排水装置。

⑤机房的地坪应采用防滑材料。地板上的永久性孔洞周围应有高出地面 50mm 的围框，防止工具、物品或地面进水落（流）入井道。

⑥机房应具有相应的通风条件，其环境温度应控制在 +5～+40℃范围。机房噪声应≤80dB。在机房顶板承重梁上与曳引机对应的位置应有能承重 3t 的起重吊钩。

⑦井道层门处的牛腿结构应能满足电梯层门地坎的尺寸和负荷强度的要求。相邻两层站间的最小距离应符合以下规定：

当轿厢入口高度 2000mm 时，为 2450mm。
当轿厢入口高度 2100mm 时，为 2550mm。

⑧机房、井道、底坑应有永久性照明和一定数量的电源插座，其光照度均不得低于 200lx。井道最高和最低点 0.5m 处应各有一盏灯，中间灯的最大间距不应大于 7m。照明和电源插座的线路及控制应与电梯主电路分开设置。

电梯的图示及参考尺寸见表 1-6～表 1-8 及如图 1-3～图 1-6 所示（表 1-6～表 1-8 和图 1-2、图 1-3 摘自国家标准）。

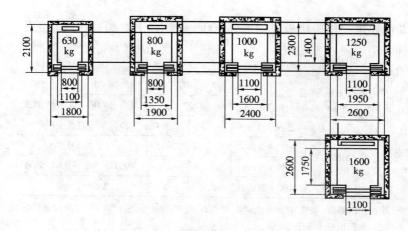

图 1-2 乘客电梯井道平面图

乘客电梯参数尺寸　　　　表 1-6

	额定载重量（kg）	630	800	1000	1250	1600
	可乘人数	8	10	13	16	21
轿厢	宽度 A（mm）	1100	1350	1600	1950	
	深度 B（mm）	1400			1750	
	高度（mm）	2200			2300	
轿门和厅门	宽度 E（mm）	800			1100	
	高度 F（mm）	2000			2100	
	型　式	中　分				
井道	宽 C（mm）	1800	1900	2400	2600	
	深 D（mm）	2100		2300	2600	
底坑深度 P（mm）	$V\leqslant 0.63$、1.00m/s	1500		1700	1900	
	$V\leqslant 1.60$m/s	1700				
	$V\leqslant 2.50$m/s	*		2800		
顶层高度 Q（mm）	$V\leqslant 0.63$、1.00m/s	3800		4200	4400	
	$V\leqslant 1.60$m/s	4000				
	$V\leqslant 2.50$m/s	*	5000	5200	5400	

续表

机房	$V \leqslant 0.63$m/s $V \leqslant 1.00$m/s $V \leqslant 1.60$m/s	面积 S（m²）	15	20	22	25
		宽度 R（mm）	2500	3200		
		深度 T（mm）	3700	4900		5500
		高度 H（mm）	2200	2400		2800
	$V \leqslant 2.50$m/s	面积 S（m²）	**	18	20	22	25
		宽度 R（mm）		2800	3200		
		深度 T（mm）		4900		5500
		高度 H（mm）		2800			

注：* 由制造厂确定；** 为非标电梯；R、T 为最小值，实际尺寸应确保机房地面面积至少等于 S。

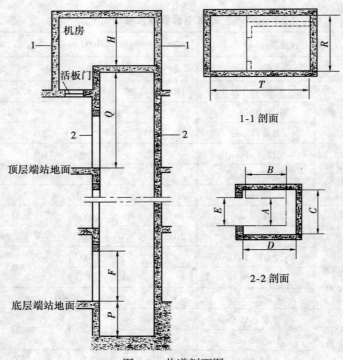

图 1-3 井道剖面图

住宅、病床电梯参数尺寸　　　　表 1-7

类别			住宅电梯			病床电梯		
额定载重量(kg)			400	630	1000	1600	2000	2500
可乘人数			5	8	10	21	26	33
轿厢		宽度 A(mm)	1100			1400	1500	1800
		深度 B(mm)	950	1400	2100	2400	2700	
		高度(mm)	2200			2300		
轿门和厅门		宽度 E(mm)	800			1300		1300 ***
		高度 F(mm)	2000			2100		
		型式	中分		旁开	旁开		旁开 ***
井道		宽度 C(mm)	1800 或 1600			2400		2700
		深度 D(m)	1600	2100	2600	3000		3300
底坑深度 P(mm)		$V\leqslant 0.63$、1.00m/s	1400、1500			1600、1700		1800、1900
		$V\leqslant 1.60$m/s	1700			1900		2100
		$V\leqslant 2.50$m/s	*	2800		2800		3000
顶层高度 Q(mm)		$V\leqslant 0.63$、1.00m/s	3700、3800			4400		4600
		$V\leqslant 1.60$m/s	4000					
		$V\leqslant 2.50$m/s	**	5000		5400		5600
机房	$V\leqslant 0.63$m/s $V\leqslant 1.00$m/s $V\leqslant 1.60$m/s	面积 S(m²)	7.5、10	10、12	12、14	25	27	29
		宽度 R(mm)	2200	2400		3200		3500
		深度 T(mm)	3200	3700	4200	5500		5800
		高度 H(mm)	2000、2200			2800		
	$V\leqslant 2.50$m/s	面积 S(m²)	14	16		25	27	29
		宽度 R(mm)	2800			3200		3500
		深度 T(mm)	**	3700	4200	5500		5800
		高度 H(mm)	2600			2800		

注：*由制造厂确定；**为非标电梯；***为可采用入口净宽1400mm中分门；R 和 T 为最小值，实际尺寸应确保机房地面面积至少等于 S。另外，载重量为400kg的电梯轿厢不允许残疾人轮椅进出。

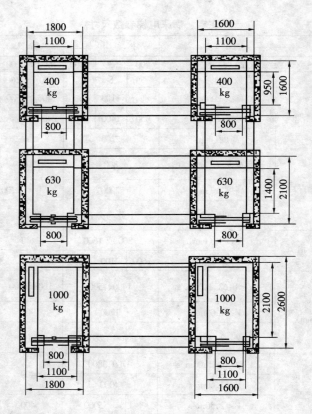

图 1-4 住宅电梯井道平面图

载货、杂物电梯参数尺寸 表 1-8

类 别		载 货 电 梯				杂 物 电 梯		
额定重量（kg）		630	1000	1600	2000	40	100	250
可乘人数		8	13	21	26			
轿厢	宽度 A（mm）	1100	1300	1500		600	800	1000
	深度 B（mm）	1400	1750	2250	2700			
	高度（mm）		2200		2100	800		1200
轿门和厅门	宽度 E（mm）	1100	1300	1500				
	高度 F（mm）		2100					
	型 式							

续表

类别		载货电梯				杂物电梯		
井道	宽度 C (mm)	2100	2400	2700		900	1100	1500
	深度 D (mm)	1900	2300	2800	3200	800	1000	1200
底坑深度 P (mm)	$V \leqslant 1.00$m/s	1500		1700				
顶层高度 Q (mm)	$V \leqslant 1.00$m/s	4100		4300				
机房 $V \leqslant 1.00$m/s	面积 S (m²)	12	14	18	20			
	宽度 R (mm)	2800	3100	3400				
	深度 T (mm)	3500	3800	4500	4900			
	高度 H (mm)	2200		2400				

注：R 和 T 系最小值，必须保证 $RT = S$。

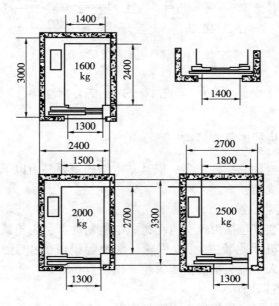

图 1-5　病床电梯井道平面图

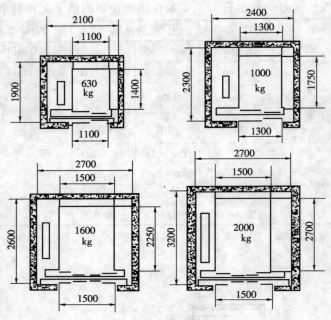

图 1-6 载货电梯井道平面图

第三节 电梯的结构和选择

一、电梯的基本结构

尽管电梯的品种繁多，但其基本结构主要是由以下各装置部件组合而成的：

1. 拖动装置

拖动装置包括由曳引电动机、电磁制动器、齿轮减速器（无齿轮曳引机无此装置）、曳引轮、底座等组成的曳引机及机架、减振垫和人工盘车用的盘车手轮、松闸扳手等。

2. 悬挂装置

悬挂装置主要是指曳引钢丝绳及其绳头组合部件。对于曳引比为 1:1 的电梯，曳引绳绕过曳引轮轮槽后，经导向轮形成的两个分支,通过绳头组合分别安装在轿厢顶部的横梁上和对重装置的顶端。对于曳引比为2:1的电梯,曳引绳的两端分别经过导向轮或复绕轮及对重和轿厢上部的反绳轮后,通过绳头组合固定在机房承重梁上,从而形成了电梯的传动系统。

3. 容载装置

容载装置即轿厢,是电梯直接用于载人或装运货物的工作部件。它由轿厢架、轿厢体及自动门机构、轿厢内操纵箱、照明灯、电风扇、称重装置、轿顶检修操作箱等组成。安全钳和导靴均装在轿厢两侧。

4. 平衡补偿装置

平衡补偿装置包括对重装置、补偿链或补偿绳,以此与轿厢构成了电梯的重量平衡系统。

5. 导向装置

导向装置由导轨架、导轨和导靴等部件组成。导轨通过导轨架固定在井道壁上,形成支撑轿厢和对重装置的定位基准及导向机构。导靴安装在轿厢和对重装置的两侧,通过导靴靴衬或滚轮与导轨工作面配合,在曳引机的拖动下,经传动系统,使轿厢和对重装置沿着各自的导向装置上下运行。

6. 选层和平层装置

选层装置有多种型式,如机械式选层器、电气选层器和电子(电脑)选层器。其中机械式选层器主要安装在机房内,由选层器机架、定滑板、动滑板及链轮、链条、钢带轮、钢带等传动机构组成。

平层装置通常采用由轿厢导轨上支架安装的隔磁板和装在轿厢顶上的两个或三个干簧管式感应器组成(采用两个干簧感应器即为上、下平层感应器,三个则为中间多设置一个门区感应器,用于提前开门)。也有的由轿厢导轨支架上安装的圆形永久磁铁和在轿厢顶的横梁上安装的双稳态磁性开关组成。

7. 层门及召唤装置

层门及召唤装置包括层门、层门地坎、门套、外召唤盒及层门楼层指示灯或数码显示器等。为防止人为从层门外随意将层门打开，电梯每一层门均装有只能从井道内或使用专用钥匙从层门外开启的门锁装置。

8. 安全装置

安全装置包括限速器、安全钳、缓冲器、终端限位保护装置、门联锁装置、安全触板、超载报警装置、过载短路及相序保护装置、主电路方向接触器联锁装置、接地保护系统、急停开关、报警装置或电话，以及安全窗、防护栏、护脚板等。

9. 电气控制装置及其线路

电气控制装置及其线路包括电源配电盘及主开关、控制柜（信号柜）、井道中间接线盒、随行电缆等。有的电梯还配有电源稳压装置、断电自平层装置。机房通常装有通风设备。有的机房还装有空调设备。

图 1-7 为电梯各机构的组成。

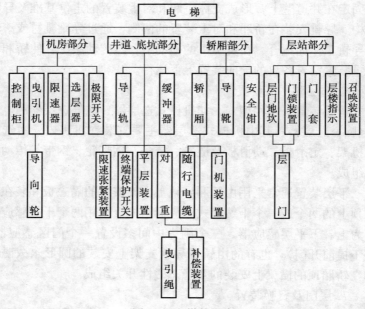

图 1-7　电梯的组成

二、电梯的选择

根据建筑物尤其是高层建筑物的规模、性质、特点及防火要求等，合理地选择与设置高层建筑物内电梯的种类、形式、台数、速度及容量，是电梯选型设计的主要内容。

本章以客梯为主，介绍客梯选择与设置的一般方法。

（一）电梯选择与设计的基本原则及步骤

1. 基本原则

（1）选择与设置足够数量的电梯，提高电梯运送能力，以满足高层建筑的交通需要。

（2）选择与设置多台电梯，应优先考虑分区服务方式，缩短乘客候梯时间，提高电梯服务效率。

（3）选择与设置多台电梯，应考虑消防专用（或兼用）电梯。

2. 基本步骤

电梯选择与设置首先应根据高层建筑物的性质、特点及规模计算出该建筑物的交通规模，然后估算出该建筑物的客流集中率，计算出电梯乘用人数，选定电梯服务方式，从而确定出该建筑物内应设置的电梯规格、台数。

计算出电梯往返一周时间、平均运行间隔及电梯运送能力，验证分析计算结果，最后确定电梯的选择与设置。

下面就有关计算步骤作简单介绍。

（1）建筑物交通规模

交通规模指建筑物内常有人数，人数越多，交通规模越大，也即乘用电梯的人数也就越多。工程上，对建筑物内常有人数不宜作精确计算。经验方法指出：办公大楼、写字楼、通讯大楼等可按人均占地面积来估算；住宅楼按每套居室人数来估算；宾馆、旅店可按床位数量来估算；百货商场、售货大楼可按售货区单位面积占有人数来估算。其他类型建筑物可根据具体情况，仿照上述估算方法。

(2) 建筑物内客流集中率

客流集中率也称交通需要,是指单位时间内要输送的人数与建筑物内总人数之比。单位时间通常以 5min 计。客流集中率可由下式表示:

$$l = \frac{m}{M} \cdot 100\%$$

式中　l——客流集中率(人数/5min);
　　　m——单位时间(5min)内电梯要输送的总人数;
　　　M——建筑物内总人数(常有人数)。

(3) 电梯使用人数

电梯运行中,轿厢内平均常有人数,有时也称可能进入轿厢人数。用下式表示:

$$r_上 = k_上 \cdot q$$
$$r_下 = k_下 \cdot q$$

式中　$r_上$——电梯上行使用人数;
　　　$r_下$——电梯下行使用人数;
　　　q——电梯额定乘客人数;
　　　$k_上$——电梯上行满载系数;
　　　$k_下$——电梯下行满载系数。

(4) 电梯服务方式

电梯服务方式有多种,常见的有全周自由式、下行直驶式及低层直驶式。选择合适的服务方式,可提高电梯运行效率。

(5) 电梯规格

如前所述,电梯规格通常指电梯用途、电梯传动方式、电梯操纵控制方式、电梯门形式、轿厢尺寸、电梯额定运行速度及电梯额定载重量等。

(6) 电梯额定运行速度

电梯额定运行速度的选择,往往要根据该电梯在高层建筑物内的服务层数、电梯额定载客人数及可能停靠站数综合考虑。

所谓电梯在单程运行时可能停靠的层站数,只能依靠轿厢内乘客的内选及轿厢外乘客的外选。实际应用时，常采用概率近似方法求出。当概率取95%时，可依照下述经验公式计算：

$$E = N\left[1 - \left(\frac{N-1}{N}\right)Q_e\right]$$

式中　N——电梯在基站以上服务层数；

　　　Q_e——电梯额定载客人数。

经验指出，电梯额定运行速度 v 与可能停靠站数 E 的关系见表1-9。

电梯额定速度与可能停站数的关系　　　　表1-9

电梯可能停站数 E	电梯额定速度 v（m/s）	电梯可能停站数 E	电梯额定速度 v（m/s）
$E \leqslant 6$	0.5～0.8	$E = 16～25$	2.5～3.5
$E \geqslant 8$	1～1.2；1.5～1.8	$E > 25$ 或第一停站超80m，而后很少停站	4～6.5
$E = 10～15$	2～2.5		

所谓电梯额定载客量是指电梯额定载重量除以平均人重。实际应用时，电梯额定速度与额定载客量的关系见表1-10。

额定载客数与额定速度的关系　　　　表1-10

额定速度 v(m/s)	0.5～1.5	1.5～2	2.5～3	4～5.5	6.5
额定载客 Q_e	5、7、9、10、11	12、14、15、17	20、21、23	26、28、32	40、55
额定载重 G_e(kg)	500～1000	1000～1500	1500～2000	2000～2500	3000～4500

综合考虑表1-9与表1-10，就能选出合适的电梯额定运行速度。

(7) 电梯台数

根据我国高层建筑的实际情况，通常认为四层及以下建筑物选用低速电梯，5～15层选用中速电梯，16层及以上选用高速电梯。速度确定之后便可由下式估算同一用途的电梯台数：

$$C = \frac{75M_5 \cdot K}{3600Q_e}$$

式中 C——电梯台数;

M_5——高峰时 5min 乘电梯人数,$M_5 = M_{60} \cdot \frac{1}{12}$,$M_{60}$ 为每小时乘电梯人数,旅游类建筑按 70%~80%旅游人数估算;办公类建筑按工作人员的 85%~95%估算,住宅类建筑按住宅人数的 30%~50%估算;

Q_e——电梯额定载客人数;

K——综合系数,由下列经验公式计算:

$$K = \frac{2H}{v} + \frac{2Q_e}{75} + (E+1) \cdot (0.11v^2 + 2.1v + 2.9)$$

式中 H——电梯提升高度(m);

v——电梯额定速度(m/s);

Q_e——电梯额定载重量;

E——电梯可能停靠站数。

(8) 计算电梯运行一周时间

采用概率统计方法计算出的电梯往返一周时间称作电梯运行周期,由 t_R 表示。

(9) 电梯运载能力

电梯运载能力可由电梯满载运载能力 W_M、基准运载能力 W_j 及相对运载能力表示。实际上电梯运载能力也可由客流集中率表示。

(二) 电梯交通计算

电梯交通计算内容较多,现就以下几个方面作扼要介绍。

1. 电梯运行周期计算

所谓电梯运行周期是指电梯从底层端站满载上行,经 E 个停靠站到达顶层端站,然后再从顶层端站直通底层端站,这样运行一周的时间称为电梯运行周期,也称电梯标准环行时间,记作 t_R。

(1) 电梯稳速运行时间 t_1。

$$t_1 = \frac{2H}{v} - \frac{v}{2}\left(\frac{1}{a_P} - \frac{1}{a_T}\right) \cdot E (\text{s})$$

式中 E——电梯往返全程停靠站总数；
a_P——电梯启动加速度（m/s^2）；
a_T——电梯制动加速度（m/s^2）。

其中加速度 a_P、a_T 值的选取，见表 1-11。

电梯加速度选择表 表 1-11

电梯额定速度（m/s）	$a_P = a_T(m/s^2)$	电梯额定速度（m/s）	$a_P = a_T(m/s^2)$
$v < 1$	0.4~0.6	$2 \leqslant v < 3$	0.6~0.8
$1 \leqslant v < 2$	0.5~0.7	$3 \leqslant v < 4$	0.7~0.9

（2）电梯启动与制动时间 t_2。
$$t_2 = \left(\frac{1}{a_P} + \frac{1}{a_T}\right) \cdot v \cdot E \quad (s)$$

（3）电梯往返一次运行时间 t_{12}。
$$t_{12} = t_1 + t_2 = \frac{2H}{v} + \frac{v}{2}\left(\frac{1}{a_P} + \frac{1}{a_T}\right) \cdot E(s)$$

若取 $a_P = a_T = a$，则：
$$t_{12} = \frac{2H}{v} + \frac{v}{a} \cdot E(s)$$

（4）电梯门（自动门）开、关所需时间 t_3。
$$t_3 = (4 \sim 6)E(s)$$

（5）乘客出入轿厢时间 t_4。
$$t_4 = 2 \times (0.8 \sim 1.5) \cdot Q_1 \quad (s)$$

式中的 Q_1 指在基层时可能进入轿厢的乘客数，满负荷时 $Q_1 = Q_e$。

（6）轿厢往返一次调度时间 t_5。
$$t_5 \approx 10(s)$$

（7）轿厢往返一次浪费的时间 t_6。
$$t_6 = 0.1(t_{12} + t_3 + t_4 + t_5) \quad (s)$$

由以上计算可求出轿厢往返一次的标准环行时间 t_R：

$$t_R = t_{12} + t_3 + t_4 + t_5 + t_6 \quad (s)$$

2. 乘客候梯时间计算

尽量缩短乘客候梯时间，是提高电梯运行效率的有效措施。经验指出，底层端站乘客候梯时间可作以下两种计算：

乘客最短候梯时间 $t_{Dmin} = 0.5 t_R$ (s)

乘客最长候梯时间 $t_{Dmax} = 2 \left[t_R - \dfrac{N-1}{v} \cdot H \right]$ (s)

由以上两式可以看出，缩短乘客候梯时间的关键在于设法缩短电梯标准环行时间 t_R。

工程上缩短 t_R 的方法是在不增加电梯台数、不提高电梯运行速度的前提下，采用先进的操纵控制技术，使电梯处于优化运行与管理状态中。例如微机控制方式、并联控制方式及群梯的程序控制、智能控制方式等，都可有效地缩短乘客候梯时间。

在高层建筑中，人们期望的候梯时间，根据电梯选型的不同，一般有 80s、100s、120s 及 160s 等。这些数据可供电梯选型设计参考，很有实用价值。

3. 电梯运载能力计算

(1) 电梯满载运载能力 W_M。

所谓电梯满载运载能力 W_M 是指一台电梯在 5min 内连续运送的总人数 m_5 与高峰时每小时乘坐该电梯的总人数 m_{60} 之比的百分数，记作：

$$W_M = \frac{m_5}{m_{60}} \cdot 100\%$$

$$= \frac{\dfrac{60 \times 5}{t_R} \cdot Q_e}{m_{60}} \cdot 100\%$$

$$= \frac{300 \cdot Q_e}{t_R \cdot m_{60}} \cdot 100\%$$

式中 $\dfrac{60 \times 5}{t_R}$ 为每 5min 内电梯环行次数。

(2) 电梯基准运载能力 W_j。

若电梯在 1h 内运送完大楼内所有要乘坐电梯人员，用 M_{60} 表示，那么 5min 内连续运送人数用 M_5 表示，则 $M_5 = \frac{1}{12} M_{60}$。由此定义电梯基准运送能力：

$$W_j = \frac{M_5}{M_{60}} = \frac{1}{12} = 8.33\%$$

（3）电梯相对运载能力 W_{xd}。

电梯满载运载能力 W_M 与基准运载能力 W_j 之比，称为电梯相对运载能力，即：

$$W_{xd} = \frac{W_M}{W_j} = \frac{3600 \cdot Q_e}{t_R \cdot m_{60}}$$

相对运载能力 W_{xd} 应在 1～2.5 之间。当 $W_{xd} \leq 1$ 时，说明电梯运载能力差；当 $W_{xd} \geq 2.5$ 时，说明电梯运载能力过剩。

日本电梯选择经验中曾指出：高峰期若干台电梯每 5min 内乘坐电梯的人数是用大楼内容纳的总人数乘以集中率 $G\%$ 计算的。而大楼内容纳的总人数按每人占用 $10m^2$ 有效面积来估算。大楼有效面积可用建筑面积 S 乘以系数 K（0.6～0.7）求出，即：

$$M_5 = \frac{K \cdot S}{10} \times G\%$$

式中的 $G\%$ 为乘客集中率。宾馆、饭店一般取 10%，办公大楼取 11%～15%，政府机关大楼取 14%～18%，多功能大厦取 16%～20%。

电梯运载能力也可由集中率来表示。当计算出 M_5 与总人数 M 之比大于或等于集中率时，表示电梯运载能力满足需要。

（三）电梯选择设置的校验

所谓电梯选择与设置校验是指对已选好的电梯，通过交通计算、验证初选电梯是否合理。校验往往需要进行 2～3 步，才能最后确定出合适的电梯。

关于电梯选择与设置校验的具体步骤，可通过下面例题加以说明。

已知多功能大厦，40层，其中37、38、39层为餐厅，楼高 H 为132m，总建筑面积 S 为80000m²，标准层面积 S_P 为1300m²，大楼平均层高 h 为3.3m。大楼内设置多部电梯，有高速电梯、超高速电梯、中转电梯、观光电梯及消防电梯等，其中由第二十层至第三十九层区间采用超高速电梯。根据需要，初选超高速电梯类型为VVVF电梯，中分门。查表初选电梯额定速度为5.5m/s，额定载重量为2500kg，额定载客数为32人，5台。试对所选VVVF电梯进行校验。

电梯服务层站为 39 − 20 = 19 层站，电梯可能停靠站数 E 由下式求出：

$$E = N\left[1 - \left(\frac{N-1}{N}\right) \cdot Q_e\right]$$

$$= 19 \times \left[1 - \left(\frac{19-1}{19}\right)^{32}\right] = 15.63 \text{ 站}$$

查表1-9，根据 E 与 v 的关系，可取 $v = 2.5 \sim 3.5$ m/s。但又考虑到 $Q_e = 32$ 人，查表1-10，取 $v = 4 \sim 5.5$ m/s。综合考虑以上因素，再加上高层建筑防火的需要，要求电梯在火灾时必须尽快地将楼内人员运送到安全地区，因此适当提高电梯运行速度是十分必要的，故选电梯额定运行速度为5.5m/s。

1. 电梯环行时间计算

根据高层建筑防火要求，50层以下电梯的环行时间不得超过90s。

由式： $t_R = t_{12} + t_3 + t_4$

式中 t_{12}——电梯往返一周运行时间（s）；

t_3——电梯开、关门时间，取 $2 \times 6 = 12$（s）；

t_4——乘客出入轿厢时间，取 $t_4 = 2 \times (0.5 m_5) = m_5$(s)。

故： $t_R = t_{12} + 12 + m_5$ （s）

参考日本选梯经验，可求出5min内每台电梯运送的乘客数 m_5。本例中，第三十七、第三十八、第三十九层为餐厅，火灾时应尽快将人员输送到安全地区（如第二十层设火灾避难层）。

因此，在所选五台电梯中，每台电梯火灾时运送乘客人数 m_5 可由下式求出：

$$m_5 = \frac{1}{C}\left(\frac{K \cdot N \cdot S_P}{10} \cdot G\%\right)$$

$$= \frac{1}{5} \times \frac{0.7 \times 3 \times 1300}{10} \times 100\%$$

$$= 55 \text{人}$$

将 $m_5 = 55$ 人代入 t_R 表达式，则：

$$t_R = t_{12} + 12 + m_5$$

$$= t_{12} + 12 + 55$$

令：$t_R = 90\text{s}$，并引入 $t_P = \frac{1}{2}t_{12}$，代入上式，则：

$$t_P = \frac{90 - 12 - 55}{2}$$

$$= 11.5\text{s}$$

再由 $h \cdot N = v \cdot t_P$，求出电梯运行速度：

$$v = \frac{h \cdot N}{t_P}$$

$$= \frac{3.3 \times 19}{11.5} = 5.5\text{m/s}$$

由此可见，选择电梯额定运行速度为 5.5m/s 能够满足电梯环行时间的要求。

2. 电梯相对运载能力校验

高峰时，每台电梯 5min 内乘坐电梯人数为：

$$m_5 = \frac{1}{C}\left(\frac{K \cdot N \cdot S_P}{10}\right) \cdot G\%$$

参考日本选梯经验，多功能大厦的 $G\%$ 取 16% ~ 20%。本例中取 $G\% = 20\%$，则：

$$m_5 = \frac{1}{C}\left(\frac{K \cdot N \cdot S_P}{10}\right) \cdot G\%$$

$$= \frac{1}{5}\left(\frac{0.7 \times 3 \times 1300}{10}\right) \times 20\%$$

$$= 11 \text{ 人}$$

因此，每台电梯 1h 内乘坐人数为：
$$m_{60} = 12 \cdot m_5$$
$$= 12 \times 11 = 132 \text{ 人}$$

五台电梯 1h 内运送乘梯人数为：
$$m'_{60} = C \cdot m_{60}$$
$$= 5 \times 132 = 660 \text{ 人}$$

由此可求出电梯标准环行时间：
$$t_R = t_3 + t_4 + \frac{2hN}{v}$$
$$= 12 + 55 + \frac{2 \times 3.3 \times 19}{5.5} = 89.8 \text{s}$$

电梯相对运载能力：
$$W_{xd} = \frac{3600 \cdot Q_e}{t_R \cdot m_{60}}$$
$$= \frac{3600 \times 32}{89.8 \times 660} \approx 1.94$$

由此可见，所选超高速电梯的运载能力满足要求。

第二章　电梯的机械和电气设备

第一节　电梯的机械设备

电梯作为现代化交通工具，已不再是简单的机电结合体。其机械装置从设计到应用，无不渗透着最新科学技术，其结构也正在适应着飞速发展的电梯控制技术的需要。

电梯的基本结构如图 2-1 所示。

由图 2-1 可见，电梯结构中的机械装置通常有轿厢、门系统、导向系统、对重系统及机械安全保护系统等。

一、轿厢

轿厢是电梯主要设备之一。

在曳引钢丝绳的牵引作用下，沿敷设在电梯井道中的导轨，做垂直上、下的快速、平稳运行。

轿厢是乘客或货物的载体，由轿厢架及轿厢体构成。轿厢架上、下装有导靴，滑行或滚动于导轨上。轿厢体由厢顶、厢壁、厢底及轿厢门组成。

轿厢门供乘客或服务人员进出轿厢使用，门上装有联锁触头，只有当门扇密闭时，才允许电梯起动；而当门扇开启时，运动中的轿厢便立即停止，起到了电梯运行中的安全保护作用。门上还装有安全触板，若有人或物品碰到安全触板，依靠联锁触头作用使门自动停止关闭并迅速开启。

轿厢结构如图 2-2 所示。

现代电梯轿厢型式较多，但轿厢的设计必须遵照现行电梯设计与制造规范。高层建筑的客梯对轿厢的要求较为严格。厢内设

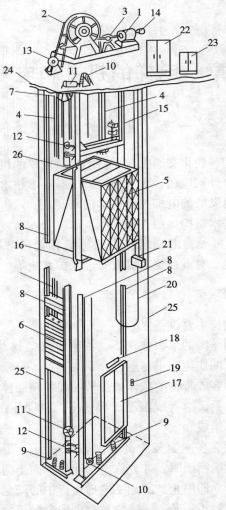

图 2-1 电梯基本结构示意图

1—主传动电动机；2—曳引机；3—制动器；4—牵引钢丝绳；5—轿厢；6—对重装置；7—导向轮；8—导轨；9—缓冲器；10—限速器（包括转紧绳轮、安全绳轮）；11—极限开关（包括转紧绳轮、传动绳索）；12—限位开关（包括向上限位、向下限位）；13—层楼指示器；14—球形速度开关；15—平层感应器；16—安全钳及开关；17—厅门；18—厅外指层灯；19—召唤灯；20—供电电缆；21—接线盒及线管；22—控制屏；23—选层器；24—顶层地平；25—电梯井道；26—限位器挡块有空调通风设备、照明设备、防火设备、减振设备等，使轿厢安静、舒适、豪华。轿厢内的电气控制装置完备无缺，主令控制器、指层信号灯、急停开关、警铃及对讲机等，设计合理、美观大方。

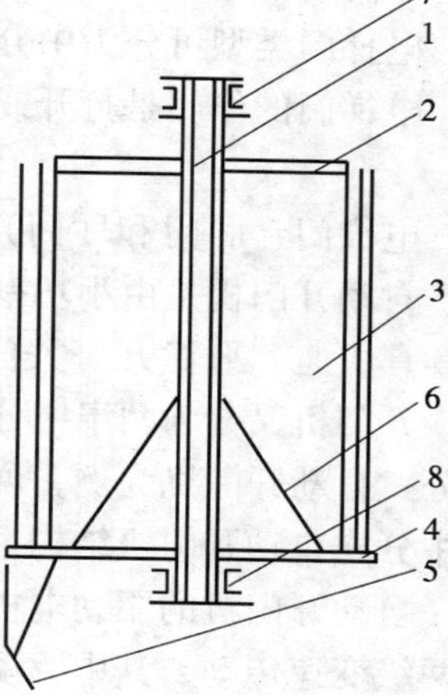

二、门系统

门系统是由电梯门（厅门和厢门）、自动开门机、门锁、层门联动机构及门安全装置等构成。电梯门基本结构由图 2-3 所示。

由图 2-3 可见，电梯门由门扇、门套、门滑轮、门导轨架等组成。轿厢门由门滑轮悬挂在厢门导轨架上，下部通过门靴与厢门地坎配合；厅门由门滑轮悬挂在厅门导轨架上，下部通过门滑

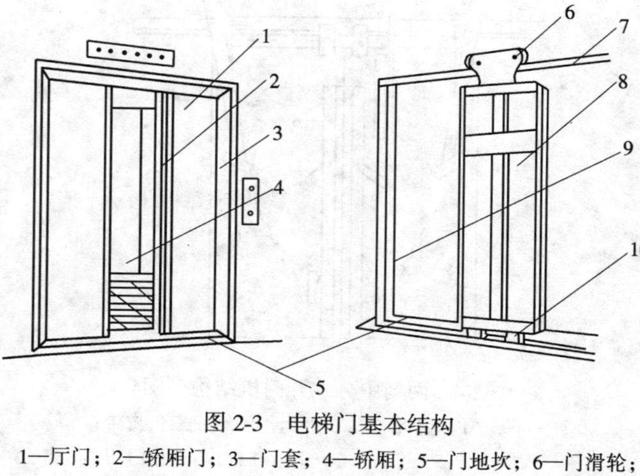

图 2-2 轿厢结构示意图
1—轿厢架；2—厢顶；3—厢壁；4—厢底；5—护脚板；6—拉条；7—上梁；8—下梁

图 2-3 电梯门基本结构
1—厅门；2—轿厢门；3—门套；4—轿厢；5—门地坎；6—门滑轮；7—厅门导轨架；8—门扇；9—厅门门框立柱；10—门滑块

块与厅门地坎配合。

电梯门类型可分为中分式、旁开式及闸门式等。

电梯门的作用是打开或关闭电梯轿厢与厅站（层站）的出入口。

电梯门（厢门和厅门）的开启与关闭是由自动开门机实现的。自动开门机是由小功率的直流电动机或三相交流电动机带动的具有快速、平稳开、关门特性的机构。根据开、关门方式不同，开门机又分为两扇中分式、两扇旁开式及交栅式。现以两扇中分式自动开门机为例，说明自动开门机结构。图2-4表示了两扇中分式自动开门机结构。

自动开门机的驱动电机依靠三角皮带驱动开、关门机构，形成两级变速传动，其中驱动轮（曲柄轮）是二级传动轮。若曲柄轮逆时转动180°，左右开门杠杆同时推动左、右门扇，完成一次

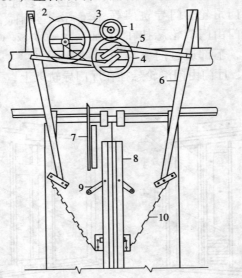

图2-4 两扇中分式开门机结构简图
1—开、关门电机；2—二级传动轮；3—三角皮带；
4—驱动轮；5—连杆；6—开门杠杆；7—开门刀；
8—安全触板；9—触板活动轴；10—触板拉链

开门行程；则当曲柄轮顺时转动 180°，左右开门杠杆使左、右门扇同时合拢，完成一次关门行程。

电梯门开、闭时的速度变化可根据使用者的要求设定，只要适当控制驱动电机（交流或直流），便可以实现满意的开、关门过程。

门锁也是电梯门系统中的重要部件。门锁按其工作原理可分为撞击式门锁及非撞击式门锁。前者与装在厢门上的门刀配合使用，由门刀拨开门锁，使厅门与厢门同步开或闭。非撞击式门锁（位置型门锁）与压板机构配合使用，完成厅门与厢门的同步开、闭过程。

门系统中还有厅门联动机构。厅门是被动门，由厢门带动。但厅门的门扇之间的联动则需要专门设计的联动机构来完成。旁开式厅门联动机构又常常分为单撑臂式、双撑臂式及摆杆式。中分式厅门联动机构常采用钢丝绳式结构。

三、导向系统

电梯导向系统由导轨架、导轨及导靴等组成。导轨限定了轿厢与对重在井道中的相互位置，导轨架是导轨的支撑部件，它被固定在井道壁上，导靴被安装在轿厢和对重架两侧，其靴衬（或滚轮）与导轨工作面配合，使轿相与对重沿着导轨做上下运行。电梯导向系统结构如图 2-5 所示。

四、曳引系统

曳引系统由曳引机组、曳引轮、导向轮、曳引钢丝绳及反绳轮等组成。

曳引机组是电梯机房内的主要传动设备，由曳引电动机、制动器及减速器（无齿轮电梯无减速器）等组成，其作用是产生动力并负责传送。曳引电动机通常采用适用于电梯拖动的三相异步电动机（交流）。制动采用的电磁制动器（闭式电磁制动器），当电机接通时松闸，而当电机断电即电梯停止时抱闸制动。减速器

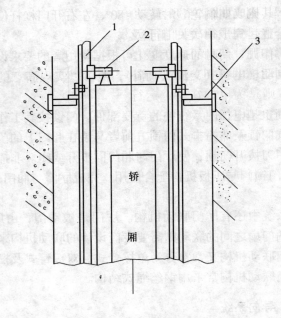

图 2-5 导向系统结构示意图
1—导轨；2—导靴；3—导轨架

通常采用蜗轮蜗杆减速器。

曳引轮是具有半圆形带切口绳槽轮，与钢丝绳之间的摩擦力（牵引力）带动轿厢与对重做垂直上下运行。

钢丝绳一方面连接轿厢与对重，同时与曳引轮之间产生摩擦牵引力。

导向轮安装在曳引机机架上或承重梁上，使轿厢与对重保持最佳相对位置。

反绳轮是指设置在轿厢顶和对重顶上的动滑轮及设置在机房的定滑轮，曳引钢丝绳绕过反绳轮可构成不同曳引比的传动方式。

五、对重系统

对重系统包括对重及平衡补偿装置。对重系统也称重量平衡系统。其构成如图2-6所示。

对重起到平衡轿厢自重及载重的作用,从而可大大减轻曳引电动机的负担。而平衡补偿装置则是为电梯在整个运行中平衡变化时设置的补偿装置。对重产生的平衡作用在电梯升降过程中是不断变化的,这主要是由电梯运行过程中曳引钢丝绳在对重侧和在轿厢侧的长度不断变化造成的。为使轿厢侧与对重侧在电梯运行过程中始终都保持相对平衡,就必须在轿厢和对重下面悬挂平衡补偿装置,如图2-6所示。

对重是由对重架及铸铁对重块组成。对重的计算可按下式进行:

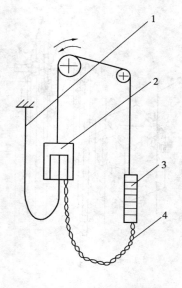

图2-6 对重系统构成示意图
1—电缆;2—轿厢;3—对重;
4—平衡补偿装置

$$Q_{对} = P_{厢} + K_{平} \cdot P$$

式中 $Q_{对}$——对重重量(kg);
$P_{厢}$——轿厢自重(kg);
P——电梯额定载重量(kg);
$K_{平}$——平衡系数 0.4~0.5。

六、机械安全保护系统

电梯安全保护系统分为机械系统和电气系统。机械系统中的典型机械装置有机械限速装置、缓冲装置及端站保护装置等。

限速装置由限速器与安全钳组成。限速器安装在电梯机房楼板上,在曳引机的一侧,安全钳则是安装在轿厢架上底梁两端。限速器的作用是限制电梯运行速度超过规定值。图2-7 表示了立轴离心式（也称甩球式）限速器结构及工作原理。

例如，当电梯超速下降时，限速器甩球离心力增大，通过拉杆和弹簧装置卡住绳轮，限制了钢丝绳的移动。但由于惯性作用轿厢仍会向下移动，此时钢丝绳就会把拉杆向上提起，通过传动装置再把轿厢两侧的安全钳提起，卡住导轨，禁止轿厢再移动。

表2-1表示了轿厢速度与限速器动作速度的配合关系。

缓冲器安装在电梯井道的底坑内，位于轿厢和对重的正下方，如图2-8所示。

缓冲器是电梯安全保护的最后一种装置，当电梯上、下运行时，由于某种事故原因发生超越终端层站底层或顶层时，将由缓冲器起缓冲作用，以避免轿厢与对重直接冲顶或撞底，保护乘客和设备的安全。

缓冲器在保护轿厢撞底的同时，也防止了对重的冲顶，同样在保护对重撞底的同时也防止了轿厢的冲顶。

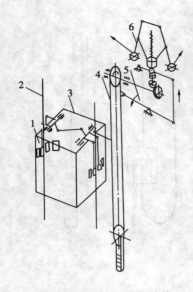

图2-7 甩球式限速器结构及工作原理示意图
1—安全钳；2—轿厢导轨；3—轿厢；
4—钢丝绳；5—钢丝绳制动机构；
6—限速器

轿厢速度与限速器动作速度配合关系表 表2-1

轿厢额定速度 (m/s)	限速器动作速度 (m/s)	轿厢额定速度 (m/s)	限速器动作速度 (m/s)
0.50	0.85	1.75	2.26
0.75	1.05	2.00	2.55
1.00	1.40	2.25	3.13
1.50	1.98	3.00	3.70

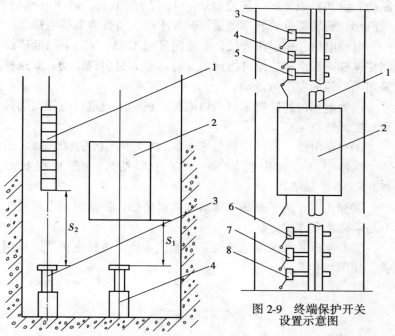

图 2-8 缓冲器安装示意图
1—对重；2—轿厢；3—对重缓冲器；
4—轿厢缓冲器

图 2-9 终端保护开关设置示意图

1—导轨；2—轿厢；3—终端极限开关；4—上限位开关；5—上强迫减速开关；6—下强迫减速开关；7—下限位开关；8—终端极限开关

缓冲器有弹簧缓冲器及液压缓冲器。

端站保护装置是为防止电梯超越上下规定位置而设置的，实际上它是轿厢或对重撞击缓冲器之前的安全保护行程开关。端站保护开关设置如图 2-9 所示。

第二节 电梯电机

一、电梯电机的用途

曳引电动机是电梯的主要动力装置，要求适用于频繁启动和制动、启动转矩合适、转差合适、工作特性平稳、启动电流小、噪声小、旋转部分的转动惯量符合要求等。常称为电梯电机。

电梯电机和曳引机连接,对于速度在1.75m/s以下的低速梯和快速梯采用由蜗轮蜗杆组成的、有齿轮的曳引机传动,高速梯采用无齿轮的曳引机传动。

因为电梯的特殊要求,所以电梯电机和工业电机有很大的区别。主要特点是:

①启动电流　电梯电机是350%;而工业电机是600%。

②转矩　电梯电机是60%(Y形联结),而工业电机是180%(△形联结)。

③加速时,为了提高电梯对人的舒适感,要求电梯电机转矩和启动电流基本恒定。

④电梯电机和工业电机的工作制式不同,电梯电机的工作制式,如图2-10所示。

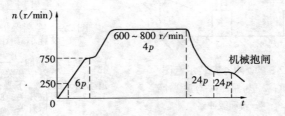

图2-10　电梯电机的工作制时图

在此:4P表示4极,6P表示6极,24P表示24极。这种电机,6P启动到750r/min时,4P动作,动作用离心开关从6P跳到4P,制动时用24P绕组工作,此时转速为250r/min。这样提高了人的舒适感。

⑤工业电机常采用Y-△启动控制,而在电梯电机中往往不采用Y-△转接的启动控制方式。

⑥防护等级:电梯电机的优点是装在室内,比工业电机防护要求高,防护等级为IP21,而工业电机为IP44~IP54。

⑦噪声要求:电梯电机的噪声要求比工业电机高。

如15kW电机，工业电机为80dB，而电梯电机要求为70dB。

⑧启动和制动：电梯电机要求频繁启动和制动，所以在结构上和工业电机大不相同，如DM系列电梯电机带制动器；交流电梯电机的转子带有中间短路环等。

⑨由于用途的不同，医用电梯要求较高的平稳度，货梯要求载重量。又因为控制的原因，如采用变频器，这样对电梯电机又提出了其他要求。

⑩直流电梯电机，常在高速梯中采用，属于无齿轮连接，载重大，运行时舒适感最好，但结构复杂，制造困难，价格高。

⑪电梯电机常采用各种各样的风机。

⑫对于液压电梯，常采用2P、三相5~40kW的电梯电机，电机全部浸入油中、靠油冷却，这种电机是潜油电机。

⑬电梯电机中还有一种开门机，体积较小，专门为电梯开门使用，实际上是一种力矩电机。

二、电梯电机的种类

电梯电机和工业电机一样，也有不同的分类，例如：

1. 按电源分

有交流电梯电机和直流电梯电机两大类，作为驱动曳引电机或电梯负载的驱动电机，属于电动机类型，其供电电源也分为交流和直流两类。

2. 按制动方式分

有带制动器和不带制动器的两类。带制动器的交流电梯电机，制动器绕组常常供以直流电。

3. 按通风方式分

有带风机的和不带风机的两类。带风机的常采用专用风机，实现强迫通风，并且有热敏开关来控制。

4. 按结构分

（1）有带机座和不带机座的两类。如交流电梯电机采用的独特结构，如定子采用八角形定子片。

(2) 交流电梯电机按其转子结构来分,有铸铝结构和铜条结构两类;又有转子无中间短路环和有中间短路环两类。

(3) 按轴承结构分,有滚动轴承和滑动轴承式轴瓦两类。交流电梯电机采用滑动轴承后,大大降低了噪声。

(4) 按电机绕组结构分,有单绕组、双绕组和多绕组几类。

(5) 按通用性分,有与 Y 系列异步电动机基本上是通用结构的电梯电机,及与 Y 系列基本不通用的电梯电机两类。

三、电梯电机的系列和型号

电梯电机和工业电机一样,按系列生产,并有具体型号来简要地表明电梯电机的名称和规格。

(一) 电梯电机的系列

电梯电机以交流电梯电机系列为主,以瑞士引进的电梯电机为例,有 DM 系列和 AM 系列两大类。

DM 系列是带制动器的,AM 系列是不带制动器的。

DM 系列有 132、160、180、200 等几个规格,AM 系列有 132、160、200 等几个规格。

DM 系列的额定功率为 6.3、9、12.5、15、18、22.5、26.5、30kW 等规格。电压以 380V 为主,转速为 1000/1500r/min。电源频率有 50Hz、60Hz 两种。

AM 系列的额定功率为 4/0.9、6.3/1.4、8/1.8、10/2.2、12.5/2.8、16/2.7、20/3.3、25/4.2kW 等规格。电压为 380V,频率为 50Hz,转速有 1500/333、1000/1500/250r/min 两个规格。

直流电梯电机生产系列较少,以 GH 系列为主;开门电机和变频电机的规格越来越多。

(二) 电梯电机型号

电梯电机型号较为复杂,现举例说明:

1. DM132-C6/4A + DB132A

其中:

DM 表示带制动器的交流电梯电机;

132 表示中心高；

C6 表示 6 极；

4 表示 4 极；

A 表示铁心长度，分 A、B、C、D、E 几档，A 是最短的，以后依次加长，E 为最长的铁心；

DB 表示为制动器；

132 表示制动器的中心高，为 132mm；

A 表示制动器的铁心长度，分 A、B、C、D、E 几档，A 是最短的，以后依次加长，E 为最长的铁心。

2．AM132-C4/18AR

其中：

AM 表示不带制动器的交流电梯电机；

132 表示中心高，为 132mm；

C4 表示极数为 4；

18 表示极数为 8；

A 表示铁心长度，分 A、B、C、D、E 几档，与 DM 系列相同；

R 表示为降低启动电流要求的电机。

3．VF160L-4

其中：

VF 表示变频调速电梯电机

160 表示中心高为 160mm

L 表示长机座，另有 M 表示中机座

4 表示极数为 4 极

4．GH 330-BO_2

其中：

GH 表示直流电梯电机；

330 表示中心高为 330mm；

BO_2 表示不带换向极，另有 BO_1 是表示带换向极的电机。

5．YLJ-71-12

YLJ 表示电梯开门用力矩电机；
71 表示中心高为 71mm；
12 表示极数为 12 极。
交流电梯电机系列型号表，见表 2-2。

交流电梯电机系列型号表　　　　　　表 2-2

序号	型　号	额定功率(kW)	电压(V)	同步转速(r/min)
1	DM 132-C6/4A + DB 132A	6.3	380	1000/1500
2	DM 132-C6/4C + DB 132C	9	380	1000/1500
3	DM 132-C6/4D + DB 132D	12.5	380	1000/1500
4	DM 160-C6/4B + DB 160B	12.5	380	1000/1500
5	DM 160-C6/4C + DB 160C	15	380	1000/1500
6	DM 180-C6/4B + DB 180B	18	380	1000/1500
7	DM 180-C6/4C + DB 180C	22.5	380	1000/1500
8	DM 200-C6/4B + DB 200B	26.5	380	1000/1500
9	DM 200-C6/4C + DB 200C	30	380	1000/1500
10	AM 132-C4/18AR	4/0.9	380	1500/333
11	AM 132-C4/18CR	6.3/1.4	380	1500/333
12	AM 132-C4/18DR	8/1.8	380	1500/333
13	AM 160-C4/18CR	10/2.2	380	1500/333
14	AM 160-C4/18DR	12.5/2.8	380	1500/333
15	AM 200-C6/24C	16/2.7	380	1000/1500/250
16	AM 200-C6/4/24D	20/3.3	380	1000/1500/250
17	AM 200-C6/4/24E	25/4.2	380	1000/1500/250

四、电梯电机的铭牌

电梯电机的铭牌应表明的项目如下：
①电机名称；
②制造厂名或厂名标志；

③产品标准的编号；
④电机型号；
⑤制造厂出品编号；
⑥接线法；
⑦绝缘等级；
⑧定额类型或工作制类型；
⑨外壳防护等级；
⑩冷却介质温度或冷却器水温；
⑪海拔；
⑫转动惯量；
⑬出品年月；
⑭额定数据。

对直流电梯电机的额定数据有：励磁方式、额定功率、额定电压、额定电流、额定转速、额定励磁电压、额定励磁电流。

对交流电梯电机的额定数据有：相数、额定频率、额定功率、额定电压、额定电流、额定功率因数、转子绕组开路电压（仅对绕线转子电机）、额定转子电流（仅对绕线转子电机）、额定转速。

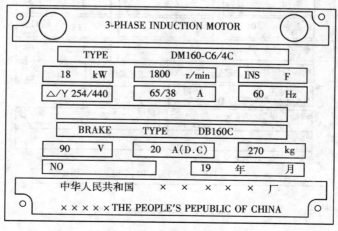

图2-11　DM 160-C6/4C 铭牌

铭牌实例如下：
① DM 160-C6/4C 铭牌，如图 2-11 所示。
② AM 160-C4/18CR 铭牌，如图 2-12 所示。

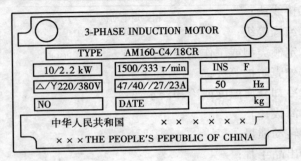

图 2-12　AM 160-C4/18CR 铭牌

③ GH 330-BO$_2$ 铭牌，如图 2-13 所示。

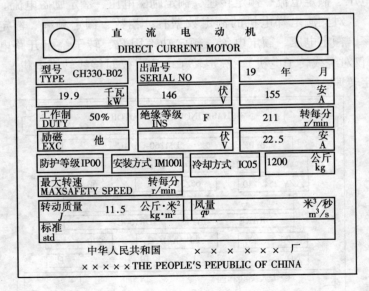

图 2-13　GH 330-BO$_2$ 铭牌

④YLJ-71 铭牌，如图 2-14 所示。

⑤较简单的铭牌图，如图 2-15 所示。

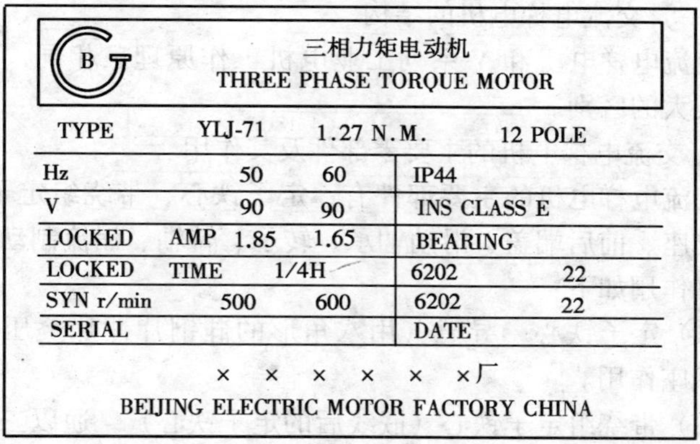

B
三相力矩电动机
THREE PHASE TORQUE MOTOR
TYPE YLJ-71 1.27 N.M. 12 POLE
Hz 50 60
IP44
V 90 90
INS CLASS E
LOCKED AMP 1.85 1.65
BEARING
LOCKED TIME 1/4H
6202 22
SYN r/min 500 600
6202 22
SERIAL
DATE
× × × × × ×厂
BEIJING ELECTRIC MOTOR FACTORY CHINA

图 2-14 YLJ-71 铭牌

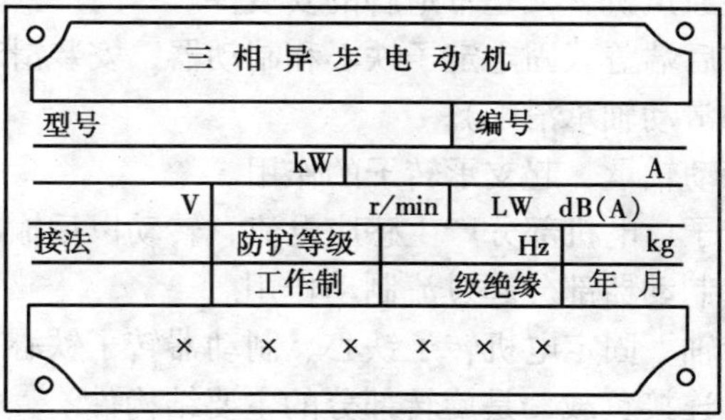

三 相 异 步 电 动 机
型号
编号
kW
A
V
r/min
LW dB(A)
接法
防护等级
Hz
kg
工作制
级绝缘
年 月
× × × × × ×

图 2-15 较简单的铭牌图

开门电梯电机的铭牌数据，见表 2-3。

开门电梯电机的铭牌数据 **表 2-3**

型 号	功率(kW)	电压(V)	电流(A)	转速(r/min)	联结	频率(Hz)	绝缘等级
VF 160L-4	11	170	46.5	1760	Y	60	B
VF 160M-4	7.5	170	31.3	1760	Y	60	B

五、电梯电机的结构

(一) 交流电梯电机的结构

交流电梯电机和 Y 系列工业电机工作原理虽相同，但结构上有很大的区别。

1. 交流电梯电机的主要零部件及其作用

交流电梯电机的主要部件有：定子铁心、带绕组定子铁心、连接支座、前后端盖、滑动轴承、转子、转轴、涡流制动器铁心等。其作用如下：

(1) 定子铁心　导磁（用八角形的硅钢片冲片叠压而成），并起机座作用。

(2) 带绕组定子铁心（嵌线后的定子铁心）　通以三相对称正弦交流电，产生旋转磁场。

(3) 连接支座　连接电机部分的定子铁心和制动器定子铁心，并安装鼓风机，又是带地脚的安装件。

(4) 前后端盖　固定定子铁心和制动器，安装滑动轴承（转子轴承台和滑动轴承滑配）。

(5) 滑动轴承　起支承转子的作用。

(6) 转子　电机部分产生感应电流，转动以后输出转矩，常动曳引器，制动器部分起过流制动作用。

(7) 转轴　固定电机转子铁心、制动器转子铁心，又和滑动轴承配合，连接负载，是旋转部分的主要结构件。

(8) 涡流制动器转子铁心　产生涡流，利用电磁感应原理，产生制动力矩。

(9) 线圈　主要导电部分，是绕组的组成单元，分别有电机定子绕组、制动器的定子线圈、转子绕组—笼形导条。

(10) 鼓风机　强迫通风用。

(11) 接线盒　电机引出线用。

2. 交流电梯电机结构特点

说明交流电梯电机结构的特点，主要是和 Y 系列三相异步电动机比较,现叙述其特殊之处。

(1)交流电梯电机有两大类,一是带制动器,二是不带制动器。

带制动器的交流电梯电机,其制动器是一种涡流制动器,它的结构和原理,如图2-16和图2-17所示。

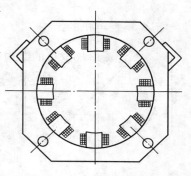

图2-16 带绕组涡流制动器定子

和Y系列电机不同的是:DM、AM系列电梯电机,没有铸铁机座,定子铁心呈八角形,由八角形冲片叠压而成,如图2-18所示。

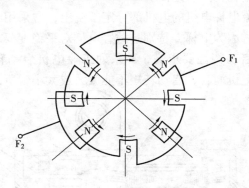

图2-17 涡流制动器绕组联结图

从图2-19中可以看出,定子冲片是齿、轭、壳连成一体的结构,可以减低振动和噪声(从材料力学原理中可知,振动幅度反比于齿、轭、壳总高的4次方)。而且可以大大缩小电机的体积,所以这种八角形冲片的结构是优越的。

(2)交流电梯电机的电机定子铁心和制动器,定子铁心由连接支座相连接。

前、后端盖也和定子铁心相连接,并带地脚,由于电梯电机

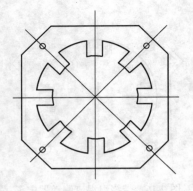

图 2-18 交流电梯电机的定子冲片

的安装尺寸要求高,这样的结构不易保证,生产厂生产时,在组装后铣地脚平面,以保证精度,所以在拆卸后再组装,安装尺寸的精度就可能破坏,这是修理时一定要加以注意的问题。

DM 系列交流电梯电机,因为带制动器,长度相对较长,所以强度、转轴的挠度就有更高的要求,在修理时,有些故障是由这一结构特点引起的。

(3) 交流电梯电机的电机部分定子绕组,常采用 6 极和 4 极的两套绕组,因为电梯,特别是载客电梯对平稳度要求高,也就是对电机的启动特性要求高,Y 系列工业电机启动转矩越大越好,对电梯电机而言,启动转矩不能太大或太小,所以采用两套

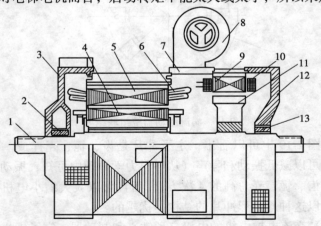

图 2-19 交流电梯电机外形及装配结构图

1—轴;2—滑动轴承;3—前端盖;4—转子铁心;5—定子铁心;6—定子绕组;7—连接支座;8—风机;9—制动器定子铁心;10—制动器定子线圈;11—制动器转子;12—后端盖;13—滑动轴承

绕组，6极启动、4极运行。在DM系列电梯电机中，定子选用多槽方案，共54槽，4极绕组采用分数槽，采用双层同心、不等匝数绕组，以获得好的性能指标。但双绕组对槽绝缘结构、相间绝缘要求较高。如图2-20所示。

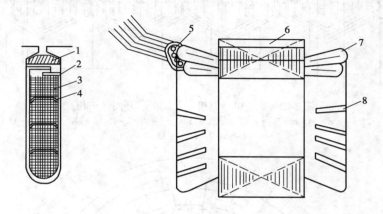

图2-20 定子槽绝缘结构和端部图
1—槽楔；2—槽绝缘；3—导线；4—层间绝缘；5—端部引出线；6—铁心；
7—绕组；8—端部绑扎带

交流电梯电机一相绕组展开图和接线原理图，如图2-21～图2-26所示。

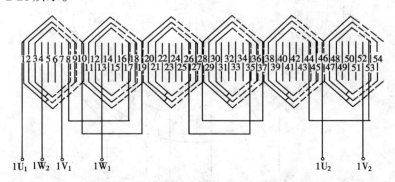

图2-21 交流电梯电机定子绕组展开图（一相）
（$2P=6$、$Z=54$、$a=1$ 双层同心绕组 $y=1-10$、$2-9$、$3-8$）

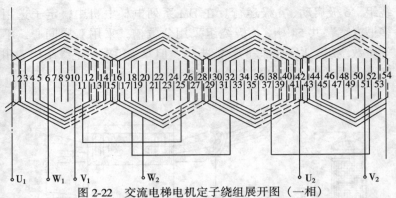

图 2-22 交流电梯电机定子绕组展开图（一相）
($2P=4$、$Z=54$、$a=1$、$q=4.5$（分数槽）；$y_1=1-16$、$2-15$、$3-14$、$4-13$、$5-12$
$y_2=1-15$、$2-14$、$3-13$、$4-12$）

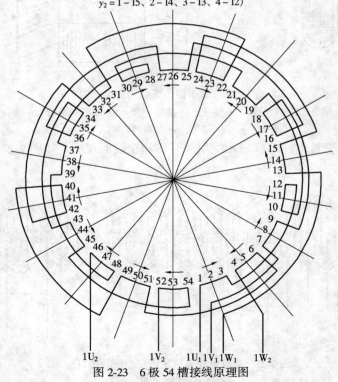

图 2-23 6 极 54 槽接线原理图
（DM180－C6/4C＋DB180C）

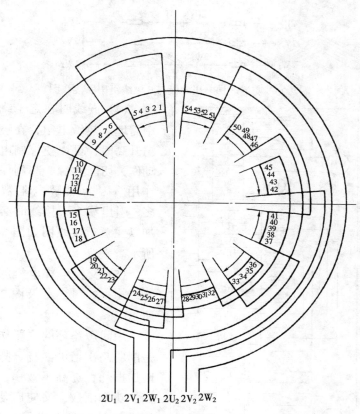

图 2-24　4 极 54 槽接线原理图
（DM180 – C6/4C + DB180C）

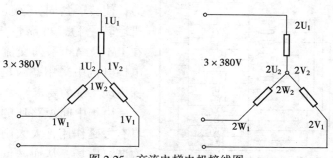

图 2-25　交流电梯电机接线图

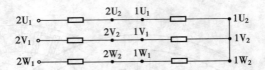

图 2-26 交流电梯电机 4 极与 6 极绕组串联接线图

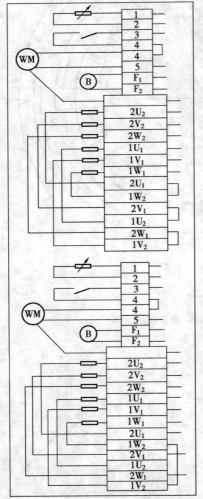

图 2-27 交流电梯电机接线图（机外）

(4) 嵌线时在定子绕组中需埋入热敏电阻，在绕组温升高时，可以使控制电路动作，切断电源，起到保护作用。因为热敏电阻数量多，引出线多、接线时必须加以注意。接线图如图 2-27 所示。

(5) 交流电梯电机的转子结构，如图 2-28 及图 2-29 所示。

中间短路环的主要作用是削弱高次谐波磁场，降低附加损耗，提高了效率，提高了功率因数，又使启动转矩增加，改善了机械特性，又起紧固作用和平衡轴向分力，使转子紧固，又使电动机运转平稳，可靠性提高。在 DM 及 AM 系列交流调速电梯电机中采用，满足了电梯拖动系统的要求。

由于中间短路环的结构具有去磁作用，大大削弱高次谐波磁场，从而减低了谐波噪声，使电机的噪声减小。

（6）交流电梯电机设有独立电源的通风机，起散热作用，并由温度开关控制，以节省用电。

（7）交流电梯电机采用滑动轴承，大大降低轴承噪声，从而减少了电机噪声。滑动轴承的具体结构，如图 2-30 和图 2-31 所示。

（8）交流电梯电机的转子，采用导条焊接结构，不采用铸铝工艺。由轴、转子铜排、短路环、转子冲片、转子端板等组成。如图 2-32～图 2-34 所示。

图 2-28　中间短路环

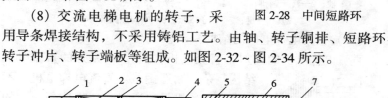

图 2-29　带制动器的转子装配图
1—转子铜排；2—转子铁心；3—中间短路环；4—短路环；5—涡流制动器转子铁心；6—键；7—制动器铁心挡圈

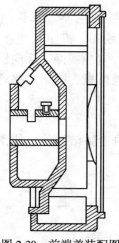

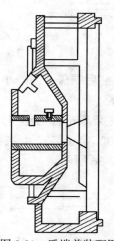

图 2-30　前端盖装配图　　　　图 2-31　后端盖装配图

53

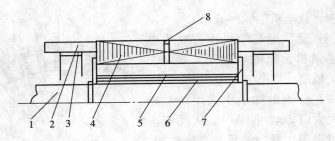

图 2-32 交流电梯电机转子

1—轴；2—转子铜排；3—短路环；4—转子冲片（1）；5—转子冲片（2）；6—键；7—转子端板；8—中间短路环

（二）直流电梯电机的结构

直流电梯电机的类似于直流电机，但比 Z_2 系列的直流电机结构复杂，制造困难。直流电梯电机，不仅带有通风机强迫通风，还带体积庞大的曳引轮，换向片数量多且窄，电枢焊接困难，为保护起见，在绕组中也埋置热敏电阻。

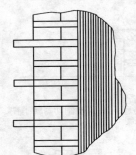

图 2-33 转子铜排

1. 直流电梯电机的主要零部件及其作用

直流电梯电机的主要零部件有定子（主极铁心、主极线圈、机座）、电枢——转子（电枢铁心、电枢线圈、换向器、转轴）、前后端盖、内外小盖、接线盒、通风机、刷架、铭牌、曳引轮等。

主要零部件的作用如下：

（1）定子 产生主磁场，是电机的主要结构件，如图 2-35 和图 2-36 所示。

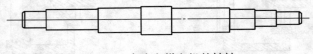

图 2-34 交流电梯电机的转轴

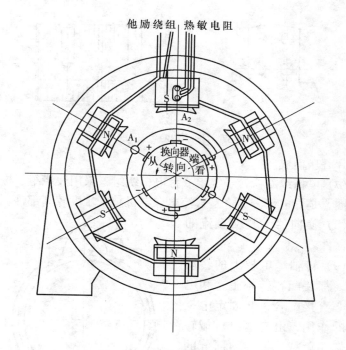

图 2-35 GH330-BO$_2$ 定子接线图

(2) 主极铁心 起导磁作用,由铁片叠压而成,如图 2-37 所示。

(3) 主极线圈(励磁线圈) 定子的导电部分,通以直流电产生主磁场,为他励绕组。

(4) 机座 导磁机座(主磁场所经过的途径),用钢板弯制焊接而成。如图 2-38 所示。

(5) 电枢(转子) 电机的转动部分,电枢绕组为带电导体,与主磁场产生力的作用,推动电枢旋转,由转轴输出转矩,带动负载。

(6) 电枢铁心 导磁部分,

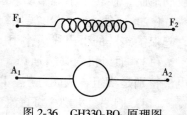

图 2-36 GH330-BO$_2$ 原理图

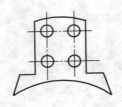 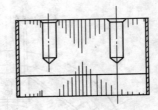

图 2-37 GH330-BO$_2$ 主极铁心

由冲片叠压而成。

(7) 电枢线圈　转子绕组或称电枢绕组，采用波绕组、嵌入式线圈，是导电部分，也是直流电梯电机技术难度较高部件。

(8) 换向器　是交直流的转换器件。

(9) 转轴　电枢上的转动部件，都装配在转轴上，和电枢铁心直接配合，起固定电枢铁心的作用，由它输出机械转矩，带动负载，是转动部分的主要结构件。

(10) 前后端盖　机座两端的结构件，是转轴和定子之间的过渡件，是转子支承内腔的关键件。

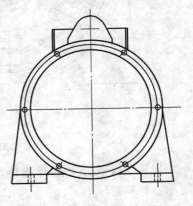

图 2-38 GH330-BO$_2$ 机座

(11) 内外轴承盖　通过端盖，用螺钉连接，保护轴承，存放润滑脂，使转子不能窜动。

(12) 接线盒　引出线接线用装置，在结构上要保证安全。它起保护定子的引出线头作用。

(13) 通风机　强迫通风，改善散热条件，降低温升，防止电机特别是绕组、线圈过热，以免绝缘提前老化和受到损坏。

(14) 刷架、炭刷　将直流电源引入电机用，直流电梯电机的一个主要故障就是火花大,而火花产生的地方,就在炭刷之下。

(15) 曳引轮 连接曳引器用的皮带轮。

(16) 热敏电阻 起热保护作用,在控制电路中进行联锁保护,不能使用兆欧表和电压高的万用表对它进行测试。

(17) 油环 存润滑油用。

(18) 铭牌 为了便于用户使用,标注必要的技术数据,应安装在明显和在检修拆装后不易丢失的主要结构件上。

2. 直流电梯电机结构特点

说明直流电梯电机结构特点,主要是叙述和 Z_2 系列直流电机相比较的特殊之处,如图 2-39 所示。

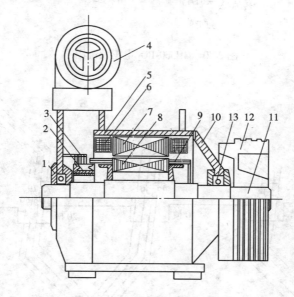

图 2-39 GH330-BO$_2$ 电梯直流电动机装配图
1—轴承盖(内外盖);2—换向器;3—炭刷、刷架;4—鼓风机;5—机座;6—主极线圈;7—主极铁心;8—电枢铁心;9—电枢线圈;10—端盖;11—转轴;12—曳引轮;13—轴承

(1) 直流电梯电机从工作原理上讲,和 Z_2 系列直流电机基本相同。从定子方面的结构来看,也没有大的不同之处,定子结

构不太复杂,甚至在 GH330-BO$_2$ 电梯直流电动机中,也没有采用换向极的结构。主极铁心、主极线圈和机座的结构上,以及所采用的材料方面,和 Z$_2$ 系列直流电机也大体相同。

(2) 在转动部分,直流电梯电机和 Z$_2$ 系列直流电机,在结构上和加工方面区别就比较大,如图 2-40 所示。

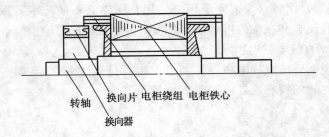

图 2-40　GH330-BO$_2$ 电枢装配图

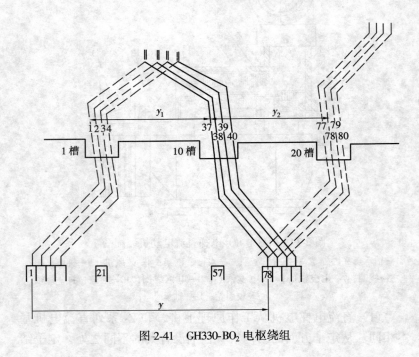

图 2-41　GH330-BO$_2$ 电枢绕组

电枢的主要零部件有：电枢铁心、电枢绕组、换向器、转轴，另外轴上还装有曳引轮。

电枢铁心由电枢冲片叠压而成，电枢绕组采用波绕组，如图2-41所示。

直流电梯电机的换向器直径大、体积大，换向片数量多，焊接是一个难题，制造和修理时需有专用的焊接设备。换向器有换向片、片间云母、塑料和套筒，如图2-42所示。

(3) 直流电梯电机也装有通风机，还带有曳引轮、油环装置，要预埋热敏电阻，这些结构和 Z_2 系列直流电机有很大的区别。

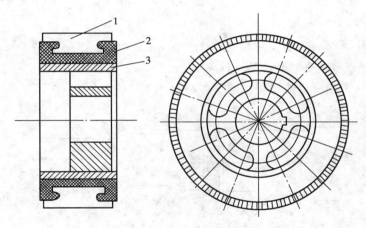

图 2-42　GH330-BO$_2$ 电梯直流电动机换向器

1—换向片；2—压制塑料（酚醛玻璃纤维塑料 4330）；3—换向器套筒（HT25-47 铸铁）

尽管原理上直流电梯电机和 Z_2 系列直流电机区别不大，但由于直流电梯电机性能和使用要求不同，所以结构上有很大区别，以满足电梯拖动的要求。

六、电梯电机的性能指标和技术要求

(一) 交流电梯电机的性能指标

交流电梯电机的性能指标直接影响对电梯的拖动性能,影响到电梯运行是否能正常发挥其功能,所以电梯电机的性能指标对电梯系统有其重要性,应予以高度重视。交流电梯电机的主要性能指标有:效率、功率因数、堵转电流、堵转转矩、最小转矩、最大转矩、温升、噪声和振动等。

1. 效率

电机的效率是电机的有功输出功率和有功输入功率之比,通常用百分数表示。

可用下式表示:

$$\eta = \frac{P_2}{P_1}$$

式中　P_2——输出功率(kW);

　　　P_1——输入功率(kW)。

电机能量流程图,如图2-43所示。

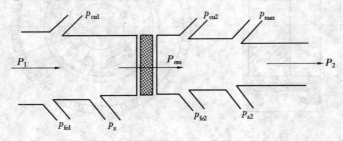

图2-43　电机能量流程图

输出功率:

$$P_2 = P_1 - \Sigma p = P_1 - [p_{cu1} + p_{fe1} + p_{cu2} + p_{fe2} + p_{max} + p_z]$$

效率:

$$\eta = \frac{P_2}{P_1} = \frac{P_1 - \Sigma p}{P_1} = \frac{P_1 - [p_{cu1} + p_{fe1} + p_{cu2} + p_{fe2} + p_{max} + p_z]}{P_1}$$

式中　p_{cu1}、p_{cu2}——定、转子铜损耗(kW);

p_{fe1}、p_{fe2}——定、转子铁损耗（kW）；

p_{max}——机械损耗（kW）；

$p_z = p_{z1} + p_{z2}$——杂散损耗（kW）。

以测量和分析被试电机的损耗来确定效率的方法为间接测定法。测量被试电机的输入和输出功率来确定效率的方法称为直接测定法。如无其他规定，效率的保证值应理解为用"间接测定法"测得的效率。

电机的满载效率是指电机输出为额定功率时的电机效率，同一台电机，当输出功率不同时，电机的效率也不同，如图2-44所示。

国家标准规定，电动机的功率越大，所规定的效率越高，而效率越高，表明电机本身的损耗所占输入功率的比例越小。电机本身的损耗又有：

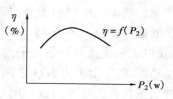

图2-44 电机效率与输出功率的关系

（1）恒定损耗：

①铁损耗（包括空载杂散损耗）。

②机械损耗（包括轴承摩擦损耗、风耗、电刷摩擦损耗）。

（2）负载损耗：

①绕组铜损耗；

②炭刷的电损耗。

（3）励磁损耗（对于直流电梯电机）。

（4）杂散损耗（不包括空载杂散损耗）。

①由于负载而在铁心有关部分和其他金属构件中所引起的损耗。

②由于负载电流所引起的磁通变化或因换向而在导线中所引起的损耗。

③部分附加损耗。

电动机的损耗与材料、工艺、结构、设计有关。如大电机硅钢片涂漆，就是为了减小涡流，即减小铁耗，也即提高了效率，硅钢片材质差，则损耗也增大。铜损耗则是由 I^2R 所决定的损耗。

风扇叶的结构与大小会影响机械损耗，节能风扇就是这个道理。

杂散损耗是不包括在其他损耗内的损耗。

2．功率因数

交流电机的有功功率与视在功率之比称为功率因数。

在正弦交流电路中，接有电感性负载时，电源供给的电功率可以分成两种：一种为有功功率，是指把电能转换成其他形式的能量的功率；一种叫无功功率，这是电源和电感负载之间进行交换的能量，它并不作功，但这是负载建立磁场所必需的。电源（发电机、变压器）发出的总功率叫视在功率。视在功率 S、有功功率 P 和无功功率 Q 之间组成功率三角形 S 和 P 间的夹角 ϕ 的余弦，称为功率因数，用 $\cos\phi$ 表示。

$$\cos\phi = \frac{P}{S}$$

在功率三角形中：

视在功率：$S = \sqrt{P^2 + Q^2}$

有功功率：$P = S \cdot \cos\phi$

无功功率：$Q = S \cdot \sin\phi$

功率三角形，如图 2-45 所示。

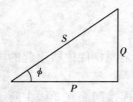

图 2-45 功率三角形

可以看出，在同样的视在功率 S 的情况下，功率因数 $\cos\phi$ 越低，有功功率 P 就越小，无功功率 Q 也就越大，这样使电源不能充分利用，并且增加了供电设备及线路中的功率损失。功率因数表明了电路中有效利用功率所占的比例，功率因数越高，表明在同样电压下，传送同样的功率所需的电流越小。

在单相电路中：

$$功率因数 = \frac{功率}{电压 \times 电流}$$

即

$$\cos\phi = \frac{P}{U \times I}$$

在三相电路中：

$$功率因数 = \frac{功率（输入功率）}{\sqrt{3} \times 电源线电压 \times 线电流}，即$$

$$\cos\phi = \frac{P_1}{\sqrt{3}\, U_A \cdot I_A} = \frac{P_1}{3 U_a \cdot I_a}$$

式中 U_A、I_A——线电压和线电流；

U_a、I_a——相电压和相电流。

额定输出时的功率因数称满载功率因数。同一台电动机在不同负载时的功率因数不同。

国家标准规定：电机极数越少的电机，功率因数越高。电机容量越大的电机，功率因数越高。

电动机气隙 g 越小，空载励磁电流 I_0 越小，功率因数 $\cos\phi$ 就越高。

3. 温升（定、转子的满载温升）

电机在满负荷下运行，待发热稳定后，定子（转子）线圈比环境温度高出的温度称之为温升。温度以"℃"表示，而温升以"K"表示。

电机各部温升 = 各部温度 – 室温

定子铁心的温度一般比定子线圈的温度低 20℃ 左右。

电机的温升（$\Delta\theta$），即绕组的平均温升，一般常以电阻法来测定。

$$\Delta\theta = \frac{R_f - R_0}{R_0}(K_a + Q_a) + Q_0 - Q_f$$

式中 R_f——试验结束时绕组电阻（Ω）；

R_0——试验开始时的绕组电阻（Ω）；

Q_f——试验结束时的冷却介质温度（℃）；

Q_0——试验开始时的绕组温度(℃);

K_a——常数(对铜绕组为235;对铝绕组除另有规定外应采用225)。

用电阻法测量绕组温度时,试验前用温度计所测得的绕组的温度实际上应为冷却介质温度。

对铜以外的其他材料,应采用该材料在0℃时电阻温度系数的倒数来代替上列公式中的235。对铝绕组,除另有规定外,应采用225。

温升是越低越好,但作太低了浪费材料。

稳定的温升说明发热和散热处于平衡状态。

各种绝缘材料的允许温升,见表2-4。

各种绝缘材料的允许温升　　　　　　表2-4

序号	绝　缘　绕　组	允许温升极限
1	A级绝缘绕组	65K
2	E级绝缘绕组	80K
3	B级绝缘绕组	90K
4	F级绝缘绕组	115K
5	H级绝缘绕组	140K

4. 堵转(启动)电流倍数

(1) 堵转(启动)电流:

堵转电流:电动机在额定电压、额定频率和转子堵住时(转子不动),从供电回路输入的稳态电流有效值。

启动电流:电动机在启动的瞬间、电流达到的最高稳态电流。

启动电流可以用示波器拍摄求取。一般用电流表读数较难得到正确的数值。所以试验时均以堵住转子来测得堵转电流。当然从定义上讲堵转电流和启动电流均是电动机在转差 $S=1$ 时的稳态电流。

(2) 堵转(启动)电流倍数:

电动机的性能指标是堵转（启动）电流，但性能数据考核规定为堵转（启动）电流倍数。即堵转（启动）电流和额定电流的比值，一般为 5~7 倍。

一般堵转（启动）电流倍数 I_k/I_n（I_{st}/I_n）越低越好，可以对启动设备要求低些。但在电梯电机中，堵转电流倍数应控制在一定范围内。

堵转电流倍数的数值，见表 2-5。

堵转（启动）电流的倍数数值　　　　　　表 2-5

功率 (kW)	同步转速 (r/min)				
	3000	1500	1000	750	600
	堵转（启动）电流/额定电流 (A)				
0.6~30	7.0	7.0	6.5	5.5	5.5
40~125	6.5	6.5	6.5	5.5	5.5

5. 转矩

包括额定转矩、堵转（启动）转矩、最大转矩和最小转矩。

(1) 转矩

电动机在工作时轴上输出的扭力叫做电动机的转矩（力矩）。单位：牛顿米 (N·m)。

在一定的转速下，转矩越大，输出功率也越高。

$$转矩 = 975 \times 9.81 \times \frac{功率 (W)}{转速 (r/min)} \quad (N·m)，即$$

$$T = 975 \times \frac{p_2 (W)}{n (r/min)} \quad (kg·m)$$

$$= 975 \times 9.81 \times \frac{p_2 (W)}{n (r/min)} \quad (N·m)$$

(2) 额定转矩

额定电压、额定功率、额定转速下的转矩称为额定转矩。

$$额定转矩 = 975 \times 9.81 \times \frac{额定输出功率 (W)}{实际转速 (r/min)} \quad (N·m)，即$$

$$T_n = 975 \times \frac{P_{N2} (W)}{n (r/min)} \quad (kg·m)$$

$$= 975 \times 9.81 \times \frac{P_{N2}\ (\text{W})}{n\ (\text{r/min})}\ (\text{N·m})$$

(3) 堵转（启动）转矩

①堵转转矩。电动机在额定频率、额定电压下转子堵住时所测得的转矩的最小值。

②启动转矩。电动机在启动时能够输出的转矩叫做启动转矩。

③堵转（启动）转矩倍数。和堵转电流倍数一样，指标考核时规定为堵转（启动）转矩倍数。

$$堵转转矩倍数 = \frac{堵转转矩}{额定转矩}$$

$$启动转矩倍数 = \frac{启动转矩}{额定转矩}$$

(4) 最大转矩

①交流电动机的最大转矩。电动机在额定频率、额定电压、运行温度和不会导致转速实质降低的情况下所产生的最大运行转矩称作交流电动机的最大转矩。

电机的负载力矩，如果超过了这个转矩，电机就会停止转动，因此这个数值表明了电机的过载能力。

②最大转矩倍数。指标考核对规定为最大转矩倍数，即最大转矩和额定转矩的比值。

$$最大转矩倍数 = \frac{最大转矩}{额定转矩}$$

(5) 最小转矩

①交流电动机的最小转矩。交流电机的最小转矩定义为电动机在额定频率、额定电压下，在零转至对应最大转矩之间所产生的最小转矩。此定义不适用于转矩随转速增加而连续下降的电动机。

②最小转矩倍数。指标考核时规定为最小转矩倍数。

最小转矩和额定转矩的比值为最小转矩倍数。

$$最小转矩倍数 = \frac{最小转矩}{额定转矩}$$

最小转矩过小的电机往往会在启动到某一转速（特别是带负荷情况下）就不再加速，而慢转运行。这时电机的电流是很大的，会超过额定电流的数倍，在这种情况下，电机很容易烧毁。

出现最小转矩和不出现最小转矩的两种 $T(S)$ 曲线，如图 2-46 所示。

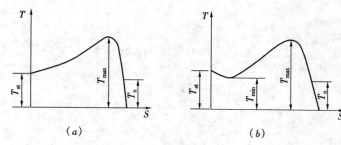

图 2-46 有关最小转矩的 T(S) 曲线
（a）电动机不出现最小转矩的 $T(S)$ 曲线；
（b）出现最小转矩时的 $T(S)$ 曲线
T—转矩；S—转差；T_{st}—启动转矩；
T_{max}—最大转矩；T_n—额定转矩；T_{min}—最小转矩

提高交流电梯电机性能指标的措施，见表 2-6。
交流电梯电机数据改变时性能、材料的变化，见表 2-7。

提高交流电梯电机性能指标的措施　　表 2-6

序号	调整目的	调整措施	适用情况	参量变化情况	有效材料用量变化情况
1	提高 η	（1）增大定子绕组导线截面	k_z（槽满率）较低	J_1、P_{Cu1} 减小	G_{Cu1} 增加
		（2）增大定子或转子槽面积以增大导体截面	B_{t1}、B_{j1} 或 B_{t2}、B_{j2} 较低	J_1、P_{Cu1} 或 J_2、P_{Cu2} 减小	G_{Cu1} 或 G_{Cu2} 增加

续表

序号	调整目的	调整措施	适用情况	参量变化情况	有效材料用量变化情况
1	提高 η	（3）减少 N_{s1} 增大导线截面	B_0 较低，$\cos\varphi$ 及 I_{st} 有裕量	J_1、P_{Cu1} 减小	变化小
		（4）放长 l_t 增大槽面积及导体截面	各部分磁密均较高，$\cos\varphi$ 无裕量	J_1、P_{Cu1} 及 J_2、P_{Cu2} 减小	G_{Cu1}、G_{Cu2}、G_{Fe} 增加
		（5）缩小 D_{t1} 或同时增大定子槽、导线截面	B_0 较低，$\cos\varphi$ 有裕量，B_{t2}、B_{j2} 或 J_2 较纸	P_{Fe} 减小或 J_1、P_{Cu1} 减小	变化小或 G_{Cu1} 增加
		（6）增大 D_1 以增大槽面积及导体截面	各部分磁密均较高，$\cos\varphi$ 无裕量	J_1、P_{Cu1} 及 J_2、P_{Cu2} 减小	G_{Cu1}、G_{Cu2}、G_{Fe} 增加
2	提高 $\cos\varphi$	（1）缩小定子槽（或转子槽）面积	B_{t1}、B_{j1} 或 B_{t2}、B_{j2} 较高，η 有裕量	B_{t1}、B_{j1} 或 B_{t2}、B_{j2} 降低，使 I_m 减小	G_{Cu1} 或 G_{Cu2} 减小
		（2）增大定子或转子槽宽，减小槽高	B_{t1}、B_{t2} 较低，$\cos\varphi$ 差距小	X、I_x 减小	变化小
		（3）增加 N_{s1}	各部分磁密较高，T_{st}、T_{max} 有裕量	I_m 减小、但 I_x 增大	变化小（导线截面缩小）G_{Cu1} 增加（导线截面不变）
		（4）放长 l_t	各部分磁密较高，η 无裕量	I_m 减小、但 I_x 增大	G_{Cu1}、G_{Fe} 增加
		（5）增大 D_{t1}	B_0 较高，B_{j1} 较低	I_m 减小	变化小
		（6）减小 δ	气隙均匀度能保持，θ 有裕量	I_m 减小	不变

续表

序号	调整目的	调整措施	适用情况	参量变化情况	有效材料用量变化情况
3	降低 I_{st}	(1) 增大转子槽高,减小槽宽	B_{j2} 较低,$\cos\varphi$ 有裕量	X 增大	变化小
		(2) 用槽漏抗较大的转子槽形(如表 20·3-8 序号 2、3 槽形)	$\cos\varphi$ 有裕量	X 增大	变化小
		(3) 增大凸形或刀形转子槽上部槽高减小槽宽	$\cos\varphi$ 有裕量	X 增大	变化小
		(4) 增加 N_{s1}	T_{st}、T_{max} 有裕量	X 增大	变化小(导线截面缩小)G_{Cu1} 增加(导线截面不变)
4	提高 T_{st}	(1) 减少 N_{s1}	I_{st}、$\cos\varphi$ 有裕量	X 减小	G_{Cu1} 减小(导线截面不变)变化小(导线截面增大)
		(2) 缩小转子槽	J_2 较低,η 有裕量	R_2 增大	G_{Cu2} 减小
		(3) 转子用深槽或凸形、刀形槽,一定范围内减小凸形、刀形槽上部宽	$\cos\varphi$ 有裕量	R_{2st} 增大	变化小
		(4) 用双笼转子,增大上笼电阻	η、$\cos\varphi$ 有裕量	R_{2st} 增大	变化小
		(5) 增大 δ	$\cos\varphi$ 有裕量	X 减小	不变
5	提高 T_{max}	(1) 同序号 4 (1)	同序号 4 (1) 相应栏	同序号 4 (1) 相应栏	同序号 4 (1) 相应栏
		(2) 用槽漏抗较小的转子槽形(如表 20·3-8 序号 1 槽形)	I_{st} 有裕量	X 减小	变化小

续表

序号	调整目的	调整措施	适用情况	参量变化情况	有效材料用量变化情况
6	降低 θ	（1）同序号1	同序号1相应栏	同序号1相应栏	同序号1相应栏
		（2）增大 δ①	$\cos\varphi$ 有裕量	R_s 减小，但 I_m 大	不变
		（3）定、转子用少槽-近槽配合	槽配合选择不当	P_s 减小（见 3·5·2）	变化小
		（4）结构、工艺采取措施②	电磁设计不变	变化小	不变

① P_s 减小，但 I_m 大使 P_{Cu1} 增大，θ 变化取决于 P_s、P_{Cu1} 的变化情况，如 P_{Cu1} 增大较多时可能导致 θ 升高。一般对 $2p=2$、4电机在一定范围内增大 δ 能降低 θ。
② 如选用通风冷却效果较好的通风结构、增大冷却风量、合理设计风路、提高绝缘处理质量、铸铝转子槽绝缘工艺处理等。

交流电梯电机数据改变时性能、材料的变化　　　　表2-7

	D_{i1} 增大假定：B_{t1}、B_{f1}、B_{t2}、B_{j2} 不变，即定子槽缩小，转子槽增大	l_t 放长至 l'_t 假定：B_{t1}、B_{j1}、B_{t2}、B_{j2} 不变，即定、转子槽尺寸不变	N_{s1} 减少至 N'_{s1} 假定：B_{t1}、B_{j1}、B_{t2}、B_{j2} 不变，即定、转子槽尺寸不变，增大定子绕组导线截面	N_{s1} 减少至 N'_{s1} 假定：B_{t1}、B_{j1}、B_{t2}、B_{j2} 和定子绕组导线截面不变，定、转子槽缩小
设计数据改变				
电磁参量	A_1、B_0 降低 I_m 减小 B_1 增大 R_2、J_2 减小	B_0、B_t、B_j 降低（约 $\propto l_t/l'_t$） I_m 减小（$\propto K$，K 略小于 l_t/l'_t） R_1、R_2 增大（铁心段的 R_1、$R_2 \propto l'_t/l_t$） X、I_x 增大（约 $\propto l'_t/l_t$） A_1、J_1 略减小	B_0 降低（约 $\propto l_t/l'_t$） I_m 减小（$\propto K$，K 略大于 l_t/l'_t） R_1、R_2 略减小 X、I_x 增大（约 $\propto l'_t/l_t$） A_1、J_1 减小	B_0、B_t、B_j 增高（约 $\propto N_{s1}/N'_{s1}$） I_m 增大（$\propto K$，K 略大于 N^2_{s1}/N'^2_{s1}） R_1、R_2 增大（约 $\propto N'_{s1}/N_{s1}$） X、I_x 减小（约 $\propto N'^2_{s1}/N^2_{s1}$） A_1、J_1 略减小	B_0 增高（约 $\propto N_{s1}/N'_{s1}$） I_m 增大（$\propto K$，K 略小于 N^2_{s1}/N'^2_{s1}） R_1、R_2 减小（约 $\propto N'^2_{s1}/N^2_{s1}$） X、I_x 减小（约 $\propto N'^2_{s1}/N^2_{s1}$） A_1 减小，J_1 一般略增大

续表

损耗	P_{Cu1}	视 I_1、R_1 变化情况而定①	视 I_1、R_1 变化情况而定③	减小	减小	略减小
	P_{Cu2}	减小	增大（约 $\propto l'_t/l_t$）	略减小	减小（$\propto K$，K 略小于 N^2_{s1}/N'^2_{s1}）	减小（$\propto K$，K 略小于 N'_{s1}/N_{s1}）
	P_{Fe}	略减小	减小（约 $\propto l_t/l'_t$）	略增大	增大（约 $\propto N'^2_{s1}/N^2_{s1}$）	略增大
η		视各损耗变化情况而定②	视各损耗变化情况而定④	增高④	视各损耗变化情况而定⑤	视各损耗变化情况而定⑤
$\cos\varphi$		增高	增高	略增高④	一般降低	一般略降低
T_{max}		变化小	减小（约 $\propto K$，K 略大于 l_t/l'_t）	减小（$\propto l^2_t/l'^2_t$）	增大（约 $\propto N^2_{s1}/N'^2_{s1}$）	增大（约 $\propto N^2_{s1}/N'^2_{s1}$）
I_{st}		同上	同上	同上	同上	同上
T_{st}		减小	同上	减小（约 $\propto l^2_t/l'^2_t$）	同上	增大（$\propto K$，K 大于 N^2_{s1}/N'^2_{s1}）
θ		视各损耗变化情况而定②	略降低	降低	一般降低	一般略降低
G_{Cu1}		减少	增大（$\propto K$，K 小于 l'_t/l_t）	增多（$\propto K$，K 大于 l'_t/l_t）	变化小	减少（$\propto N'_{s1}/N_{s1}$）
G_{Fe}		不变	增多（$\propto l'_t/l_t$）	增多（$\propto l'_t/l_t$）	不变	不变

①R_1 增大；I_m 减小使 I_1 略减小。此时，P_{Cu1} 一般增大；但若原来 B_0 较高，增大 D_{i1} 能使 I_m 减小较多时，P_{Cu1} 可能稍降低。

②若 P_{Cu1} 增大较多时，则 η 降低、θ 增高；若 P_{Cu1} 变化较小时，则可能 η 增高、θ 降低。

③I_m 减小；R_1、R_x 增大。若原来各部分磁密较高，放长 l_t 能使 I_m 减小较多时，则 I_1 减小，P_{Cu1} 可能减小。

④若 P_{Cu1} 减小或变化小时，η 可增高。在放长 l_t 的同时，增大定、转子槽面积，使 R_1、R_2 减小，对 η 增高有利，但 $\cos\varphi$ 增高较少。

⑤若原来各部分磁密较低，N_{s1} 减少时，I_m、P_{Fe} 增大不多，η 可增高。若原来 B_0 较低，而铁心磁密比较合理时，在保持铁心磁密不变的条件下减少 N_{s1} 比较有利。

(二) 交流电梯电机的技术要求

1. 一般项目

交流电梯电机外壳的防护等级为 IP21，冷却方式为强迫通风，额定频率为 50Hz，额定电压 220/380V，接法为 △/Y，工作定额为断续周期 S_5 工作制。工作定额：DM 系列每小时 240 次启动 FC 为 50%，AM 系列每小时 180 次启动 FC 为 50%，绝缘等级为 F 级，绕组温升最高限值 100K，滑动轴承（其出油温度不超过 65℃时）为 80℃。

2. 启动技术要求

（1）DM 系列交流电梯电机启动绕组的启动电流与运行绕组额定电流之比的保证值为 2.5 倍（容差 +20%）；启动绕组的启动转矩与运行绕组额定转矩之比的保证值为 2.2 倍（容差 -20%）。

（2）AM132、AM160 交流电梯电机，由 4 极绕组直接启动的启动电流与 4 极绕组的额定电流之比的保证值为 3.5 倍（容差 +20%）。

（3）带 6 极启动绕组的交流电梯电机，由 6 极绕组分级启动时启动电流与 4 极额定电流之比的保证值为 2.5 倍（容差 +20%）；18 极、24 极平层绕组的最初启动电流与 4 极额定电流之比的保证值为 1.5 倍（容差 +20%）；其启动转矩与 4 极额定转矩之比的保证值为 1.5 倍。直接启动或分级启动的交流电梯电机的启动转矩与 4 极额定转矩之比的保证值为 2.2 倍（容差 -20%）。

（4）目前的控制装置常采用软启动方案，获得了更好的效果。

3. 制动、振动、噪声及转差要求

（1）DM 系列电动机同轴装有直流励磁的涡流制动器，励磁电压经整流后的三相全波直流脉动最大电压 90V，最大电流为 20A，涡流制动力矩为额定转矩的 3.5 倍。

（2）AM 系列电动机平层绕组的电气制动 X 矩为 4 极额定转矩的 2.3 倍。

（3）交流电梯电机在空载时测得的振动速度有效值，D 系列 180 以下为 1.4mm/s，D 系列 200 以上为 1.8mm/s；电动机在空载

时测得的 A 计权声压级的噪声限值为 72dB（A）（常通风机测量）。

（4）DM 系列，交流电梯电机运行绕组额定转差率保证值为 8%；AM 系列，交流电梯电机运行绕组额定转差率保证值为 9%。

4. 可靠性要求

交流电梯电机在热状态和逐渐增加转矩的情况下，应能承受运行绕组额定转矩的 1.5 倍，历时 15s，而无转速突变、停转及发生有害变形。此时，电压和频率应维持在额定值。在空载情况下，应能承受提高转速至额定值的 120%，历时 2min，而不发生有害变形。绕组绝缘电阻在热状态时，应不低于 $0.38M\Omega$。定子绕组热态时应能承受 5s 的耐压试验，而不发生击穿（试验电压：在频率为 50Hz 时，电压有效值为 2000V）。定子绕组应能承受匝间冲击耐电压试验而不发生击穿，试验冲击电压峰值为 2500V。当三相电源平衡时，电动机的三相空载电流中任何一相与三相平均值的偏差应不大于三相平均值的 10%。

5. 尺寸公差要求

（1）关于 $A/2$、轴径 D、轴伸 E、轴伸键槽宽 F、键槽底高 G、中心高 H、底脚孔 K 的尺寸公差要求，见表 2-8。

$A/2$、D、E、F、G、H、K 公差要求　　　　表 2-8

项　目	公　差　要　求	
	DM 系列	AM 系列
$A/2$	±0.75（180 以下） ±0.5（200 以上）	±0.75 ±0.5
轴径 D	+0.025 +0.009 （180 以下）	+0.025 +0.09
	+0.030 +0.011 （200 以上）	
轴伸 E	±0.43（180 以下） ±0.5（200 以上）	±0.43 ±0.5

续表

项 目	公 差 要 求	
轴伸键槽宽 F	-0.015 -0.051 (180 以下)	-0.015 -0.051
	-0.018 -0.061 (200 以上)	-0.018 -0.0061
键槽底高 G	0 -0.20	0 -0.20
中心高 H	-0.36	-0.36
底脚孔 K	+0.43 0	+0.43 0

(2) 轴伸键尺寸及公差。

轴伸键尺寸及公差表,见表 2-9。

轴伸键尺寸及公差 表 2-9

轴伸直径	键宽	键宽公差	键高	键高公差
$\phi 32$	10	+0 -0.043	8	+0 -0.090
$\phi 38$	10	+0 -0.043	8	+0 -0.090
$\phi 55$	10	+0 -0.043	10	+0 -0.090

(3) 端盖止口对电机轴线的径向圆跳动量公差要求。

端盖止口对电机轴线的径向圆跳动量公差要求表,见表 2-10。

端盖止口公差及对电机轴线的径向圆跳动量 表 2-10

端盖止口		端盖止口对电机轴线
直 径	公 差	的径向圆跳动量
$\phi 250$	+0.046 +0	0.05
$\phi 306$	+0.052 +0	0.05
$\phi 342$	+0.057 +0	0.05
$\phi 382$	+0.057 +0	0.05

(4) 轴伸上键槽对称度的公差要求。

轴伸上键槽对称度的公差要求及键槽宽公差要求表，见表 2-11。

轴伸上键槽对称度公差　　　　表 2-11

键槽宽及公差		键槽对称度公差
键槽宽（F）	公　差	
10	-0.015 -0.051	0.0225
16	-0.018 -0.061	0.030

(5) 轴伸长度一半处的径向圆跳动量不大于 0.03mm，轴向窜动量小于 2.6mm。

(6) 交流电梯电机的安装尺寸与公差及外形尺寸。

交流电梯电机以 DM160-C6/4C + DB160C 型号规格为例，如图 2-47 所示。

AM 系列的安装尺寸图，如图 2-48 所示。

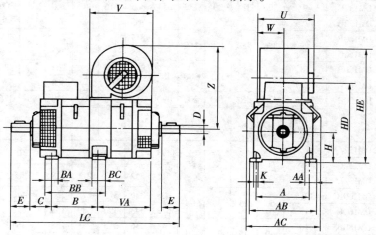

图 2-47　DM 系列安装及尺寸图

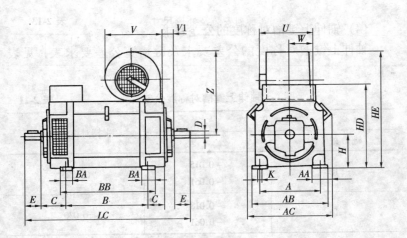

图 2-48 AM 系列安装及尺寸图

DM、AM 系列的安装及外形尺寸，见表 2-12、表 2-13。

DM 系列安装及外形尺寸　　　表 2-12

型号	功率(kW)	AB	AC	C	H	HD	LC	A	AA	B	BA	BB
DM132A	6.3	300	324	89	132	354	735	216	70	210	55	256
DM132C	9	300	324	89	132	354	805	216	70	260	55	306
DM132D	12.5	300	324	89	132	354	865	216	70	300	55	346
DM160B	12.5	356	380	108	160	410	815	254	80	254	65	309
DM160C	15	356	380	108	160	410	865	254	80	284	65	339
DM180B	18	396	422	121	180	450	880	279	85	268	65	326
DM180C	22.5	396	422	121	180	450	950	279	85	308	65	366
DM200B	26.5	436	462	133	200	490	1030	318	100	310	75	376

型号	功率(kW)	BC	K	D	E	HE	U	V	VA	W	Z
DM132A	6.3	50	12	32	80	493	225	153	123	126	361
DM132C	9	50	12	32	80	493	225	153	123	126	361
DM132D	12.5	50	12	32	80	512	252	253	211	118	380
DM160B	12.5	60	15	38	80	608	336	315	272	158	448
DM160C	15	60	15	38	80	673	343	390	339	158	513
DM180B	18	60	15	38	80	648	336	315	283	158	468
DM180C	22.5	60	15	38	80	713	343	390	352	158	533
DM200B	26.5	70	19	55	110	753	343	390	347	158	553

AM系列安装及外形尺寸　　　　　表2-13

型号	功率(kW)	AB	AC	C	H	HD	LC	A	AA	B	BA
AM132A	3.2/0.7	300	324	89	132	354	548	216	70	210	55
AM132C	6.3/1.4	300	324	89	132	354	598	216	70	260	55
AM132D	8/1.8						638			300	
AM160C	10/2.2	356	380	108	160	410	660	254	80	284	65
AM160D	12.5/2.8	356	380	108	160	410	710	254	80	334	65
AM200C	16/2.7	436	462	133	200	490	836	318	100	350	75
AM200D	20/3.3	436	462	133	200	490	896	318	100	410	75
AM200E	25/4.2						966			480	

型号	功率(kW)	BB	K	D	E	HE	U	V	V1	W	Z
AM132A	3.2/0.7	252	12	32	80	497	225	137	35	138	365
AM132C	6.3/1.4	302	12	32	80	497	225	153	35	138	365
AM132D	8/1.8	342				—					
AM160C	10/2.2	334	15	38	80	553	252	137	47	138	393
AM160D	12.5/2.8	384	15	38	80	579	252	253	48	118	419
AM200C	16/2.7	412	19	55	110	659	252	253	58	118	459
AM200D	20/3.3	472	19	55	110	700	336	315	56	158	500
AM200E	25/4.2	542				765	343	390	48	158	565

（三）直流电梯电机的技术要求

直流电梯电机的主要性能指标有效率、转矩（启动转矩、额定转矩）、启动电流、温升、转速调整率、火花等级、噪声和振动。

1．一般项目

（1）直流电梯电机在海拔不超过1000m，环境温度在5～40℃，最湿月月平均最高相对湿度为90%，同时该月月平均最低温度不高于25℃的条件下，能额定运行。

（2）直流电梯电机的外壳防护等级为IP00，冷却方法为IC05，工作制为S4，负载持续率为50%，每小时启动240次（包括励磁电流），结构及安装型式为IM1001。

（3）额定数据包括：额定功率、额定电压、额定电流、额定转速、额定转矩、励磁方式、励磁电流、励磁功率、启动转矩、启动电流和最大径向力等。

2. 温升技术要求

以绝缘等级为 7 级的 GH330-BO$_2$ 型直流电梯电机为例，各部分温升限值为：

①电枢绕组（电阻法）100K

②主极绕组（电阻法）100K

③换向器（温度计法）90K

④轴承（温度计法）55K

3. 可靠性要求

直流电梯电机从空载到额定负载的所有情况下，换向器火花应不超过 1½ 级，能承受启动电流为 155A 以下时，历时 15s，而不发生有害变形，此时的换向火花不超过 2 级，在空载情况下，应能承受提高转速至额定转速的 120%，历时 2min 而不发生有害变形。他励磁场绕组应能承受频率为 50Hz 的正弦波，历时 5s 的 2000V 的耐电压试验，绝缘不击穿；各绕组及刷架的绝缘电阻在热状态或温升试验后，应不低于 0.5MΩ（500V 兆欧计）；在空载时，将外施电压提高至额定电压的 130%，历时 5min，其匝间绝缘不击穿。

4. 噪声和振动

直流电梯电机在空载时测得的 A 计权声压级噪声值不大于 72dB，在空载时测得的振动速度有效值不超过 3mm/s。

七、电梯电机的试验

（一）交流电梯电机的试验方法

1. 温升试验

（1）电梯电机施加负载的方法

电梯电机在做温升试验时，应使其工作在额定工作状态，常用的几种方法，如下：

①直流电机负载法

这种方法是将被试电机用皮带轮（变速）或联轴器（不变

速）拖动直流发电机，所发出的电能消耗在电阻器上，调节直流发电机的输出电流，可改变被试电机的负载，如图2-49所示。

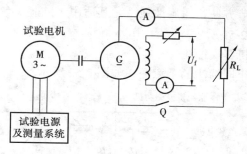

图 2-49 直流电机负载法

此种方法直流消耗电能，仅适用于小功率的电机的试验。

②带轮回馈法

这种方法选用与被试电机转速相同、功率相同的陪试电机，两电机用皮带和带轮拖动。使陪试电机超同步运行，呈异步发电机状态，电能反馈给电网，调节皮带的松紧，即可调节负载的大小，带越紧，陪试电机转速越高，负载越大，如图2-50所示。

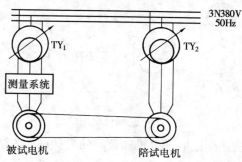

图 2-50 带轮回馈法

③直流发电机回馈法

这种方法将被试电机与负载直流发电机用联轴器相连接，由被试电机拖动负载电机运行，负载电机的电能经直流电源机组反馈给电网。这种方法用被试电机的容量去选择容量近似的直流发电机为负载电机,机组的容量也应与负载容量匹配。此种方法回馈电能,调节方便,适用性强,尤其适用于试验单台的交流电梯电机,如图 2-51 所示。

④变频机组回馈法

变频机组回馈法的示意图,如图 2-52 所示。

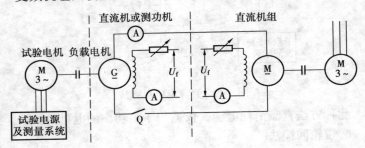

图 2-51 直流发电机组回馈法

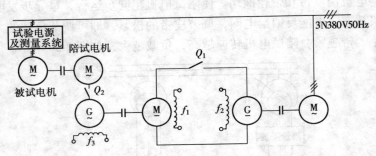

图 2-52 变频机组回馈法

这种方法是交流电梯电机加负载的最佳试验方法,但由于该方法使用两套机组,设备多、费用高,其优点是调节方便、负载平稳、节约电能,并适用于试验 50~60Hz 的电机。电路由直流机组和同步机组组合成变频发电机组。变频机组为陪试电机提供一个频率低于其额定频率的交流电源,使陪试电机在被试电机的拖动下,以额定转速运行时,处于异步发电状态,给被试电机带上负载。操作时,首先启动直流机组,交流电动机 $\underset{\sim}{M}$ 拖动直流发电机 $\underset{\sim}{G}$ 发电,闭合 Q_1,直流电动机 $\underline{M}$ 运转,拖动交流发电机 $\underset{\sim}{G}$,调节交流发电机 $\underset{\sim}{G}$ 使发电压为陪试电机额定电压,调节直流电动机 $\underline{M}$ 转速使交流发电机 $\underset{\sim}{G}$ 的发电频率为陪试电机的额定频率。合上 Q_2 使陪试电机运转。由调压器或另一套变频机组为被试电机供电,使两电机转向相同,此时观察被试电机的负载电流,调节同步发电机 $\underset{\sim}{G}$ 的频率,频率越低负载电流越大,一直调到被试电机的额定电流为止,再调节被试电机与陪试电机的电压到额定值。此时陪试电机处在发电状态,故交流发电机 $\underset{\sim}{G}$ 成为同步电动机,直流电动机 $\underline{M}$ 变成直流发电机,直流发电机 $\underline{G}$ 成为直流电动机并拖动交流电动机 $\underset{\sim}{M}$,使交流电动机 $\underset{\sim}{M}$ 发电,将电能反馈给电网。

(2) 温升试验时温度计的设置

温度计的设置,如图 2-53 所示。

温度计应采用酒精全浸式温度计,冷却介质温度(即环境温度)的测量应将温度计放置在距被试电机 2m 处,高度为电机的一半的位置上。铁心温度计应放入吊环孔内,并用石棉腻子封严。机壳温度计应使酒精球部与机壳接实,并用石棉腻子封严,横向(轴向)放置在机壳中部。

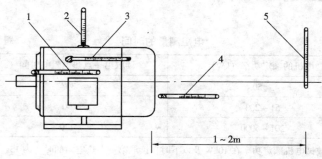

图 2-53 温升试验时温度计的设置
1—出风温度;2—铁心温度;3—机壳温度;4—进风温度;5—室温

(3) 温升试验常用的方法

温升试验的方法通常有三种,即温度计法、埋置检温计法、电阻法。

在电机绕组、铁心甚至机壳上放置的温度计,不能使用水银温度计,因为水银会受到漏磁通的影响而产生涡流,致使自身受热膨胀,影响温度的测量准确性。埋置检温计法适用于在电机绕组中预埋热电偶、热敏电阻等测温元件的电机,电梯电机常预埋多个热敏电阻,可以根据测温元件的电阻—温度特性计算出电机绕组的温升值。

电阻法是根据电机绕组的电阻值随温度的升高而按一定关系增大的原理来进行温升测定的。其方法简单,测量精度高,常用来作为电梯电机的温升试验方法。

(4) 电阻法温升试验方法

测量电梯电机绕组的直流电阻(称冷态直流电阻),并记录当时的环境温度。温升试验时,被试电梯电机应按额定工作方式进行运转,直到电机热交换达到平衡时,温度稳定下来,停止供电,被试电机和陪试电机同时断电,将电机制动后,并计时,立即测量温升稳定后的热电阻,用此电阻值计算电梯电机的温升,有时还要进行温升修正。读取第一点热电阻的时间规定,见表2-14。

电阻测量的时间 表 2-14

电机的额定功率(kW)	读取第一点热电阻的时间(s)
≤50	30[①]
51~200	90
201~5000	120

①当被试电机额定功率在10kW及以下时,读取第一点热电阻的时间为15s。

温升的计算,应按下式进行:

$$\Delta\theta = \frac{R_2 - R_1}{R_1}(K + t_1) + t_1 - t_2$$

式中 R_1——实际冷态下绕组电阻值（Ω）；
R_2——温升试验后的热电阻值（Ω）；
t_1——实际冷态下绕组的温度（℃）；
t_2——试验结束时冷却介质的温度（℃）；
K——常数，铜绕组为235，铝绕组为228。

2. 效率的测定

效率的测定有三种方法，即间接法、直接法和圆图法。

（1）间接法

效率测定的间接法，又称损耗分析法。电机的效率计算式，即：

$$\eta = \frac{P_1 - \Sigma p}{P_1} \times 100\%$$

式中：P_1——电机的输入功率（W）；
Σp——电机的总损耗（W）。

Σp 中包括铁耗 p_{Fe}，机械耗 p_m，定子铜耗 p_{cu1}，转子铜耗 p_{cu2}，杂散损耗 p_s。其中铁耗和机械耗由空载特性中求取；定子铜耗、转子铜耗由负载试验求取；杂散损耗可以实测或按输入功率的百分比进行求取。

（2）直接法

使用测功机或校正过的直流机与被试电机对拖，被试电机的输入功率用瓦特表测量，输出的机械功率使用测功机或校正过的直流机测量。也可以通过转速转矩仪进行测量。

（3）圆图法

圆图法求取效率是使用被试电机按规定进行的空载试验及堵转试验所取得数据，通过计算，以画圆图的方法进行求取。

3. 转差率的测定

转差率的测定有两种方法，一是闪光法，二是直接测量电机的转速。

闪光法可使用闪光灯、氖灯或日光灯，常采用的方法比较简单，即用日光灯和秒表。直接测量转速，则常采用数字或转速表、数字式转速转矩测试仪等。在测量转速的同时，还应测量被试电机的电源频率，以求得该电机的同步转速。

闪光法测量转差率时，在日光灯使用 50Hz 正弦交流工作条件下，灯管每秒钟闪亮 100 次，每分钟闪亮 6000 次，如图 2-54a

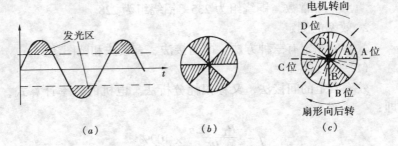

图 2-54 闪光法测转差的原理
（a）日光灯的发光区；（b）4 极电机的测速盘；（c）在负载状况下扇形向后转

所示。在被试电机的皮带轮外面安装上（或画上）一个测试盘，盘上与电机极数相对应地绘上红白色扇形。以 4 极电机为例，如图 2-54b 所示。当电机通入 50Hz 电源时，其同步转速为 1500r/min。假定此时电机转速等于同步转速，日光灯闪光频率为 6000 次/min，闪光频率是转速的 4 倍，恰好皮带轮上绘的是 4 个红色扇形，所以第一次闪光时，扇形 A 在初始位置，第二次闪光时，皮带轮转动了 1/4 周，B 扇形在 A 的初始位置出现，A 扇形则在 D 的初始位置出现，其他类推……。第三次闪光时，皮带轮又转了 1/4 周，B 扇形由 A 的位置转到了 D 位置出现，A 扇形则在 C 位置出现，以此类推……，随每次闪光，4 个扇形在四个位置上准确地出现。眼睛看上去，4 个扇形是不动的。只有在同步转速下才能发生这种情况。对异步电机来说，空载时转差率很小，扇形以很低的速度，向与实际转向相反的方向转动，当被试电机加上负载时，转速下降，小扇形则加快转动速度，如图 2-54c 所示。

在负载状态下，日光灯第一次闪光时，A 扇形在 A 位置，B

扇形在B位置……；第二次闪光时，B扇形转不到A位置，A扇形也到不了D位置，因而出现了图中虚线所示情况，即所有扇形都向后变化了一点；第三次闪光时，B扇形到了D的位置，也到不了虚线所示的D的位置，同样A扇形也到不了C的虚线位置，4个扇形仅能到达点画线的位置。此时，用眼睛看上去，扇形是向着与皮带轮转动的相反方向转动着。扇形每分钟转动的圈数，就是电机的实际转速与同步转速之差。在转差率的实际测量时，仅是测取某一扇形转5转所用的时间。用此种关系求出每分钟扇形的转速，即：

$$\frac{t}{5} = \frac{60}{n'}; n' = \frac{3000}{t}$$

当电机工作频率为50Hz时：
同步转速为：

$$n_0 = \frac{60f}{p}; n_0 = \frac{3000}{p}$$

转差率的计算：

$$S = \frac{n'}{n_0} \times 100\%; S = \frac{p}{t} \times 100\%$$

当电机工作频率为60Hz时：

$$S = \frac{p}{1.2t} \times 100\%$$

式中　t——扇形转5转所用的时间（s）；
　　　n'——每分钟扇形的转数（即实际转速与同步转速之差）（r/min）；
　　　n_0——同步转速（r/min）；
　　　f——电机的工作频率（Hz）；
　　　p——极对数（电机极数/2）；
　　　S——转差率（%）。

4. 实测杂散耗的方法

杂散耗的实测方法有反转法和输入输出法两种，常用的是反转法。反转法测定杂散损耗时，应分别测量电机的基波杂散耗和高频杂散耗,通过计算求出被测电机的总杂散耗。

(1) 基波杂散耗 p_{sf} 的测定

p_{sf} 的测定方法:先将电机拆开,抽出转子,再将其端盖等结构件安装还原。在定子绕组中,施加额定频率的低电压,改变电压使定子电流在 1.1~0.5 倍的额定电流范围内,测量 5~7 点,每点都应同时读取三相电流和输入功率。试验结束时,断电后立即量取定子绕组的直流电阻。基波杂散耗可根据测量的数据,依下式进行计算:

$$p_{sf} = P_1 - 3I_1^2 R_1 (W)$$

式中　P_1——输入功率(W);
　　　I_1——定子三相电流平均值(A);
　　　R_1——试验后定子绕组相电阻(Ω)。

各点的基波杂散耗计算之后,绘制基波杂散耗对于定子电流的关系曲线 $p_{sf} = f(I_1)$。

(2) 高频杂散耗的测定

测量高频杂散损耗采用反转法,其电路示意图,如图 2-55 所示。

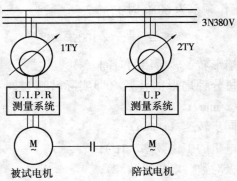

图 2-55　高频杂散耗测定的电路示意图

首先选用相同规格型号的电机,与被试电机用联轴器相连接,各自使用一个为额定频率的调压电源。试验前,应检查两台电机的转向，使其相反。然后给陪试电机施加额定电压，并按其方向拖动被试电机空转运行，以使两台电机的机械损耗达到稳定。然后给被试电机施以低电压，使定子电流为额定值，运行10min（此时 $S=2$，被试电机工作在电磁制动状态）进行预热。如在温升试验后连续做此项试验时，则不必进行预热。

试验时，调节被试电机电压，使其定子电流在 1.1~0.5 倍的额定电流范围内，量取 5~7 点，每点应同时读取被试电机的输入功率、三相电流及陪试电机的输入功率。然后断开被试电机电源，读取陪试电机的输入功率。试验后应立即断电、制动电机，尽快测取被试电机的定子绕组电阻。计算高频杂散耗 p'_{sh} 按下式计算：

$$p'_{sh} = P_{a1} - P_{a0} - (P_1 - 3I_1^2 R_1)(W)$$

式中　P_{a1}——陪试电机的输入功率（W）；

P_{a0}——被试机断电后的陪试机输入功率（W）；

P_1——被试电机的输入功率（W）；

I_1——被试电机的三相电流平均值（A）；

R_1——被试电机的定子绕组相电阻（Ω）。

各试验点的计算用高频杂散耗计算后，绘制其对于定子电流的关系曲线 $p'_{sh}=f(I_1)$。此曲线与基波曲线 $p_{sf}=f(I_1)$ 绘制在同一坐标内，如图 2-56 所示。

因空载电流引起的杂散耗包括在铁损中，故被试电机的杂散耗应按计算电流 I'_1 求取，计算用电流 I'_1 按下式计算：

$$I'_1 = \sqrt{I_1^2 - I_0^2} \ (A)$$

式中　I_0——被试机在额定电压下的空载电流（A）；

I_1——被试机三相电流平均值（A）。

从图 2-56 中查出对应于 I'_1 的 p_{sf} 值和 p'_{sh} 值，被试电机的总杂散耗 p_s，按下式计算：

$$p_s = p_{sh} + p_{sf} = p'_{sh} + 2p_{sf}(W)$$

式中　p_{sh}——高频杂散耗，$p_{sh} = p'_{sh} + p_{sf}$（W）。

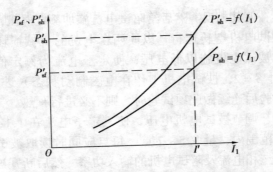

图 2-56 杂散耗与定子电流的关系

如果不测定基波杂散耗,则总杂散耗可用下式求取:

$$p_s = (1 + 2c)p'_{sh}(\text{W})$$

式中 c——各类电机的统计系数。

5. 短时过转矩试验

试验的目的是为了考核电梯电机承受短时过载的能力,检查电机的机械强度和电气绝缘强度是否在试验中发生损坏变形和击穿。

试验应使用负载工作特性试验的设备和电路。被试电机在额定频率、额定电压下,在热态时进行过载,使其转矩达到被试电机类型所规定的过载转矩值,历时 15s。如受测试设备的限制,过转矩试验允许以过电流的方式代替进行,过电流的倍数为过转矩倍数的 1.1 倍。

6. 最大转矩的测定

电梯电机在带负荷运行时,在临界转速时产生最大转矩。为了考核电机能够承受的最大过载能力,进行此项测定。

测试的方法有测功机或校正过的直流机法,转矩转速仪法,转矩测量仪法等。

(1) 测功机和校正过的直流机法

测功机和校正过的直流机法的测试电路,如图 2-51 所示,试验时,以测功机或校正过的直流机为负载,与被试电机用联轴器相连接。被试电机在额定频率、额定电压下，拖动测功机或校正过的直流机同方向运转。改变直流电源机组的发电电压，可调节被试电机的负载，电压升高、负载加大。逐步增加负载到测功机磅秤指示值，或校正过的直流机的电枢电流出现最大值为止，读取该数值，同时读取被试电机的电源电压及转速。试验中，对于校正过的直流机的励磁电流应保持不变。被试电机的最大转矩值 T_{maxt}，应由测功机直接读出，

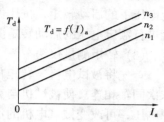

图 2-57　校正过的直流机分析曲线

或是从校正过的直流机的分析曲线 $T_d = f(I_a)$，（在试验转速下）上查出，曲线如图 2-57 所示。

最大转矩的换算：当试验电压与额定电压相差不大于 10% 时，可依下式进行换算，即

$$T_{\max} = T_{\text{maxt}} \left(\frac{U_N}{U_t} \right)^2$$

式中　$T_{\max}$——被试电机在额定电压时的最大转矩（N·m）；

　　　T_{maxt}——被试电机在试验电压时的最大转矩（N·m）；

　　　U_N——被试电机的额定电压（V）；

　　　U_t——被试电机的试验电压（V）。

当试验电压与额定电压相差不大于 10% 时，应在 1/3～2/3 额定电压范围内，均匀测取三个电压下的最大转矩，然后绘制 $\lg T_{\text{maxt}} = f(\lg U_t)$ 的关系曲线，并将曲线延长，在曲线中查出额定电压下的最大转矩值。最大转矩电压修正曲线，如图 2-58 所示。

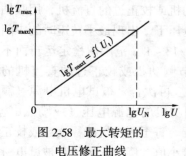

图 2-58　最大转矩的电压修正曲线

（2）转矩转速测试仪法

使用转矩转速仪拍摄被试电机的机械特性曲线（$T=f(n)$曲线），并从曲线上量取最大转矩一点。根据实测的被试机在额定电压下的启动转矩，按比例计算出最大转矩值。当被试电机不能进行额定电压的启动转矩测试时，这种方法仅能做定性分析。

(3) 转矩测量仪法

首先将被试电机、转矩传感器、负载直流机三者用联轴器，依次同轴相连。使被试机与直流机同方向运转，调节直流机的电源电压，可改变被试电机的负载。当电机预热后，用逐点测定的方法，描绘出被试电机的机械特性曲线，试验时应同时读取转矩、转速和试验电压值。测定点应集中在堵转转矩、最小转矩、同步转速、最大转矩各点的附近，并应在这些点附近多做几点。逐点测定后，用人工或记录仪描绘的方法描绘出转矩转速特性曲线，在曲线上可查出最大转矩点。

7. 启动过程中最小转矩的测定

试验的目的是考核电机在启动过程中带负载的能力。试验方法有测功机或校正过的直流机法、转矩测量仪法、转矩转速仪法。

(1) 测功机或校正过的直流机法

电路原理如图2-51所示，以测功机或校正过的直流电机为被试电机的负载，最小转矩由测功机磅秤读取，或是按试验时的转速及校正过的直流机的电枢电流、从该机校正曲线 $T_d = f(I_a)$ 上查出。曲线样式如图2-57所示。

试验时，将被试电机与测功机或校正过的直流机，用联轴器相连接。光测出被试电机在低电压下，出现最小转矩时的中间转速。此刻，电机以同步转速的 1/13～1/7 范围内稳定运转而不升速。然后断开被试机电源，调节测功机或校正过的直流机的电源，使其转速为中间转速的 1/3。再次合上被试电机电源（额定电压、额定频率），迅速调节测功机的电源电压（或励磁电流）或校正过的直流电机的电源电压，直至测功机磅秤读数或校正过的直流电机的电枢电流，出现最小值，读取此数值和被试电机的端电压。使用校正过的直流机做负载时,还应同时读取转速值。

(2) 转矩转速仪法

此种方法同测量最大转矩的方法。测出转速转矩曲线后,在曲线中查出最小转矩点。

(3) 转矩测量仪法

此种方法同测量最大转矩的方法,但必须按所测各点绘制转矩转速曲线。从曲线中查出最小转矩点。

最小转矩的换算:当被试电机的试验电压在 0.95~1.05 倍额定电压范围内,应按下式进行换算,即

$$T_{\min} = T_{\mathrm{mint}} \left(\frac{U_N}{U_t} \right)^2$$

式中 $T_{\min}$——被试电机在额定电压时的最小转矩(N·m);

T_{mint}——被试电机在试验电压时的最小转矩(N·m);

U_N——被试电机的额定电压(V);

U_t——被试电机的试验电压(V)。

在试验电压低于 0.95 倍额定电压时,应在额定电压的 1/3~2/3 范围内,测取三个不同电压下的最小转矩。然后绘制 $\lg T_{\mathrm{mint}} = f(\lg U_t)$ 曲线,并将曲线延长,求出在额定电压下的最小转矩值,如图 2-59 所示。

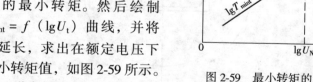

图 2-59 最小转矩的电压修正曲线

8. 噪声的测定

(1) 电机的安装型式及对弹性基础的要求　应符合"振动的测定"的规定。

(2) 对测试环境的要求　当电机不运转时,周围环境噪声应低于电机运转时所测噪声平均值 4dB 以上。对测试场地的要求是一个反射面的半自由场或类半自由场。

(3) 对测试仪器的要求　应采用 I 型或 O 型声级计或准确度相当的其他声学仪器。

(4) 电机在测试时状态 电机应在额定频率、额定电压下空载运行或按有关要求加负载运行。测试前应进行空转,使电机处于稳定状态。

(5) 测点的配置 共有三种测点的配置方法,如下:

① 半球面法测点的配置。

测点配置,如图 2-60 所示。

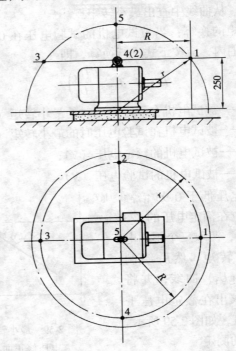

图 2-60 半球面法测点的配置

图 2-60 中,$R = 1\text{m}$、$r = 0.9\text{m}$、$h = 0.25\text{m}$。

② 半椭球面法测点的配置。

测点的配置,如图 2-61 所示。

③ 等效矩形包络面法测点的配置。

测点的配置,如图 2-62 所示。

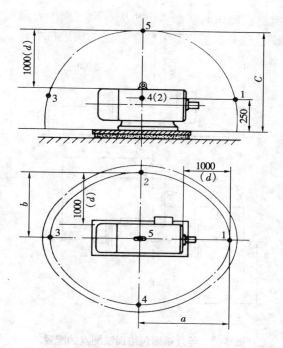

图 2-61 半椭球面法测点的配置

(6) 试验中背景噪声的修正　当测试环境的背景噪声与实测电机噪声相差 10dB（声压级）以上时，测量值不需修正；相差 4dB 以下时，测量结果无效；相差 4~10dB 时应按表 2-15 进行修正（电机噪声值 = 实测值 – 修正值）。

噪 声 值 修 正　　　　表 2-15

实测噪声值与背景噪声值之差	4	5	6	7	8	9	10
修正值	2.2	1.7	1.3	1.0	0.8	0.6	0.4

(7) 噪声值的换算　对噪声的考核都采用声功率级，所以应对测得的声压级噪声值进行换算。其公式，即

$$L_w = L_p + 10\lg\frac{S}{S_0}$$

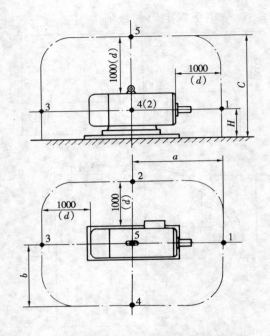

图 2-62 等效矩形包络面法测点的配置

式中 L_w——A 计权声功率 [dB (A)];

L_p——一般使用五个测试点的算术平均值 [dB (A)];

S_0——基准面积，$1m^2$；

S——测量面积，按下式计算。

半球面法测量面积：$S = 2\pi R^2$ (m^2)；

半椭球面法测量面积：$S = \pi a (b+c)$ (m^2)；

等效矩形包络面法测量面积：

$$S = 4(ab + bc + ca)\frac{a+b+c}{a+b+c+2d}(m^2)$$

(二) 直流电梯电机的试验方法

1. 绕组对机壳及相互间的绝缘电阻的测定

绝缘电阻的测量应使用兆欧表。兆欧表电压的等级应依被测绕组的电压而定。兆欧表的选用，见表 2-16。电机在正常工作温

度下(热态),绕组绝缘电阻的数值应不低于下式计算的数值,即

$$R = \frac{U_N}{1000 + \frac{P_N}{100}} (M\Omega)$$

式中　R——绝缘电阻值（MΩ）；
　　　U_N——绕组的工作电压（V）；
　　　P_N——被测电机的额定功率（kW）。

兆欧表规格的选择　　　　　　　　　　　　表 2-16

被测绕组的额定电压（V）	兆欧表电压规格（V）	被测绕组的额定电压（V）	兆欧表电压规格（V）
36 及以下	250	500~3000	1000
36~500	500	3000 以上	2500

2. 绕组在实际冷态下直流电阻的测定

实际冷态是指所测量的绕组温度与周围空气（冷却介质）温度,相差不应大于±3℃,如相差过大时,应将电机在测试环境中放置 5~16h,功率越大,放置时间应越长。

测量电枢绕组直流电阻时,宜采取将电刷放在换向器上的方式。

3. 空载特性的测定

直流电机的空载特性是指当电机在空载发电状态下,以额定转速运转时,所量取的电枢电压与励磁电流的关系曲线。

试验时,将被试电机的励磁绕组由单独的可调电源供电。电机励磁方式均改做他励,用辅助电动机拖动被试直流电梯电机,使其转速达到被试机的额定值,并保持不变。电路原理图,如图 2-63 所示。空载特性曲线如图 2-64 所示。

4. 额定负载试验

直流电梯电机负载试验有两种方法,一是直接负载法,二是回馈法。

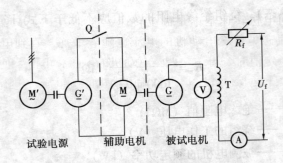

图 2-63 空载特性的试验电路图

(1) 直接负载法

直接负载法试验方法,如图 2-65 所示。

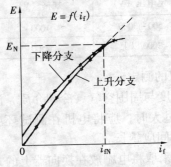

图 2-64 空载特性曲线

在负载试验中,被试电梯电机可以是发电机,也可以是电动机。输出的负载电阻是可调节的电阻器,一般可使用调光电阻器、承电阻、铸铁电阻、电炉丝等。如被试电梯电机为发电机,则相当于图 2-65 中"G"的位置,如为电动机,则相当于图 2-65 中"M"的位置。

试验时,首先为被试电机加上励磁电流,并调到额定值。合上 Q_2,逐步施加电源电压至额

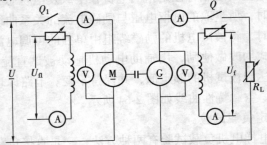

图 2-65 直接负载法原理图

定值,此时电机转速基本是额定转速。合上 Q,逐步增加直流电机 G 的励磁电流,电动机的电流也随着增加,直到电动机的电流达到额定值时,再逐一调整电动机的电压、电流,使电动机在额定状态下运行。此时记录直流电动机的端电压、电流、励磁电流、转速、火花等级。同时要检查振动及轴承运行情况。

(2) 回馈法

回馈法是指电机在做加载试验时,利用陪试电机组成试验机组,两台电机之间用联轴器连接,试验时分别以电动机方式和发电机方式运行,电能在两台电机之间反馈,或是将电能反馈给电网。

回馈法分并联回馈法和机械补偿电动机法两种。

①并联回馈法

并联回馈法是以被试电动机与发电机之间的电流回馈而形成被试电机的负载电流,直流电源机组为被试的电动机和发电机补充其总损耗。为试验时调节方便,所使用的直流电机均改为他励。其原理图,如图 2-66 所示。

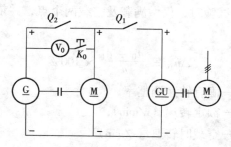

图 2-66 并联回馈法

②机械补偿电动机法

机械补偿电动机法,是与试验电机组再同轴连接一台辅助电梯电机,该机由另外的直流电源供电,辅助电机拖动试验电机组运转,以机械能补偿两台试验电机的损耗,而在被试电动机与发电机之间形成的反馈电流为被试机的负载电流。辅助电动机可以是直流电动机，也可以是交流异步电动机。其原理图，如图 2-67 所示。

5. 短时过转矩试验

直流电梯电机短时过转矩试验，使用设备同前。该试验一般都用过电法代替。试验中保持被试机额定电压和励磁电流不变，将负载电流调至 150% 的额定值，历时 1min，同时观察换向及运转情况。

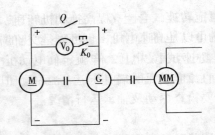

图 2-67 机械补偿电动机法

6. 固有转速调整率的测定

直流电梯电机固有转速调整率的测定，试验时应保持额定电压不变，励磁电流不变，其电流调整的步骤顺序同电压调整率的测定，只是对于不允许空载的电动机，不能调到零，而最小时应为 1/4 的额定负载值。试验时应同时量取并记录转速、负载电流、励磁电流和电枢电压的数值，并绘制转速对于负载电流的关系曲线。检查试验时，仅做满载及空载两个点，并依下式进行计算：

$$\Delta n_N = \frac{n_0 - n_N}{n_N} \times 100\%$$

式中　Δn_N——固有转速调整率；
　　　n_N——额定转速（r/min）；
　　　n_0——空载时转速（r/min）。

7. 超速试验

超速试验有两种方法：一是电动机法，一是拖动法。

(1) 电动机法

电动机法是将被试电机做空载电动机运行，使用提高端电压和降低励磁电流的方法来提高转速。短时升高电压的方法常与此试验同时进行。

(2) 拖动法

拖动法是使用辅助电机拖动被试电机,提高拖动机转速,来达到超速的目的。辅助电机可以是高速电机,也可以是交流调速电动机。一般的直流电机超速试验为1.2倍额定转速,运行2min;对于串励电动机应为1.2倍的最大转速,运行2min,但不得低于额定转速的1.5倍。

8. 振动的测定

直流电梯电机振动的测定和三相异步电动机,即交流电梯电机的测定方法相同。

9. 短时升高电压试验

短时升高电压的试验有两种方法,一是发电机法,二是电动机法。电压值为130%的额定电压,历时3min。

(1) 发电机法

发电机法在试验时,被试电机被辅助电机拖动,以他励发电机空载方式运行。为提高发电电压,应提高励磁电流和提高转速,但励磁电流不应超过极限允许值,转速不应超过额定转速的115%。

(2) 电动机法

电动机法试验时,被验电机以他励电动机空载方式进行。提高外施电压到所规定的试验值,此时电机转速超过额定转速,但不应超过额定转速的115%,必要时可提高励磁电流,以降低转速。

短时过电压、超速等试验使用的电路,如图2-68所示。

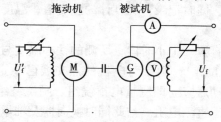

图2-68 短时过电压、超速等试验使用的电路

10. 耐电压试验

耐电压试验就是电机的所有绕组及换向器对地绝缘强度的试验,以及各绕组间的绝缘强度的试验。在做耐电压试验时,第一次是将电枢回路绕组(包括已连接好的串励绕组、换向极绕组、电枢绕组、补偿绕组以及换向器和电刷支架)和并励(他励)绕组连接在一起,进行对地耐电压试验。第二次是进行电枢回路绕组与并励(他励)绕组间的耐电压试验。试验电压值:对功率在10000kW以下的电机为1000V+2倍额定电压,但最低不得低于1500V,试验时间为1min。

11. 温升试验

温升试验共有三种方法,即电阻法、温度计法、埋置检温计法。电梯电机各绕组的温升,一般使用电阻法测量;轴承、换向器的温升使用温度计法量取。电阻法测量绕组温升由下式确定:

$$\Delta\theta = \frac{R_2 - R_1}{R_1}(K + t_1) + t_1 - t_2$$

式中 R_1——实际冷态下绕组的直流电阻(Ω);

R_2——试验结束时,绕组的直流电阻(Ω);

t_1——实际冷态下绕组的温度(℃);

t_2——试验结束时,冷却介质的温度(℃);

K——常数(铜导体为235)。

温升试验时,使被试电梯电机在额定状态下运行。如果被试机的工作方式是连续定额,则每半小时记录一次电压、电流、转速、励磁电流,同时记录各温度计的温度值,温度计的设置,见图2-53。

温升试验直至一个小时内,所测的铁心温度与环境温度的相对变化不超过1℃时,则认为电机的热交换已稳定,可以断电、停车。电机制动后应立即测量电枢绕组、励磁绕组、换向绕组、串励绕组的热态直流电阻。与此同时换向器及轴承的温度,也用半导体点温升及时测量。电枢绕组热态电阻在测量时依然使用测量冷态电阻时的测量点。

断电后第一次量取的热电阻值,一般要进行修正,修正曲线,如图 2-69 所示。

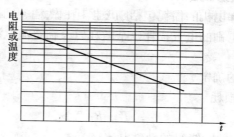

图 2-69　温升后热电阻(温度)的修正

12. 效率的测定

效率的测定有直接法和间接法两种,间接法又有回馈法和损耗分析法两种。

(1) 回馈法

回馈法要求使用两台完全相同的直流电梯电机进行试验,使用升压机串并联回馈方法。两台电机,一台作电动机运行,另一台作发电机运行,两台电机均改为他励,回馈电路中的总损耗将由直流电源机组和升压机机组给予补偿。

效率的计算式为:

$$\eta_M = \left[1 - \frac{(U_C I_C + U_{G1} I_G)/2 + U_T I_T}{U_M I_M}\right] \times 100\%$$

式中　U_M——电动机的端电压(V);

I_M——电动机的电枢电流(A);

U_G——发电机的端电压(V);

I_G——发电机的电枢电流(A);

U_C——线路端电压(V);

I_C——线路电流(A);

U_T——他励励磁绕组端电压(V);

I_T——他励励磁绕组电流(A);

U_{G1}——升压机的端电压（V）。

(2) 损耗分析法

直流电梯电机的损耗包括励磁损耗、铁耗、机械耗、电枢回路的铜耗、电刷的电气损耗、杂散耗以及在整流电源供电时产生的脉动损耗。

① 损耗的确定

a. 励磁损耗

$$p_f = I_f^2 \cdot R_f (\text{W})$$

式中 I_f——并励绕组的励磁电流（A）；

R_f——换算到基准工作温度时的并励绕组的直流电阻值（Ω）。

b. 铁耗和机械耗

由空载试验的数据，计算出每一电压下的铁耗与机械耗之和，并绘制分离曲线 $(p_{fe} + p_m) = f(U_0^2)$，将铁耗和机械耗分离，如图 2-70 所示。

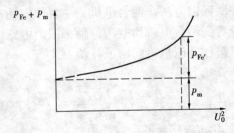

图 2-70 铁耗机械耗分离曲线

c. 电枢回路铜耗

电枢回路铜耗应包括电枢绕组、串励绕组、换向极绕组和补偿绕组的基本铜耗。其值为电枢回路中所有绕组的电阻值（换算到基准工作温度时的值）之和与电枢电流平方的乘积。

d. 电刷的电气损耗

电刷的电气损耗为电枢电流与所规定的电刷压降的乘积。对于碳素及石墨电刷电压降为 2V，对于金属碳素和金属石墨电刷电压降为0.6V。

e. 杂散耗

杂散耗与电枢电流的平方成正比,在额定电流时,其数值为:

无补偿绕组的电机为额定输入功率的1%;有补偿绕组的电机为额定输入功率的0.5%。

f. 整流电源供电时产生的脉动损耗

当使用整流电源供电时,其电源的脉动率超过10%时,应当考虑交流分量引起的脉动损耗。测量电路,如图2-71所示。

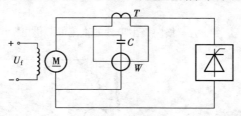

图 2-71 脉动损耗测量电路图

W—低功率因数瓦特表

② 效率的计算

效率的计算式为:

$$\eta = \frac{p_1 - \Sigma p}{p_1} \times 100\%$$

式中　η——效率;

　　p_1——输入功率;

　　Σp——总损耗。

13. 无火花换向区域的测定

为检查换向极的换向性能,装配的质量,都应通过无火花换向区域的测定来进行检查,并针对换向区域的情况进行气隙的调整。

在进行无火花换向区域的测定时,换向电流有两种馈电方式:一种是将换向极绕组与电枢回路分开,引出之后由单独的直流电源供电，如图 2-72 所示。另一种是换向极绕组串联于电枢回路中，在换向极绕组的两端并上一个附加直流电源，如图 2-73 所示。

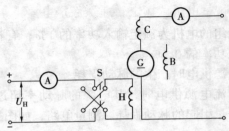

图 2-72 换向极由单独的直流电源供电

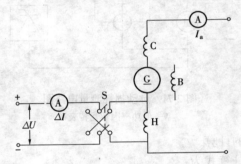

图 2-73 换向极由附加直流电源供电

根据测试数据应绘制出附加电流对于电枢电流的关系曲线，两条曲线所包括的区域称无火花换向区，如图 2-74 所示。

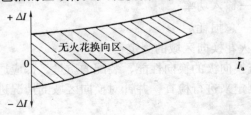

图 2-74 无火花换向区域图示

14. 噪声的测定

噪声的测定方法和交流电梯电机相同。

15. 轴电压的测定

试验时，被试电机以额定转速、额定电压下空载运行，使用高内阻电压表或毫伏表进行测量。首先测量转轴两端的电压 U_1，再将轴伸一端的转轴与金属底板短接，测量为一端转轴对金属底板的电压 U_2。最后，还应使用兆欧表测量轴承座、金属垫片与金属底板三者间的绝缘电阻。测试内容，如图 2-75 所示。

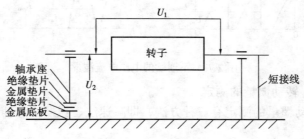

图 2-75 轴电压的测量示意图

16. 电感的测定

电感的测定项目包括：电枢回路不饱和电感的测定，电枢回路饱和电感的测定，并励绕组不饱和电感的测定，并励绕组饱和电感的测定。并励绕组饱和电感测定线路图，如图 2-76 所示。

17. 整流电源供电时，电机的电压及电流脉动率的测定

电压、电流最大值和最小值可利用示波器测得的电压、电流波形，由波形图量取。电压、电流波形连续时脉动率的测量，其波形如图 2-77 所示。电压、电流波形不连续时，脉动率的测量，其波形如图 2-78 所示。

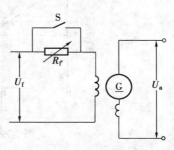

图 2-76 并励绕组饱和电感测定线路图

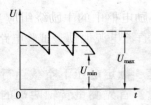 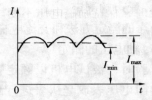

图 2-77 连续的电压电流波形

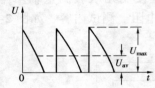 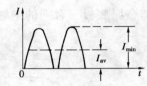

图 2-78 不连续的电压电流波形

18. 转动惯量的测定

转动惯量的测定有三种方法,即减速法、扭摆法和辅助摆锤法。

用减速法测定时,首先应测定被试机在额定转速下的空载铁耗和机械耗。在额定励磁电流和高于额定转速情况下,空载运行一段时间,然后切断电源,使其靠惯性减速运转。此时用 x-y 记录仪记录其转速曲线,如图 2-79 所示。

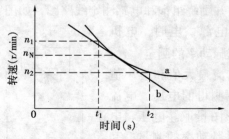

图 2-79 减速曲线

19. 电枢电流变化率的测定

电枢电流的最大变化率应在其允许的换向火花等级下测定。

测定时，保持励磁电压不变。复励电枢中的串励绕组应当断开，串励电机的励磁绕组应由单独的直流电源他励。试验电路图，如图 2-80 所示。

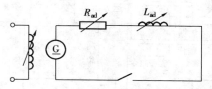

图 2-80　电枢电流变化率的测定电路图

电流变化率的曲线可用示波器和适当的频响仪记录下来，如图 2-81 所示。

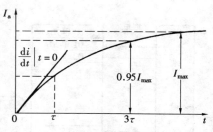

图 2-81　电枢电流变化率曲线

20．无线电干扰的测定

无线电干扰的测定应按《工业无线电干扰基本测量方法》的规定进行测试。

八、电梯电机的微机检测

（一）概述

以微型计算机为主体的数字式检测系统，充分发挥了计算机的控制能力和高速计算能力，只要预先将编好的程序输入计算机，就能进行试验项目的选择、数据的采集、存贮、计算、比较和判断，最后打印出试验报告。

（二）检测用微机

电机检测用微型计算机的基本结构,如图 2-82 所示。计算机存贮器的示意图,如图 2-83 所示。

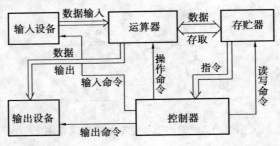

图 2-82 微型计算机基本结构

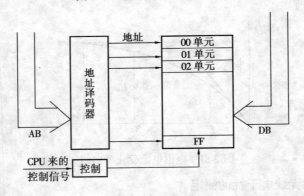

图 2-83 计算机存贮器示意图

检测微机的数制及数字编码,和通用计算机相同,几种数制的数码对照,见表 2-17。

几种数制的数码对照表　　　　表 2-17

十 进 制	十六进制	八 进 制	二 进 制
0	0	0	0000
1	1	1	0001
2	2	2	0010
3	3	3	0011

续表

十 进 制	十六进制	八 进 制	二 进 制
4	4	4	0100
5	5	5	0101
6	6	6	0110
7	7	7	0111
8	8	10	1000
9	9	11	1001
10	A	12	1010
11	B	13	1011
12	C	14	1100
13	D	15	1101
14	E	16	1110
15	F	17	1111
16	10	20	10000

注：在十六进制中，除了0~9个数字外，还用字母A~F分别表示十进制数中的10~15。

编译程序事先存放在机器中或磁盘中的，只要运行程序，它们将人们输入的高级语言源程序翻译成机器指令的目标程序，计算机便按照程序逐条执行，其过程如图2-84所示。

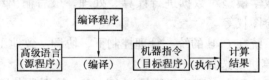

图2-84 高级语言的编译过程

（三）电梯电机的微机检测系统

1. 系统的组成

微机自动检测系统由数据采集、数据处理、数据输出等几部分组成，如图2-85所示。

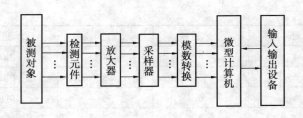

图 2-85 微机自动检测系统组成框图

被测电梯电机通过检测元件,例如传感器,将一些非电量(温度转矩、转速)转换成电信号,由于这些电信号通常较弱,还要经过放大器将信号放大,采样器在计算机的控制下按照一定的采样频率进行采样,送到模数转换器,将模拟量转换成计算机能够接受的数字量后,由计算机对所测取的数据进行处理,并根据需要把运算、处理过的数据输出,供人们参考分析。

2. 系统任务

上面主要是系统的硬件部分,而有的任务是由编写的程序软件来完成的。软件和硬件有机地结合,就组成了自动检测系统。首先系统应有一套完备的指令系统,以便接收,实现人们的意图,而且能够按照程序的要求灵活地改变电路的测量状态,负责被测电梯电机电源的通、断,并根据有关的额定参数,自动切换量程,对被测参数进行自动采样、保持并转换成数字量,然后按照一定的数学模型对数据进行计算、处理,最后输出给显示器、打印机、绘图仪等。

整个系统在 CPU 的统一管理控制下,协调一致地工作。

3. 计算机的选择

在电机检测中,因为要测量许多数据,特别是电梯电机的型式试验,这些数据还要做适当的计算、处理、存贮,带有汉字系统支持,以人机对话方式进行,要求有足够的内存容量,为了监视系统的运行情况,还要有监视器,最后要把计算结果打印输出,绘制图形需要有绘图仪,因此选择具有汉字系统支持,带有单色或彩色监视器,内存容量较大,可扩展外围设备的微型计算机比较合适。

4. 数据的采集

在电梯电机试验中,需要测取电压、电流、功率等参数,这些都是随时间连续变化的量,可以用指针式仪表指示出来,称为"模拟量",因此,首先要解决模拟量与数字量之间的相互转换,即采用"模—数"转换器,又叫"A/D"转换器。

在电梯电机微机检测系统中,模拟量转换成数字量,是通过采样、保持、量化和编码4个步骤来完成的。

(1) 采样与保持

采样是将一个连续变化的时间函数 $f(t)$ 用离散的时间函数 $f^*(t)$ 来表示,它是模拟信号的瞬时值。实际上,我们在读指针式仪表时,也是一种采样,只不过这个过程是人用眼睛来完成的,也叫人工采样。而在微机检测系统中,利用采样保持器,它由一个模拟开关和一个电容组成。当数字控制信号使模拟开关闭合时,电路处于采样状态,这时电容充电;当数字控制信号使模拟开关断开时,电路处于保持状态,电容保持了开关断开时的输入电压值。其原理非常简单,如图2-86所示。

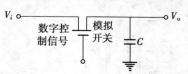

图 2-86 采样保持器原理示意图

采样保持器的工作过程是:每隔一段时间采集一次输入信号的幅值,$f^*(t)$ 为采样信号,它表示模拟信号在一些离散点 $(0, 1T, 2T, \cdots nT)$ 上的瞬时值,两个采样值之间的时间间隔称为采样频率。采样频率应大于信号所包含的最高频率的2倍。如图2-87所示。

(2) 量化与编码

采样后的信号实际上是离散了的模拟信号 $(f_0、f_1、\cdots f_n)$,它的幅值可以用与它最接近的离散电平的幅值来近似,这就是量化,编码就是把量化后的离散电平幅值用二进制码来表示。例如以 $2^0=1$,$2^1=2$、$2^2=4$……去代替 $f_0、f_1、f_2$……,就得到了二

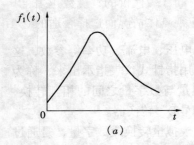
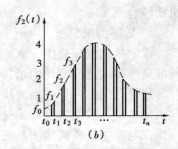

图 2-87 模拟信号采样

(a) 模拟信号；(b) 采样信号

进制数码信号了，如图 2-88 所示。这样，就完成了模拟量到数字量的转换。计算机就可以对它进行运算和处理。

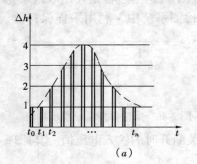
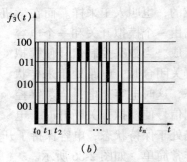

图 2-88 量化信号和编码信号

(a) 量化；(b) 编码

在 A/D 转换器中，二进制位数是有限的，它所示的离散的数字信号与被测的模拟信号真值，有一定的误差，显然位数越多，其量化单位越小，它所代表的数字信号越接近真值。例如，要将 0–1V 的模拟信号转换成数字信号，用三位二进制代码表示时，其最小量化单位为 $\frac{1}{2^3}=\frac{1}{8}$；用五位二进制代码表示时，其最小量化单位为 $\frac{1}{2^5}=\frac{1}{32}$，显然后者比前者更能反映出被测信号的真值。但是转换精度的提高是以时间作为代价的,位数越多,其转换时间也就越慢,在应用中,应视具体情况而选择合适的 A/D 转换器。

在微机自动检测系统中,有两种信息流动,一种是被测对象的模拟量,在时间上是连续的,一种是经 A/D 转换器转换后的数字量,在时间上是离散的,两者必须通过转换,才能够达到统一。

(四)交流电梯电机试验微机检测系统

1. 系统的基本结构

系统基本结构,如图 2-89 所示。

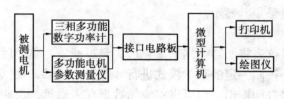

图 2-89 自动检测系统框图

(1) 三相多功能数字功率计

可同时测量电梯电机的三相电压、电流、功率及功率因数、电源频率等。

(2) 多功能电机参数测量仪

可测量交流电梯电机的直流电阻、温度、转矩、转速等非电量的参数。

(3) 接口电路

接口电路使微机与测量仪表之间建立通信联系,通过它将计算机的一些指令传递给测量仪表,并随之动作,采集电机在某一时刻的数据参数,也可将参数及时传给计算机。

(4) 微机

微机是整个系统的控制中心,对各类设备发出控制指令,指挥系统协调动作,对数据进行计算、处理,送至输出设备。

(5) 输入输出设备

输入输出设备有键盘、监视器、打印机、绘图仪,可随时向计算机发出采集数据、存取数据、打印输出等命令,监视系统运行情况,最后的试验结果以表格和特性曲线的形式输出。

2. 系统功能

本系统的测量仪表采用智能化数字式仪表,具有以下功能:

(1) 试验项目

可进行电梯电机的诸转试验、温升试验、负载试验、空载试验及杂散损耗的实际测定等试验,试验中三相电压、电流、功率、功率因数、频率、直流电阻、转矩、转速、温度等参数均可由数字表采集并显示。

(2) 数据处理

测量仪表将所需数据采集完后,经过滤波,整理后,传给计算机,并按照一定的数学模式进行计算得出结果,根据需要,可以将数据打印输出,也可以将原始数据存入磁盘,长期保存,随时调用。具有屏幕作曲线的功能,可及时观察曲线的情况,判断数据的合理性。

3. 系统工作原理

(1) 多功能数字功率计

多功能数字功率计的内部结构,如图 2-90 所示。

数字功率计内有 CPU 微处理芯片,是智能化仪表,可以独立工作,与计算机连接,能受控于计算机。采用双通道 A/D 转换器,由计算机控制对被测交流电梯电机的瞬时电压、电流进行

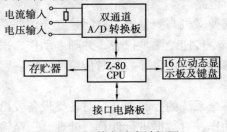

图 2-90 数字功率计框图

采样,并将模拟量转换成数字量,再由计算机来完成平均功率、电压、电流有效值及功率因数的计算。所遵循的计算式,如下:

①电压、电流有效值

$$U_{\text{eff}} = \sqrt{\frac{1}{T}\int_0^T u^2(t) \cdot \mathrm{d}(t)}$$

$$I_{\text{eff}} = \sqrt{\frac{1}{T}\int_0^T i^2(t) \cdot \mathrm{d}(t)}$$

其中 T 为电压和电流的周期,若以 Δt 的时间间隔对电压和电流进行采样,每个周期的采样点数为 n,则有 $T = n\Delta t$,上式可以表示为:

$$U_{\text{eff}} = \sqrt{\frac{1}{n}\sum_{k=1}^{n} u^2(k)}$$

$$I_{\text{eff}} = \sqrt{\frac{1}{n}\sum_{k=1}^{n} i^2(k)}$$

②平均功率

$$p = \frac{1}{T}\int_0^T u(t)i(t)\mathrm{d}(t)$$

同理上式也可以表示为

$$p = \frac{1}{n}\sum_{k=1}^{n} u(k)i(k)$$

③功率因数

$$\cos\phi = \frac{p}{U_{\text{eff}}I_{\text{eff}}}$$

计算之后将几个数据结果送至 16 位动态显示板,供操作人员参考。

(2) 多功能电机参数测量仪

多功能电机参数测量仪,由温度、转矩(或压力、拉力)传感器,转速、电阻测量装置,以及转换器、显示装置等几部分组成。

多功能电机参数测量仪的框图,如图 2-91 所示。

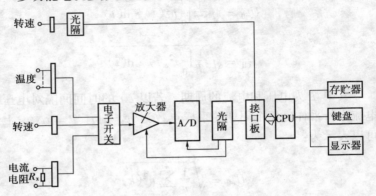

图 2-91　多功能电机参数测量仪框图

传感器及转速、电阻测量装置都与被测电机直接发生联系,将被测参数的变化直接或间接地转换成电信号,由计算机控制多路开关,在某一时刻选通某一路信号,经放大器将输入信号放大,送至 A/D 转换器,将模拟信号转换成数字信号,最后在 16 位动态显示板上显示所测的参数,完成了一次测量。

温度传感器采用热电阻传感器,利用电阻随温度变化的特性,将探头温度的变化变成电阻值的变化,从而引起通过电阻的电流变化,实现了对温度的测量。

转矩传感器的电阻采用可随压力(或拉力)而变化的应变片电阻,将力的变化变成电阻值的变化。

转速测量采用的是光电传感器,将转速变成一脉冲信号,由一个红外发光二极管贴在被测电机旋转轴上的反光片做出反映,当发光管对准反光片时,就有一个反射光照射在光敏三极管上而产生电流,当发光管及有对准反光片时,就没有反射光产生,光敏管没有电流通过,这样光敏管有时有电流、有时无电流,就有一组脉冲信号产生，通过计算就可得到电机的实际转速了。

系统中，两种测量仪表均在微机的控制之下，根据试验项目的要求，同时动作，测取各种数据的。

启动系统后，首先将各检测仪表初始化，并向用户以人机对话方式，提供一份选择菜单，如电机是第一次做试验，用户可向系统提供本台电机的有关铭牌数据及报告编号，系统将这些数据存盘待用。之后，系统进入待测状态，并可根据需要选择试验项目，使系统进入相应的测试程序，一切准备就绪，屏幕提示："采集数据键 A，存储数据键 B"，此时，如果用户想测取数据，则只需按下键盘上的 A 键，智能仪的 CPU 通过接口电路信号，接收到此命令，立即调入数据采集子程序，启动 A/D 转换器，将该时刻的电梯电机的有关参数采样，并转换成数字信号，存贮在 RAM 随机存贮器中暂存，并将测量完毕的信号反馈给计算机，计算机马上提示用户进行下面的试验，如此循环，可测量多组数据，直至用户认为测量完毕，打入 B 键，将所测数据按序传输给计算机，并经计算机整理排序，以数据文件的形式存入磁盘存贮器，作为长期保存。即可在试验全部结束后，调用原始数据，进行报告的计算、输出，又可随着试验的进行，而随时计算、输出。

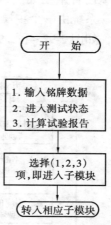

图 2-92　主模块框图

图 2-93　子模块框图

4. 软件设计及流程图

系统中，考虑操作上的方便，采用了汉字操作系统支持，程序的编制尽量符合试验习惯,将一些复杂的数据运算和数据的有序排列交给高级语言完成,以人机对话和汉字信息提示方式,同时考虑到控制、数据采样等方面的速度,把直接与硬件打交道的任务交给汇编语言来完成。这样,简单和速度兼顾。

系统由一个主模块和若干个子模块组成,根据需要,随意调用,如图2-92~图2-95所示。

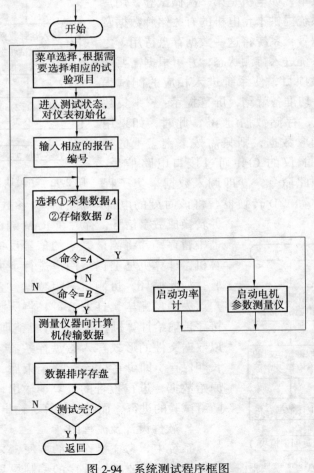

图 2-94 系统测试程序框图

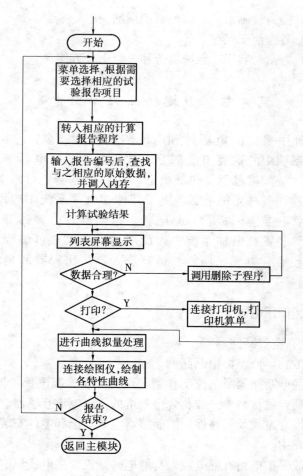

图 2-95 计算试验报告程序框图

5. 系统特点

检测系统的特点如下:

(1) 克服人为误差,提高检测精度。所有数据的读取由计算机控制、采集,因而数据更加接近真值,所以检测精度得到提高。

(2) 节省人力,提高劳动效率。

(3) 提高检测水平、缩短研制周期。
(4) 数据便于保存。
(5) 方便、实用。系统组合和分解十分方便。

第三节 电梯的电器件和装置

电梯中采用的电器件和电气装置种类繁多，应用广泛，是电梯系统中的重要组成部分。常用的有低压电器类，如空气断器、交流接触器、热继电器、中间继电器、时间继电器、主令电器和各种保护电器。电子器件在电梯系统中应用更多，如二极管、晶体三极管、晶闸管、电阻器、电容器等。还有许多电气装置在电梯系统中广泛应用，如 PLC 可编程序控制器、变频器、集成稳压器、运算放大器、比较器和集成数字电路等。

一、低压电器

（一）空气断路器

1. DZ15L-40 型漏电断路器

该漏电断路器系电流动作型纯电磁式快速漏电保护断路器，主要由高导磁材料——坡莫合金制造的零序电流互感器、漏电脱扣器和带有过载及短路保护的断路器组成。全部零件安装在一个塑料外壳中。

当被保护电路有漏电或人身触电时，只要漏电或触电电流达到漏电动作电流值，零序电流互感器的二次绕组就输出一个信号，并通过漏电流脱扣器在 0.1s 内动作，切断电源，起到漏电保护和触电保护作用。

当被保护的线路或电动机发生过载或短路时，断路器中的电磁式液压脱扣器动作，使断路器切断电源。

发生在两相之间的漏电和触电不能保护。

（1）型号涵义

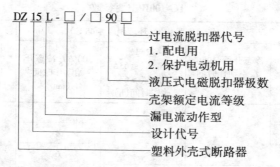

（2）基本参数见表 2-18。

DZ15L 主要参数　　　　　表 2-18

额定电压（V）	壳架等级额定电流（A）	极数	额定电流 I_0（A）	额定漏电流动作电流 I_{n1}（mA）	额定漏电流不动作电流 I_{n2}（mA）
380	40	3	6、10、16、20、25、32、40	30	15
				50	25
				75	40
		4		50	25
				75	40
				100	50

2. TG-100B 型塑料外壳式断路器

该产品从日本寺崎电气产业株式会社引进。它适应陆地、船舶作不频繁的接通和分断之用，具有过载、短路保护功能。

（1）型号涵义

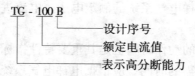

（2）主要参数见表 2-19。

TG-100B 主要参数　　　　　　　表 2-19

脱扣器额定电流 (A)	热动型脱扣器(环境温度 +45℃)			电磁脱扣器动作电流 (A)
	冷态开始,105% I_e 不动作时间 (h)	热态起始,135% I_e(≤63A) 125% I_e(>63A) 动作时间(h)	200% I_e 冷态开始动作时间 (min)	
15、20、30			2	
45、50	1	1	4	10I_e ± 20%
60			6	
75、100	2	2		

3. 断路器的选择

(1) 根据电梯的电气装置的要求,选择断路器的类型。

(2) 根据电梯电气系统对保护的要求,即所谓几段保护来选择。断路器的保护特性主要是指开关的过电流保护特性 $i = f(t)$,保护特性有瞬时的和带反时限延时的两种。在选择时,开关的保护特性应同保护对象的容许发热特性匹配,断路器的保护特性应位于保护对象的容许发热特性之下,这样,保护对象方能不因受到不能容许的短路电流而损坏。为了充分利用电气设备的过载能力、尽可能缩小事故范围,断路器的保护特性必须具有选择性,所以应当是分段的。如两段式或三段式保护。

(3) 根据可能出现的最大短路电流来选择。断路器的极限分断能力应大于、等于最大短路电流,以保证分断的安全可靠。极限分断能力是断路器的重要特性指标,它是指断路器在额定的电压、电流、频率、$\cos\phi$ 条件下,所能切断的最大短路电流值。

(4) 根据电梯电气系统的额定电压、电流进行断路器容量等级的选择。

(5) 断路器的动作时间也是其重要特性指标,动作时间是指切断故障电流所需的时间,应根据电梯电气系统的要求,选择动作时间符合要求的断路器。

(6) 根据电气系统操作次数和动作次数的多少,来选择符合要求的断路器。

(二) 交流接触器

交流接触器在电梯电气系统中广泛应用。它可以频繁远距离接通和断开交流主电路和大容量的控制电路。和刀开关相比较,接触器具有远距离操作功能和失压保护功能;和自动开关相比较,接触器不能切断短路电流,无过载保护功能。

1. 电梯中常用的交流接触器及其参数

目前,电梯中常用的交流接触器的特点是性能好、体积小、通用性强、便于更换和维修,一般是国外引进的或引进生产线生产的,还有是国内厂家吸收国外接触器的优点,自行设计生产的。

交流接触器的主要参数有:

(1) 额定电压 是指主触头的额定电压。

(2) 额定电流 是指主触头的额定电流,也即接触器装在敞开的控制屏上,在间断或长期工作制下,温升不超过额定温升时,流过触头的允许电流值。

(3) 吸引线圈的额定电压 是指吸引线圈正常工作时的电压额定值。

(4) 额定操作频率 是指接触器每小时的操作次数。

(5) 电气寿命与机械寿命 是以在额定状态下使用的期限来衡量接触器的电气寿命与机械寿命。

交流接触器启动电流大、线圈容易发热,若铁心气隙大、电抗小,启动电流更大。交流接触器的实际工作电压应在 85%~105% 额定交流电压时使用,若电压过高、磁路饱和或电压过低,使电磁吸力不够,衔铁吸不上,或错接在直流电源上,都将导致线圈电流增大,轻者使温升升高,重则烧毁线圈。

在电梯中常用的交流接触器及主要指标,见表 2-20。

几种接触器主要参数,见表 2-21,接触器线圈电压及代号,见表 2-22。

表 2-20 国内外交流接触器主要指标

国别	型号	最高工作电压 (V)	额定工作电流 (A) (380V)	控制功率 kW (AC3) (380V)	寿命 (×10⁶次) 电寿命 (AC3)	寿命 (×10⁶次) 机械寿命	操作频率(电寿命) (次/h)	安装面积 (长×宽) (mm)	体积 长×宽×高 (mm)	线圈功耗 (W)	重量 (kg)	备注
法国 TE 公司	LC1-D09	660	9	4	2.2	20	2400	44×71	44×71×79	1.8	0.32	组合结构，能加延时夹，辅助触头组机械联锁机构，可插进热继电器；可组合成"星三角"减压启动器 有两种安装方式：螺钉安装和35mm (40A以上用75mm) 标准卡轨安装
	LC1-D12		12	5.5							0.35	
	LC1-D16		16	7.5			1200	56×81	56×81×94	3	0.49	
	LC1-D25		25	11								
	LC1-D32		32	15	2.0	16		56×81	56×81×99		0.55	
	LC1-D40		40	18.5							1.07	
	LC1-D50		50	22	1.6			75×126	75×126×112	6	1.07	
	LC1-D63		63	30							1.10	
	LC1-D80		80	37		10	600	85×126	85×126×121	6~10	1.44	
日本 (立石) OMRON												是法国TE公司在日本的总代理商

续表

国别	型号	最高工作电压(V)	额定工作电流(A)(380V)	控制功率 kW (AC3)(380V)	寿命(×10⁶次) 电寿命(AC3)	寿命(×10⁶次) 机械寿命	操作频率(电寿命)(次/h)	安装面积(长×宽)(mm)	体积 长×宽×高(mm)	线圈功耗(W)	重量(kg)	备注
日本三菱公司	K11₂K₁₂	660	9	4	1	10	1800	—	—	3.5	1.2	可加辅助触头组，有机械联锁接触器，热继电器可前挂，有卡勃安装，有节能机构和TE公司产品雷同
	K18		13	5.5								
	K20、K21		20	7.5								
	K25		24	11								
	K35		23	15	1	5	1200	—	—	5.3	1.9	
	K50		49	22								
	K65		62	30								
	K80		75	37								
日本富士	SR6a3631-05	660	9	3.5	1	10	1200	53×104.5	53×104.5×74		0.49	能加热继电器
	SRC3631-5-1		17	7.5	1.5			68×99	68×99×79		0.61	
	SRC3631-5-1S		22	11					68×99×80.5			
	Sc-1N		30	15	1			74×141	74×141×103		0.91	
	Sc-2N		37	18.5								
	Sc-2SN		48	22				88×215	88×215×213		2.02	

续表

国别	型号	最高工作电压 (V)	额定工作电流 (A) (380V)	控制功率 kW (AC3) (380V)	寿命 (×10⁶次) 电寿命 (AC3)	寿命 (×10⁶次) 机械寿命	操作频率(电寿命) (次/h)	安装面积 (长×宽) (mm)	体积 长×宽×高 (mm)	线圈功耗 (W)	重量 (kg)	备注
德国西门子公司	3TB-40	660	9	4	1.2	15	1000	45×75	45×75×85	6.5	0.37	3TB-44以下能加机械联锁机构有卡轨安装
	3TB-41		12	5.5								
	3TB-42		16	7.5			750	45×85	45×85×112		0.46	
	3TB-43		22	11								
	3TB-44		32	15	1	10		70×85	70×85×105	10	0.7	
德国BBC公司	B9	660	8.5	4			600	43×67	43×67×79.5	2.2	0.26	组合结构,能加延时头、辅助触头组,机械联锁、卡轨安装B37(含B37)以上不能用卡轨安装,主触头在线圈下方
	B12		11.5	5.5							0.27	
	B16		15.5	7.5							0.28	
	B25		22	11				54×81	54×81×79.5	3	0.48	
	B30		30	15				54×90	54×90×128.5		0.6	
	B37		37	18.5				81×112	81×112×125	22	1.06	
	B45		45	22							1.08	

续表

国别	型号	最高工作电压 (V)	额定工作电流 (A)(380V)	控制功率 kW (AC3)(380V)	寿命 (×10⁶次) 电寿命(AC3)	寿命 (×10⁶次) 机械寿命	操作频率(电寿命) (次/h)	安装面积 (长×宽) (mm)	体积 长×宽×高 (mm)	线圈功耗 (W)	重量 (kg)	备注
中国	CJ0-10A CJ10-10A	380	10	4	1	0.6		72×72	72×72×90	4	0.48	不能加辅件
	CJ0-20A CJ10-20A		20	10	1	0.6		93×105	93×105×112	6.3	1	不能加辅件 陶土罩易碎
	CJ0-40A CJ10-40A		40	20	1	0.6		112×122	112×122×123	11.5	1.6	
	CJ20-10	660	10	4	1	10	1200	44.5×67.5	44.5×67.5×107			
	CJ20-16		16	7.5				44.5×73	44.5×73×116.5			
	CJ20-25		25	11				52.5×90.5	52.5×90.5×122	4	0.67	允许生产指标机械寿命600万次
	CJ20-40		40	22				86.5×111.5	86.5×111.5×118			
	CJ20-63		63	30				116×142	116×142×146	16.5	2.9	

127

几种接触器主要参数　　　　表 2-21

型号	接触器系列	额定电流(A)	触头数	线圈电压 AC(V)
LC1-D093E	D	9	3P + NO + NC	48
LC1-D093M				220
LC1-D253M		25		
LC2-D403E	D 机械联锁	40		48
LC2-D803M		80		220
LC2-D403M		40		
CJ20-160	国产	16		

接触器线圈电压及代号　　　　表 2-22

	线圈电压（V）	24	42	48	110	120	127	220	240	380	440
50（Hz）	LC1-D09-D80	B	D	E	F	—	G	M	U	Q	N
60（Hz）	LC1-D09-D12							M	M		N
	LC1-D16-D25	—	—	D	FK	FK	—	L	L	—	
	LC1-D40-D80							P	P		Q

D 系列接触器，是电梯中常用的接触器，它是法国 TE 公司的产品，目前由国内生产，其型号涵义，如下：

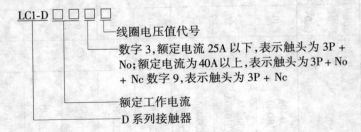

2. 延时头

它可以代替时间继电器，挂在接触器上，体积小、安装方便、工作可靠。

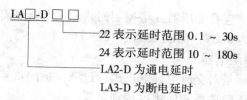

几种延时头的主要参数,见表 2-23。

几种延时头的主要参数　　　　表 2-23

型号	类别	延时范围（s）	触头数量
LA2-D20	通电延时	0.1 ~ 3	NO + NC
LA2-D22	通电延时	0.1 ~ 30	NO + NC
LA2-D24	通电延时	10 ~ 180	NO + NC
LA3-D20	断电延时	0.1 ~ 3	NO + NC
LAD3-D22	断电延时	0.1 ~ 30	NO + NC
LA3-D24	断电延时	10 ~ 180	NO + NC

3. 交流接触器的选择

交流接触器正确选择的原则,如下:

(1) 首先根据接触器所控制负载的轻重,选择接触器的类别。

(2) 根据负载的额定电流选择接触器的容量等级　接触器的主要任务是接通和分断负载,其触头的允许温升通常应大于通以额定电流时的温升。特别是在频繁操作的情况下,触头发热较之通以额定电流时要严重得多。接触器的容量常可以按产品使用说明书提供的数据来选择。降级与否,大体上取决于对电气寿命的要求。所以选择接触器容量时,常应考虑操作频率。

(3) 接触器额定电压的选择　选用时接触器主触头所控制的电压,应小于或等于接触器的额定电压。

(4) 吸引线圈额定电压的选择　应使接触器吸引线圈额定电压等于控制回路的电压。对于交流接触器的线圈电压,以往相当多的是采用 380V 的交流电压,目前新标准规定,为了安全起见,规定控制回路应有变压器,将控制回路和主电路隔离,所以线圈电压通常不为380V,而以220V、127V居多。

(三)热继电器

热继电器是对交流电梯电机进行过载保护的重要电器件,对热继电器的正确选择和使用也特别重要。

1. 热继电器的技术要求

作为交流电梯电机过载保护装置的热继电器,应满足以下三项基本要求:①能保证电梯电机不因超过极限容许过载能力而被烧毁;②能最大限度地利用电梯电机的过载能力;③能保证电梯电机的正常启动。所以热继电器的基本技术要求,如下:

(1)应当具有既可靠又合理的保护特性。电梯电机在保证绕组正常使用寿命的条件下,具有及时限的容许过载特性,所以,热继电器,也应具有一条相似的反时限保护特性,其位置应居于电梯电机的容许过载特性之下。

(2)应当具有一定的温度补偿,以避免因介质温度变化而引起的热继电器的动作误差。

(3)热继电器应当具有自动复位和手动复位。其动作电流应可以调节。

(4)热继电器的寿命、触头分断能力、热稳定性、体积、外形尺寸,应有一定的要求。

国内外热继电器主要指标,见表2-24。

2. 热继电器的选择

(1)热继电器选择的原则。

在选择热继电器时,习惯上是以电动机的额定电流作为依据。但是为保证电梯电机能够得到既必要又充分的过载保护,要根据电梯电机的性能,配以合适的热继电器,并进行正确的整定。应考虑以下几点:

①对于过载能力较差的电机,它所配用的热继电器的额定电流应适当小些,如取热继电器热元件的额定电流为电机额定电流的60%~80%。

表 2-24 国内外继电器主要指标

型号	最高额定工作电压(V)	额定电流(A)	整定电流范围(A)	每相热元件最大功耗(W)每相	动作特性		允许温度范围(℃)	复位方式		控制触头			动作指示作用功能	常闭节点断开平按钮	与接触器联接方式		体积(长×宽×高)(mm)³	重量(kg)	备注
					三相	缺相温度补偿		手动	自动	数量	热电流(A)	约定发额定工作电流(A)(380V)			组合	分离			
LR1-D09		10	0.1~10																法国TE公司
LR1-D12		13	10~13																
LR1-D16		18	13~18																
LR1-D25	660	25	18~25	2.3	IEC292-1	有	-40~+60	有	无	1NO+1NC	10	3	有	有	有		53.5×44×90	0.12	
LR1-D40		40	23~40										有	有	有				
LR1-D63		66	38~36														72×63.5×115	0.34	
LR1-D80		80	63~80														75×76×115	0.45	
3UA50		14.5	0.1~14.5	2.4												无		0.14	德国西门子
3UA52	660	25	0.1~25		IEC292-1	有	-25~+55	有	1NO+1NC	1NO+1NC	6	1.1	有	有	有		45×87.5×100		
3UA54		36	4~36	3														0.2	
3UA59		63	0.1~63	4												无		0.28	

续表

型号	最高额定工作电压(V)	额定电流(A)	整定电流范围(A)	每相热元件最大功耗(W)每相	动作特性 三相	动作特性 缺相	动作特性 温度补偿	允许温度范围(℃)	复位方式 手动	复位方式 自动	控制触头 数量	控制触头 约定发热电流(A)	控制触头 额定工作电流(A)(380V)	动作指示功能	常闭停止按钮	与接触器联接方式 分离	与接触器联接方式 组合	体积(长×宽×高)(mm)³	重量(kg)	备注
T16	660	16	0.1~17.6	2.1	IEC292-1		有	-25~+55	有	无	1NO+1NC	10	2	无		有		42×44×77	0.12	德国BBC
T25		25	0.17~53	2.9										有		有		61×73×85	0.18	
T45		45	0.25~45	3.57														81×68.5×121.5	0.24	
T85		85	6~100	8.2										无					0.42	
JR16-20	380	20	0.25~22	3.5	IEC292-1		有	-25~+40	有	无	1NO+1NC	5	2	无	无	有		70×44×74	0.20	中国
JR16-60		60	16~63	6														90×55×83	0.30	
JR16-150		150	40~160	15														121×76.5×102	0.68	
TR-1SN	660		0.1~26		IEC292-1		有	-5~+40	有	有	1NO+1NC	4.5						45.5×68×89	0.20	日本富士公司
TR-2N			4~40															78×68×85.5	0.21	
TR-3N			7~80															88×61.5×93	0.32	

②应考虑电梯电机的启动电流和启动时间，电梯电机的启动频繁，从这一角度，为避免在频繁启动时误动作，所以热继电器的额定电流应取得大些，如等于电梯电机的额定电流。

③应考虑电梯机械负载的性质，应选择对操作频率高，反复短时工作制有一定的适应能力，热继电器反复短时工作允许操作频率的计算式为：

$$Z_j = K \frac{3600}{t_q \left(\frac{P_q^2}{P_1^2} - 1 \right)} \left[\left(\frac{1.1k}{P_1} \right)^2 - \frac{TD}{100} \right] (\text{次}/\text{h})$$

式中　K——计算系数，$K = 0.8 \sim 0.9$；

　　　P_q——电梯电机启动电流倍数；

　　　P_1——电梯电机负载电流倍数；

　　　t_q——电梯电机启动时间（s）；

　　　k——热继电器额定整定电流与电梯电机额定电流之比；

　　　TD——通电持续率。

(2) LR1-D 系列热过载继电器的选用

LR1-D 系列热过载继电器的差动式动作结构使电梯电机断相过载保护安全可靠，在 $-20 \sim 60℃$ 范围内，随环境温度变化、热继电器有自动补偿功能，可直接安装在交流接触器上，也可独立安装在独立支架上。其型号涵义为：

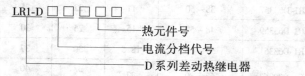

因为电梯电机的电流和功率存在着一定的关系，而电机额定电流不是整定热继电器的重要依据。所以热继电器的电流调整范围和所控制的电梯电机的功率有着一定的搭配关系，见表2-25。

热继电器与电机功率搭配关系 表 2-25

型号	电流调整范围 RC（A）	控制功率（AC3）(kW)			
		220V	380V	415V	440V
LR1-D09301	0.1~0.16	—	—	—	—
LR1-D09302	0.16~0.25				
LR1-D09303	0.25~0.40				
LR1-D09304	0.40~0.63				
LR1-D09305	0.63~1				
LR1-D09306	1~1.6		0.37		0.55
LR1-D09307	1.6~2.5	0.37	0.55 0.75	1.1	0.75 1.1
LR1-D09308	2.5~4	0.55 0.75	1.1 1.5	1.5	1.5
LR1-D09310	4~6	1.1	2.2	2.2	2.2
LR1-D09312	5.5~8	1.5	3	3 3.7	3 3.7
LR1-D09314	7~10	2.2	4	4	4
LR1-D12316	10~13	3	5.5	5.5	5.5
LR1-D16321	13~18	4	7.5	9	9
LR1-D25322	18~25	5.5	11	11	11
LR1-D40353	23~32	7.5	15	15	15
LR1-D40355	30~40	10	18.5	22	22
LR1-D63357	38~50	11	22	25	25
LR1-D63359	48~57	15	25	30	30
LR1-D63361	57~66	18.5	30	37	37
LR1-D80363	63~80	22	33 37	40 45	40 45

（四）中间继电器

电流继电器、电压继电器或时间继电器，它们的触头数量都不多，显然，这对自动控制系统来说是很不方便的。另外，增大触头容量和提高灵敏度两者之间也有矛盾,所以凡属高灵敏度的继电器,其触头容量必然小,这对直接控制容量较大的接触器的线圈或其他对象来说,也有困难。

以电梯中常用的JZX5(HH5)系列小型中间继电器为例,进行介绍。

JZX5(HH5)系列小型中间继电器是引进日本富士电机株式会社专有技术生产的HH5系列小型控制继电器。特别是体积小、可靠性好、寿命长,很适合于自动控制场合使用。

1. 型号及涵义

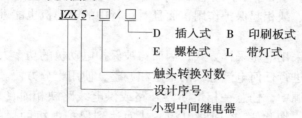

2. 技术参数(表2-26)

JZX5主要技术参数 表2-26

型号	触点					控制线圈		机械寿命(万次)
	数量	额定电流 A	额定电压 V	动作时间 (ms)	释放时间 (ms)	电压 (V)	功耗 (W)	
JZX5-2	2	5	AC12-220V DC12-110V	20	20	DC 12 24	1.2	
JZX5-3	3							
JZX5-4	4	3						

3. 配接的插座型号(表2-27)

配套插座型号 表2-27

型号	插座型号				
	焊接式	印制板式	绕接式	螺栓式	导轨式
JZX5-2	TP58	TP58B	TP58R2	TP58S1	TP58X
JZX5-3	TP511	TP511B	TP511R2	TP511S1	TP511X
JZX5-4	TP514	TP514B	TP514R2	TP514S1	TP514X

4. 外形尺寸（表 2-28）

外形尺寸（mm） 表 2-28

型　号	外形尺寸（长×宽×高）
JZX5	20.7×27.8×40.6
TP5	29×69×66

（五）断相与相序保护继电器

XJ3 型断相与相序保护继电器在电梯中常常采用。

XJ3 断相与相序保护继电器不仅对三相交流电动机在启动前发生的错相、缺相起保护作用，而且对运行中的电动机也能进行断相保护。

该产品采用电压采样方式，因而与被保护电动机的功率大小无关，无需进行任何电流等级的整定和调整，使用十分方便。

三相电源中，任意一相熔断器开路或供电线路缺相时，XJ3 继电器动作，切除 JC 主回路电源，从而达到保护电机的目的。当三相电压不对称度≥13%时，继电器也能动作，起到保护电动机的作用，如图 2-96 所示。

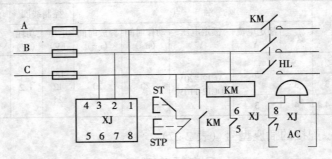

图 2-96　XJ3 型保护继电器接线图

（六）按钮

按钮在电梯中使用量很大，以 LAY3 系列为例，进行说明。

1. 用途与特点

该产品用来控制交直流接触器,接触器式中间继电器以及直流电磁铁。用于交流 50~60Hz,电压至 660V 以及直流 440V 的控制电路上,也可作为工作信号转换、电路联锁。主要特点是耐磨性好、化学性能稳定、吸水性小、采用积木式结构安装方式、牢固可靠、外形美观大方。

2. 型号及涵义

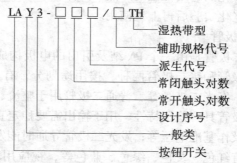

派生代号及辅助规格代号的表示方法及涵义,见表 2-29。

派生代号及辅助规格代号表示方法及涵义　　　表 2-29

派生代号/辅助规格代号	涵义	派生代号/辅助规格代号	涵义
无字母	一般式	D/N	带灯式(氖灯)
无字母/F	一般式带形象符号	D	带灯式(白炽灯)
X/2	旋钮式(二位置)	M/1	蘑菇式 35
X/3	旋钮式(三位置)	M/2	蘑菇式 60
Y/2	钥匙式(二位置)	ES/1	自锁式 35
Y/3	钥匙式(三位置)	ES/2	自锁式 60

电气性能,见表 2-30。

按钮主要电气参数　　　表 2-30

额定电压(V)	交流 AC					直流 DC				
	660	380	220	110	48	440	220	110	48	24
额定电流(A)	1.5	2.5	4.5	6	6	0.1	0.3	0.6	1.3	2.5
电寿命(万次)	60					30				

二、电子元器件

电子元器件在电梯中应用广泛，如用作整流滤波、信号的检测、放大、逻辑、输出、驱动，以及运行工作状况的显示等。

这些器件应工作可靠、体积小、性能好。要特别注意减少品种，选择大众化的通用性强的产品。产品应从厂家直接购买，并作高低温、老化实验后再上机使用。

（一）二极管

半导体二极管是由一个 PN 结及引出的电极构成。按材料分类，有硅二极管和锗二极管两种，按用途划分，有普通二极管、稳压二极管、发光二极管等。普通二极管用于整流、钳位、开关等；稳压二极管具有稳压特性，用于输出需要稳定直流电压的电源电路，以及作基准电压等；发光二极管导通时能发光，采用不同的材料，有红色、黄色、绿色、蓝色等，视应用场合的需要，选择不同的型号和规格。

1. 整流二极管

几种塑料封装的整流二极管主要参数，见表 2-31。

几种塑料封装整流二极管主要参数　　　　表 2-31

型　号	额定正向电流 I_F（A）	正向电压 V_F（V）	反向电压 V_{RRM}（V）	浪涌电流 I_{FSM}（A）	外　形
2CZ84（C-M）	0.5	1.0	100～1000	20	DO-41
2CZ85（C-M）	1.0	1.1	100～1000	35	DO-41
2CZ86（C-M）	2.0	1.2	100～1000	100	DO-27
2CZ87（C-M）	3.0	1.25	100～1000	120	DO-27
IN4148	0.2	1.0	100	—	

整流二极管按反向电压分成许多档，分档用 C、D、E 等表示，见表 2-32。

反向电压分档　　　　表 2-32

分　档	C	D	E	F	G	H	J	K	L	M
电压（V）	100	200	300	400	500	600	700	800	900	1000

DO-41 型和 DO-27 型外形，如图 2-97 和图 2-98 所示。

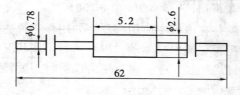

图 2-97 DO-41 外型图

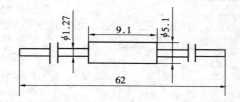

图 2-98 DO-27 外形图

2．2CW101～2CW64 稳压二极管

（1）用途

该管用于各种无线电电子仪器设备中作整流。

（2）主要参数（表 2-33）

2CW（1N59）系列稳压管主要参数　　　　表 2-33

型　号	稳压中值 V_z (V)	动态电阻 R_z (Ω)	测试电流 I_z (mA)	国外参考型号
2CW101-3V3	3.3	20	50	1N5913A、B、C、D
2CW101-3V6	3.6			1N5914A、B、C、D
2CW102-3V9	3.9	25		1N5915A、B、C、D
2CW102-4V3	4.3			1N5916A、B、C、D
2CW103-4V7	4.7	20	30	1N5917A、B、C、D
2CW103-5V1	5.1			1N5918A、B、C、D
2CW103-5V6	5.6			1N5919A、B、C、D
2CW104-6V2	6.2	10	20	1N5920A、B、C、D
2CW104-6V8	6.8			1N5921A、B、C、D

续表

型号	稳压中值 V_z (V)	动态电阻 R_z (Ω)	测试电流 I_z (mA)	国外参考型号
2CW105-7V5	7.5	5	20	1N5922A、B、C、D
2CW106-8V2	8.2			1N5923A、B、C、D
2CW107-9V1	9.1			1N5924A、B、C、D
2CW108-10V	10			1N5925A、B、C、D
2CW109-11V	11	10		1N5926A、B、C、D
2CW110-12V	12			1N5927A、B、C、D
2CW111-13V	13	15		1N5928A、B、C、D
2CW112-15V	15			1N5929A、B、C、D
2CW112-16V	16			1N5930A、B、C、D
2CW113-18V	18	25	10	1N5931A、B、C、D
2CW114-20V	20	30		1N5932A、B、C、D
2CW115-22V	22	35		1N5933A、B、C、D
2CW116-24V	24	40		1N5934A、B、C、D
2CW117-27V	27	45		1N5935A、B、C、D
2CW118-30V	30	55	5	1N5936A、B、C、D
2CW119-33V	33	65		1N5937A、B、C、D
2CW120-36V	36	75		1N5938A、B、C、D
2CW121-39V	39	85		1N5939A、B、C、D
2DW50-43V	43			1N5940A、B、C、D
2DW51-47V	47	90		1N5941A、B、C、D

3. QL61～QL81 小体积整流桥

QL61～QL81 型整流桥的主要参数，见表 2-34。

QL 系列小体积整流桥主要参数 表 2-34

型号	整流电流 I_F (A)	最高反压 V_{RM} (V)	浪涌电流 I_{FSM} (A)	正向压降 V_F (V)	外形
QL61	1	50～1000	50	1.0	图 2-100
QL71	2				
QL81	4		200	1.2	图 2-101
QL92	5			1.05	图 2-102
QL951	6		125		图 2-103
QL101	8			1.2	图 2-104
QL102	12		300		
QL121	25				

小体积整流桥的外形,如图 2-99 ~ 图 2-103 所示。

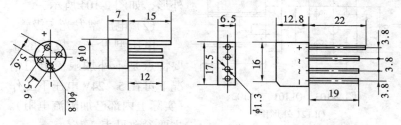

图 2-99　QL61、QL71 外形图　　　图 2-100　QL81 外形图

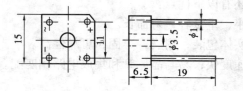

图 2-101　QL92 外形图

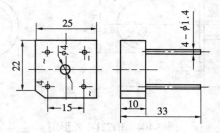

图 2-102　QL951 外形图

4. 发光二极管

(1) BT221-1 型发光二极管　其主要参数,见表 2-35。

发光二极管 BT221-1 主要参数　　表 2-35

项　目	参数	项　目	参数
最大耗散功率 P_W (mW)	75	正向工作电流 I_F (mA)	10
最大正向电流 I_{FM} (mA)	30	正向电压 V_F (V)	2.5
反向电流 V_R (V)	5	发光强度 I_v (mcd) min	0.5

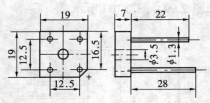

图 2-103　QL101、QL102、QL121 外形图

BT221-1 型发光二极管的外形,如图 2-104 所示。

(2) 电压型发光二极管

电压型发光二极管的主要特点是不外加限流电阻情况下可在 5～24V 电压下工作(实际上内部已加限流电阻)。主要参数见表 2-36。

此外,还有以下优点:

① 体积小,重量轻,寿命长。

② 采用实体包装,耐震,牢固,可靠性高。

③ 响应速度快,易与晶体管和集成电路相匹配。

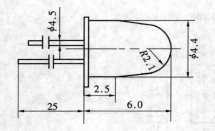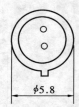

图 2-104　BT221-1 外形图

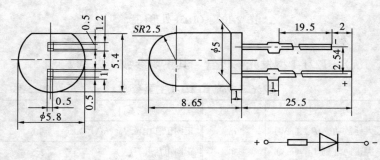

图 2-105　BTV314051 外形图

BTV314051 型主要参数 表 2-36

项 目	参 数	项 目	参 数
最大耗散功率 P_M(mW)	180	正向工作电流 I_F(mA)	10~15(V_F = 12V)
正向电压 V_F(V)	12	发光强度 I_v(mcd)	1.0

BTV314051 型电压型发光二极管外形,如图 2-105 所示。

(3) 面发光型显示器

面发光型显示器有红、橙、黄、绿四种不同颜色组成各种单色面发光显示器,同时还组成红-黄、红-绿、橙-黄、橙-绿等不同规格的双色面发光显示器。

它除具有发光管的一般特性外,还具有发光面大,可组合或混合成多种颜色,容易制成各种符号、文字、图形显示器,造型直观、大方。

现将使用的几种面发光型显示器主要参数,见表 2-37。

几种面发光型显示器主要参数 表 2-37

型 号	BMG-1919-OG	BMG-1919-R	BMG1919-R-1	BMG20-OG
最大耗散功率 P_m(mW)	563	563	563	500
最大正向电流 I_{FM}(mA)	25	25	25	25
反向电压 V_R(V)	45	45	15	40
正向工作电压 V_F(V)	22.5(I_F = 10mA)	22.5(I_F = 10mA)	7.5(I_F = 50mA)	20(I_F = 10mA)
发光强度 I_v(mcd)	5(I_F = 10mA)	1.5(I_F = 10mA)	5(I_F = 30mA)	4(I_F = 10mA)
颜色	橙、黄、绿	红	红	橙、黄、绿

BMG1919-DG 型面发光型显示器的外形,如图 2-106 所示。
BMG1919-R 型面发光型显示器的外形,如图 2-107 所示。

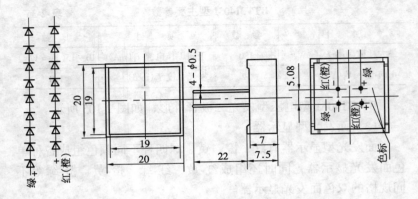

图 2-106 BMG1919-DG 外形图

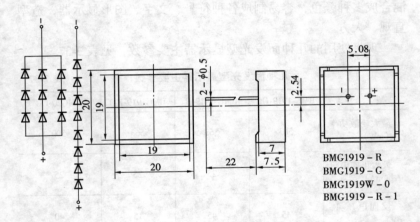

图 2-107 BMG1919-R 外形图

BMG1919-R-1 型面发光型显示器的外形，如图 2-108 所示。
BMG20-OG 型面发光型显示器的外形，如图 2-109 所示。

5．常用的二极管命名

常用二极管的命名及符号，见表 2-38。

6．二极管的主要参数

二极管的参数有：反向工作电压、反向峰值击穿电压、正向电压降、交流输入电压、峰点电压、中心电压、谷点电压、漏电

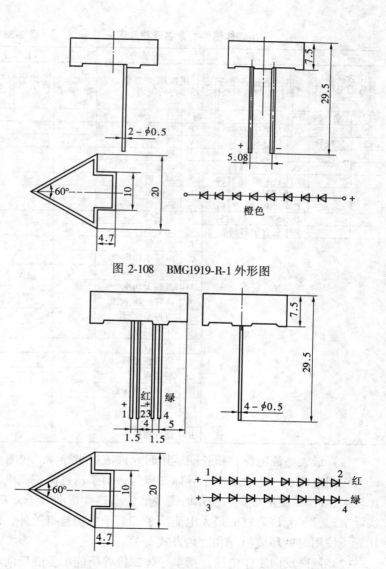

图 2-108 BMG1919-R-1 外形图

图 2-109 BMG20-OG 外形图

流、正向直流电流、整流电流、起辉电流、最大输出平均电流、反向峰值电流等等。但最主要的参数有两个:

半导体器件的命名及符号表 表 2-38

第一部分		第二部分		第三部分		第四部分	第五部分
用数字表示器件的电极数目		用汉语拼音字母表示器件的材料和极性		用汉语拼音字母表示器件的类别		用数字表示器件序号	用汉语拼音字母表示规格号
符号	意义	符号	意义	符号	意义		
2	二极管	A	N型 锗材料	P	普通管		
3	二极管	B	P型 锗材料	V	微波管		
		C	N型 硅材料	W	稳压管		
		D	P型 硅材料	C	参量管		
		A	PNP型 锗材料	Z	整流器		
		B	NPN型 锗材料	L	整流堆		
		C	PNP型 硅材料	S	隧道管		
		D	NPN型 硅材料	N	阻尼管		
		E	化合物材料	U	光电器件		
				K	开关管		
				X	低频小功率管		
				G	高频小功率管		
				D	低频大功率管		
				A	高频大功率管		
				T	可控整流器		
				Y	体效应器件		
				B	雪崩管		
				J	阶跃恢复管		
				CS	场效应器件		
				BT	半导体特殊器件		
				FH	复合管		
				PIN	PIN型管		
				JG	激光器件		

(1) 最大整流电流:指长期运用时允许流过半导体二极管的最大正向电流。一些大功率半导体二极管,由于流过的整流电流比较大,PN结温度很高,使用时需要装置散热片帮助管子冷却,实际上,管子允许通过的最大电流除了和管子的构造有关外,还和管子使用时的环境温度和散热方式有关。

(2) 最高反向工作电压:指半导体二极管所能承受的反向电压值。使用中若超过此值,管子就会造成反向击穿。

7. 整流电路

(1) 常见的几种整流电路、波形和关系,见表 2-39。

表 2-39 常见的几种整流电路、波形和关系

类型	单相半波	单相全波	单相桥式	三相半波	三相桥式
电路					
整流电压 u_0 的波形					
整流电压平均值 U_0	$0.45U_2$	$0.9U_2$	$0.9U_2$	$1.17U_2$	$2.34U_2$
流过每管的电流平均值 I_D	I_L	$\frac{1}{2}I_L$	$\frac{1}{2}I_L$	$\frac{1}{3}I_L$	$\frac{1}{3}I_L$
每管承受的最高反向电压 U_{DRM}	$\sqrt{2}U_2=1.41U_2$	$2\sqrt{2}U_2=2.83U_2$	$\sqrt{2}U_2=1.41U_2$	$\sqrt{3}\cdot\sqrt{2}U_2=2.45U_2$	$\sqrt{3}\cdot\sqrt{2}U_2=2.45U_2$
变压器副边电流有效值 I [①]	$1.57I_L$	$0.79I_L$	$1.11I_L$	$0.59I_L$	$0.82I_L$

① 在单相桥式整流电路中变压器副边电流有效值为:$I=\sqrt{\frac{1}{2\pi}\int_0^{2\pi}i^2\mathrm{d}(\omega t)}=\sqrt{\frac{1}{\pi}\int_0^{\pi}i_L^2\mathrm{d}(\omega t)}=\sqrt{\frac{1}{\pi}\int_0^{\pi}\left(\frac{\sqrt{2}U_2}{R_L}\right)^2\sin^2\omega t\mathrm{d}(\omega t)}=1.11I_L$

(2) 倍压整流电路

在电源变压器二次侧交流电压不高的情况下,需要较高的直流电压时可采用倍压整流电路。倍压整流电路只能产生小电流的高直流电压,对二极管和电容的耐压要求不高。所以适用于输出电压高而输出电流小的场合。基本电路是二倍压整流电路,多倍压整流电路是二倍压电路的推广,其典型电路如图 2-110 所示。

图 2-110(a)为桥式二倍压电路,其优点是输出电压波纹较小,但交流输入端和直流输入端不能同时接地。图 2-110(b)是半波二倍压电路,交流输入端和直流输入端可以有公共接地点,但输出波纹较大。图 2-110(c)是多倍压电路。以上三种电路中整流二极管承受的最大反向电压均为 $2\sqrt{2}U_2$。电容器上的

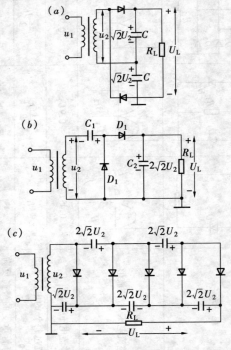

图 2-110 倍压整流电路
(a) 桥式二倍压; (b) 半波二倍压; (c) 五倍压

最大电压标在图上。

(二) 晶体三极管

常用的晶体三极管主要参数,见表 2-40 和表 2-41。

几种常用 3DG 型 NPN 小功率三极管主要参数 表 2-40

型 号	功耗 P_{CM} (mW)	最大电流 I_{CM} (mA)	最高反压 BV_{CEO} (V)	特征频率 f_T (MHz)
3DG100A	100	20	20	≥150
3DG100B			30	
3DG100C			20	≥300
3DG100D			30	
3DG111A	300	50	15	≥150
3DG111B			30	
3DG111C			40	
3DG111D			15	≥300
3DG111E			30	
3DG111F			40	
3DG120A	500	100	30	≥150
3DG120B			45	
3DG120C			30	≥300
3DG120D			45	
3DG130A	700	300	30	≥150
3DG130B			45	
3DG130C			30	≥300
3DG130D			45	
3DG162A	300	20	60	≥50
3DG162B			100	
3DG162C			140	
3DG162D			180	
3DG162E			220	
3DG162F			60	≥100
3DG162G			100	
3DG162H			140	
3DG162I			180	
3DG162J			220	

续表

型　号	功耗 P_{CM} (mW)	最大电流 I_{CM} (mA)	最高反压 BV_{CEO} (V)	特征频率 f_T (MHz)
3DG170A	500	50	60	≥50
3DG170B			100	
3DG170C			140	
3DG170D			180	
3DG170E			220	
3DG170F			60	≥100
3DG170G			100	
3DG170H			140	
3DG170I			180	
3DG170J			220	
3DG182A	700	300	60	≥50
3DG182B			100	
3DG182C			140	
3DG182D			180	
3DG182E			220	
3DG182F			60	≥100
3DG182G			100	
3DG182H			140	
3DG182I			180	
3DG182J			220	

几种 3CG 型 PNP 小功率三极管主要参数　　表 2-41

型　号	功耗 P_{CM} (mW)	最大电流 I_{CM} (mA)	最高反压 BV_{CEO} (V)	特征频率 f_T (MHz)
3CG100A	100	30	15	100
3CG100B			25	
3CG100C			40	

续表

型号	功耗 P_{CM} (mW)	最大电流 I_{CM} (mA)	最高反压 BV_{CEO} (V)	特征频率 f_T (MHz)
3CG111A	300	50	15	200
3CG111B			30	
3CG111C			45	
3CG120A	500	100	15	200
3CG120B			30	
3CG120C			45	
3CG130A	700	300	15	80
3CG130B			30	
3CG130C			45	
3CG160D	300	20	180	50
3CG160E			220	
3CG170D	500	50	180	50
3CG170E			220	
3CG180A	700	100	100	50
3CG180B			140	
3CG180C			180	
3CG180D			220	

晶体三极管三种工作状态的比较，见表 2-42。

晶体三极管三种工作状态的比较　　表 2-42

工作状态	截止状态	放大状态	饱和状态
PNP 型	约 $+0.3 V_{BE}$ ~ -0.2V	约 $-0.2 V_{BE}$ ~ -0.3V	小于 -0.3V，$V_{CE} \approx 0$

续表

工作状态	截止状态	放大状态	饱和状态
NPN型	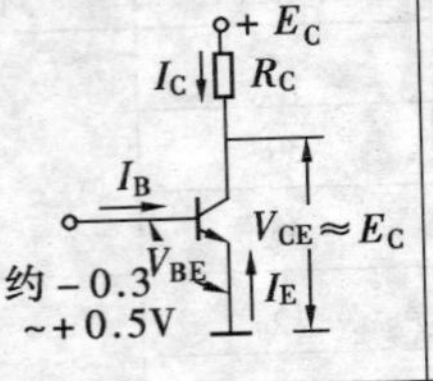 约 $-0.3 \sim +0.5V$ V_{BE}, $V_{CE} \approx E_C$	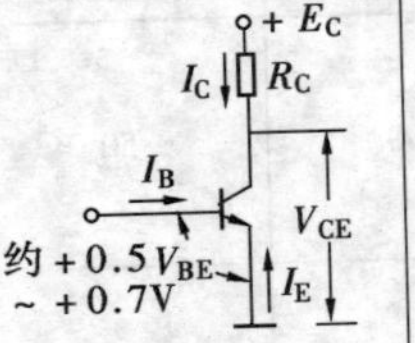 约 $+0.5 \sim +0.7V$ V_{BE}	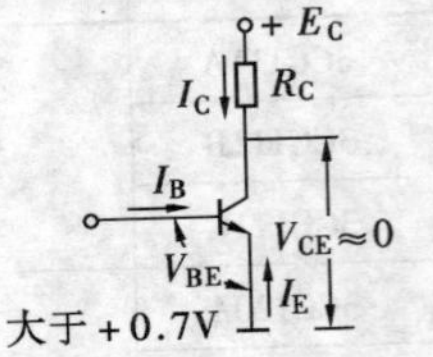 大于 $+0.7V$ V_{BE}, $V_{CE} \approx 0$
参数范围	$I_S < 0$（I_S为负），其实际方向与图中所示相反，即与放大和饱和状态时的 I_S 方向相反	$I_S > 0$，其实际方向如图所示	$I_S > \dfrac{E_C}{\beta R_C}$
	锗管的 V_{BE} 约在 $+0.3 \sim -0.2V$ 内 硅管的 V_{BE} 约在 $-0.3 \sim +0.5V$ 内	锗管的 V_{BE} 约在 $-0.2 \sim 0.3V$ 内 硅管的 V_{BE} 约在 $+0.5 \sim +0.7V$ 内	锗管的 V_{BE} 比 $-0.3V$ 更负 硅管的 V_{BE} 大于 $+0.7V$
	锗管：几十 $I_C < I_{CEO} \sim$ 几百 μA-硅管：几 μA 以下	$I_C = \beta I_B + I_{CEO}$	$I_C \approx \dfrac{E_C}{R_C}$
	$V_{CE} = E_C$	$V_{CE} = E_C - I_C R_C$	$V_{CE} \approx 0.2 \sim 0.3V$（管子饱和压降）
工作状态和特点	当 $I_S < 0$ 时，I_C 很小（小于 I_{CEO}），三极管相当于开断，电源电压 E_C 几乎全部加在管子两端	I_S 从 0 逐渐增大，I_C 也按一定比例增加，管子起放大作用，微小的 I_S 的变化能引起 I_C 较大幅度的变化	I_C 不再随 I_S 的增加而增大，管子两端压降很小，电源电压 E_C 几乎全部加在负载电阻 R_C 上

晶体管的三种基本放大电路的比较，见表 2-43。

晶体管的三种基本放大电路与比较　　　　表 2-43

电路名称	共发射极电路	共集电极电路（射极输出电路）	共基极电路
电路原理图（PNP型）	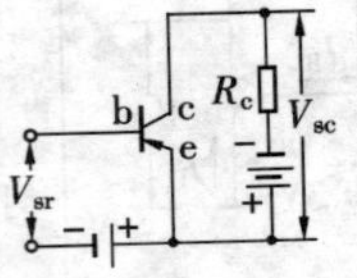	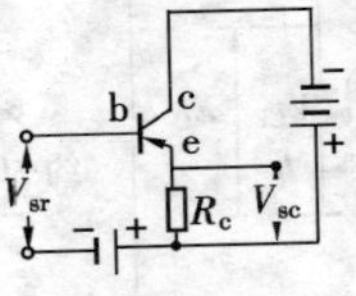	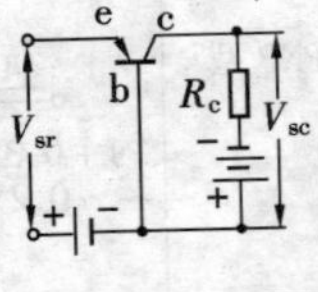

续表

电路名称	共发射极电路	共集电极电路（射极输出电路）	共基极电路
输出与输入电压的相位	反相	同相	同相
输入阻抗	较小（约几百欧）	大（约几百千欧）	小（约几十欧）
输出阻抗	较大（约几十千欧）	小（约几十欧）	大（约几百千欧）
电流放大倍数	大（几十到两百倍）	大（几十到两百倍）	1
电压放大倍数	大（几百～千倍）	1	较大（几百倍）
功率放大倍数	大（几千倍）	小（几十倍）	较大（几百倍）
频率特性	较差	好	好
稳定性	差	较好	较好
失真情况	较大	较小	较小
对电源要求	采用偏置电路，只需一个电源	采用偏置电路，只需一个电源	需要两个独立电源
应用范围	放大、开关等电路	阻抗变换电路	高频放大、振荡

注：NPN型三种接法的电源极性与PNP型的相反。

常用的基本偏置电路的形式和性能，见表2-44。

晶体管基本偏置电路的形式和性能 表 2-44

名称	固定偏流式	电压负反馈式	电流负反馈式	混合负反馈式
电路	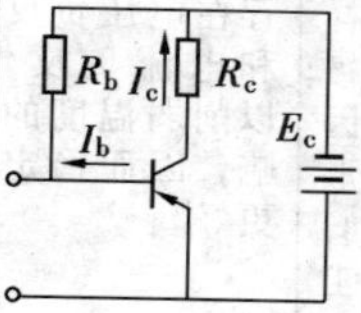	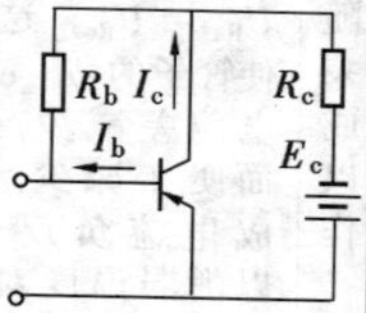	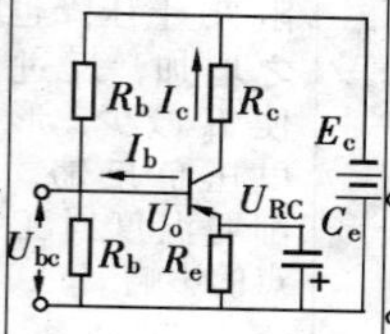	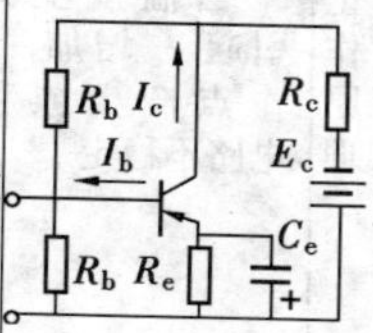

续表

名称	固定偏流式	电压负反馈式	电流负反馈式	混合负反馈式
特点	1. 电路简单 2. 偏置电路损耗小 3. 稳定性差	1. 电路简单 2. 比较稳定，R_c越大，稳定性越好 3. 由于有负反馈，失真可减少，但放大倍数因此而降低 4. 当变压器耦合或R_c很小时，稳定性就较差	1. 电路较复杂 2. 稳定性好，R_r越大，R_a、R_b越小越稳定 3. 偏置电路要损耗一定功率，R_r越大，R_a、R_b越小，损耗越大 4. 电容C_r可旁路交流分量，防止交流信号负反馈而减小放大倍数	具有电压负反馈和电流负反馈的特点
参数选择	$R_b \approx \dfrac{E_c}{I_b} \approx \dfrac{E_c}{I_c}\beta$	$R_b \approx \dfrac{E_c - I_c R_c}{I_b}$ $\approx \dfrac{E_c - I_c R_c}{I_c}\beta$	R_c—低频小信号放大器取几百至几千欧，功率放大器取十几欧，甚至为0 C_r—低频放大器取几十微法 $R_s \approx \dfrac{\beta}{10 \sim 20} R_c$ $R_b \approx \dfrac{\beta}{10 \sim 20}$ $\left(\dfrac{E_c}{I_c} - R_c\right)$	参考电压负反馈和电流负反馈的原则选取
工作原理	当温度上升，引起I_c增加，工作点产生漂移，电路不稳定	当温度上升，引起I_c增加，此时集电极负载电阻R_c上压降也随之增加，反过来使I_b减少，形成电压负反馈，以削弱温度对工作点的影响	当I_c随着温度升高而增加时，R_c两端压降也增加。由于$U_{cb} = U_{Ra} - U_{Rc}$，这样使管子的b、c极电位差减少，因而使I_b减少，形成电流负反馈，以削弱温度对工作点的影响	当温度升高引起I_c增加，同时存在电压负反馈和电流负反馈，以削弱温度的影响，因而稳定性更好

常用低频小信号放大器耦合电路的特点和参数选择范围，见表 2-45。

常用低频小信号放大器耦合电路的特点和参数　　　表 2-45

耦合方式	阻容耦合	变压器耦合
电路	(第一级—耦合—第二级电路图)	(第一级—耦合—第二级电路图)
特点	1. 体积小，重量轻，简单经济 2. 频率响应较好 3. 级间阻抗不能匹配，因而放大能力（增益）低 4. 集电极电阻消耗功率，因而效率低（≈10%）	1. 改变耦合变压器变压比 k 可以使级间做到阻抗匹配，因而放大能力（增益）高 2. 效率较高（理想为 50%） 3. 频率响应较差 4. 重量较重、体积较大、成本较高
适用范围	低频前置放大	低频放大的末前级用来推动功率放大
元件作用和数值范围	C_1、C_2——耦合电容。它的作用有： (1) 将前级集电极的输出信号送到后级基极上 (2) 把前级和后级的直流电流、电压分隔开以保证各级管子保持在正常的独立的工作点。对晶体管低频放大器，一般取 5～10μF R_{c1}、R_{c2}——集电极负载电阻。前级放大器集电极电流在它两端产生变化的电压输出到下一级。其阻值与管子型号有关，一般取 2～10kΩ，如过大使集电极电压下降过多，以致放大倍数降低；过小使其两端电压太低，输出减小，同样放大倍数也降低	T_1、T_2——耦合变压器。其一次侧电压变化（即输出信号）通过二次侧送到后级基极上。其一次侧直流电阻很小，电源电压几乎全部加在管子集电极上，因而效率高，可以提高电源利用率 共发射极电路输入阻抗只有几百欧，而输出阻抗却有几十千欧，相差几十倍，通过耦合变压器，后级输入阻抗就可以提高 k^2 倍达到阻抗匹配的目的 k——耦合变压器变压比，为一次侧绕组匝数和二次侧绕组匝数之比。为了减小失真，通常使后级输入阻抗提高 k^2 倍以后仍略小

续表

耦合方式	阻容耦合	变压器耦合
元件作用和数值范围	R_a、R_b、R_c、C_e——偏置电路的电阻和电容 C——隔直电容，防止信号源将基极与发射极间的直流偏压短路掉	于前级输出阻抗，所以一般 k 取 3～5 R_a、R_b、R_c、C_e——偏置电路的电阻和电容 C——隔直电容，作用同左

注：①放大器对不同频率的信号的放大倍数不相同，放大器放大倍数和信号频率的关系叫频率响应。一定范围内，频率不同，而放大倍数变化不大的叫做频率响应好。

②阻抗匹配就是使负载阻抗（即下一级输入阻抗）和前级输出阻抗相等，以便使前级输出功率最大。

（三）MOS 功率场效应晶体管

1. MOS 功率场效应晶体管的特点

MOS 功率场效应晶体管，应用广泛，其特点：

①高输入阻抗；

②开关时间短和工作频率高；

③具有良好的热稳定性；

④无二次击穿的安全工作区；

⑤具有良好的跨导特性

用作逻辑接口等的高速器件，具有较高的噪声容限和抗环境干扰的能力。VMOS 器件内部的寄生二极管在电路应用中可起到管子的保护作用和其他特定的设计用途。

2. MOS 晶体管参数和特性的说明

（1）最大额定值的部分参数，其意义与双极型功率管的参数类似，可理解为：$V_{DDS} - V_{CES}$，$I_D - I_C$，$I_{DM} - I_{CM}$，$P_D - P_C$，T_j，$T_{stg} - T_j$，T_{stg}。根据 MOS 功率管的需要，又另外给出了几个最大额定值参数，其中包括：

V_{DGR}——栅—源间并接电阻（一般 $R_{GS} = 1\text{M}\Omega$）时，最大漏—栅电压，这反应栅反偏时的器件耐压能力。

V_{GS}——最大栅—源电压,这代表绝缘栅氧化层的耐压能力。如外加电压超过此值时,有可能引起器件的永久失效。

I_{CM}或I_{GP}——栅极最大脉冲电流或最大峰值电流,它们表示栅—源电容抗电流冲击即充放电的能力。

(2) $V_{(BR)DSS}$

该击穿电压参数是漏—源间的最大维持电压,并在此电压范围内,I-V特性曲线不得出现负阻区。

(3) $V_{GS(th)}$

器件物理中将此阀值电压定义为沟通区表面形成强反型层(表面势Ψ_S等于体内费米势Ψ_B的二倍)时的栅电压。

(4) C_{iss}、C_{oss}、C_{rss}

C_{gs}和C_{gd}是MOS电容,C_{ds}是PN结电容。C_{iss}、C_{oss}、C_{rss}和极间电容值随电压变化。为了减小这些寄生电容,V_{DS}应大于10V。

(5) $t_{d(on)}$、t_r、$t_{d(off)}$、t_f

这些开关参数都与器件的极间电容和寄生电感有关。

(6) V_{SD}、t_{rr}

这是表征漏—源二极管特性的主要参数。

(7) 安全工作区(SOA)

正偏安全工作区中的数据是在保持管壳温度$T_c = 25℃$的条件下用单脉冲测得的。直流数据实际上是用1s的单脉冲测得的,在管壳温度不等于25℃并工作于多脉冲状态下时,漏极安全工作电流不能直接搬用,必须用下式换算:

$$I_D(T_C) = I_D(250℃)\left[\frac{150 - I_D}{P_D R_{(th)Jc} r(t_1)}\right]$$

$$r(t_1) = Z_{(th)Jc}/R_{(th)Jc}$$

其中P_D是$T_c = 25℃$时的最大功耗,$R_{(th)Jc}$是结—壳热阻,$r(t_1)$是与脉冲宽t_1和占空比有关的归一化瞬态热阻,可在特性曲线上查得。

开关安全工作区相当于双极型功率管的反偏安全工作区。最大漏极电流值一般是直流的 2~4 倍，只要上升和下降时间小于 1ms，开关安全工作区对于开通和关断都适用。

（四）集成稳压器

CW7800 系统稳压器是一种固定输出的正压单片集成稳压器。它可以广泛用于各种电子设备中，作电压稳压器，可输出 1.5A 负载电流（必须加足够大的散热器）。

芯片内部设有过流、过热、短路保护电路，可调整管安全工作区保护，所以电路使用安全可靠。

主要参数见表 2-46。

稳压器主要参数　　　　　　　　　表 2-46

型号	7805	7812	7815	7824
输出电压（V）	5	12	15	24
输出电压误差（%）	A：10		B、C：5	
输入电压（V）	7—35	14.5—35	17.5—35	27—40
最大输出电流（A）	1.5			
耗散功率（W）	S-7 型：10（加散热器）		F-2 型：20（加散热器）	
工作结温范围（℃）	Ⅰ类　-55~+150 Ⅱ类　-40~+85 Ⅲ类　-10~+70			

注：工作结温范围的分类标准有的厂家自有规定。

外形及管脚排列如图 2-111、图 2-112 所示。

（五）晶闸管

晶闸管是在晶体管基础上发展起来的一种大功率半导体器件。它是具有三个 PN 结的四层结构。由最外的 P 层引出两个电极，分别为阳极 A 和阴极 K，由中间的 P 层引出控制板 G。晶闸管的一端一般是一个螺栓，这是阳极引出端。同时可以利用它固定散热片；另一端有两根引出线，其中粗的一根是阴极引线，细的一根是控制极引线。它具有体积小、重量轻、效率高、寿命

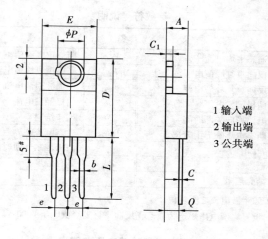

1 输入端
2 输出端
3 公共端

图 2-111　S-7 外形图

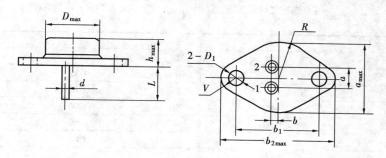

图 2-112　F-2 外形图

长、开关速度快、耐振及维护使用方便等优点。在电机调速、电机励磁、可调整流、逆变、无触点交直流开关及变频、温控与自动控制等方面有极其广泛的应用。

晶闸管的导通和截止这两个工作状态是由阳极电压 U、阳极电流 I 及控制极电流 I_c 等决定的,而这几个量又是互相有联系,反映在晶闸管的伏安特性曲线中。

晶闸管参数符号说明见表 2-47,正反向重复峰值电压数值,见表 2-48。

参数符号说明　　　　　　　　　　　　　　　　　表 2-47

符　号	意　　义	符　号	意　　义
$I_{T(AV)}$	通态平均电流①	V_{DRM}	断态重复峰值电压
V_{RRM}	反向重复峰值电压②	I_{DRM}	断态重复峰值电流
I_{RRM}	反向重复峰值电流	I_{TSM}	一周波浪涌电流
V_{GT}	门极触发电压	I_{GT}	门极触发电流
t_q	电路换向关断时间	T_j	工作结温
dv/dt	断态电压临界上升率	di/dt	通态电流临界上升率
I^2t	I^2t 值	t_{gt}	门极控制开通时间
V_{TM}	通态峰值电压	T_{stg}	贮存温度
R_{jc}	结壳热阻		

① 为单相工频半波电流之平均值;
② 断态反向重复峰值电压规定为断态正反向不重复峰值电压的 90%。

正反向重复峰值电压数值表　　　　　　　　　　　表 2-48

级 数	正反向重复峰值电压（V）	级 数	正反向重复峰值电压（V）
1	100	2	200
3	300	4	400
5	500	6	600
7	700	8	800
9	900	10	1000
12	1200	14	1400
16	1600	18	1800
20	2000	22	2200
24	2400	26	2600
28	2800	30	3000

晶闸管的种类很多，有螺栓型、平板型、快恢复和快导通型、还有双向晶闸管和晶闸管并联组件。

各种晶闸管的技术数据，见表 2-49 ~ 表 2-54。

晶闸管在电梯中常用于可控整流器和逆变器中。可控整流主要是控制晶闸管导通时的相位来改变输出电压的平均值。由于整流电路不同，导通角不同，负载的性质不同，整流输出的电量有不同的关系。各种可控整流电路的基本电量关系，见表 2-55。

螺栓型晶闸管技术数据

表 2-49

序号	型号	V_{DRM} V_{RRM} (V)	I_{DRM} I_{RRM} (mA)	$I_{T(AV)}$ (A) $T=40℃$	I_{TSM} (A) 10ms	I^2t (A²s)	T_j (℃)	di/dt (A/μs)	dv/dt (V/μs)	I_{GTmax} (mA)	V_{GT} (V) $T=20℃$	V_{TM} (V)	V_{stg} (℃)	R_{jc} (℃/W)	外型
1	KP50	100~1600	≤20	50	940	5000	-40~100	20	50	200	≤3.0	2.2	-40~125	≤0.4	K-1
2	KP100	100~2000	≤40	100	1900	18000	-40~100	50	100	250	≤3.5	2.6	-40~140	≤0.2	K-2
3	KP200	100~2000	≤40	200	3800	72000	-40~125	≥80	≥100	250	≤3.5	2.6	-40~140	≤0.11	K-3
4	KP300	100~2000	≤40	300	5600	160000	-40~125	≥100	≥200	350	≤3.5	2.6	-40~140	≤0.08	K-4
5	KP400	100~2000	≤50	400	7500	280000	-40~125	≥100	≥200	350	≤4.0	2.6	-40~140	≤0.05	K-4

平板型晶闸管技术数据

表 2-50

序号	型号	V_{DRM} V_{RRM} (V)	I_{DRM} I_{RRM} (mA)	$I_{T(AV)}$ (A) $T=40℃$	I_{TSM} (A) 10ms	I^2t (A²s)	T_j (℃)	di/dt (A/μs)	dv/dt (V/μs)	I_{GTmax} (mA)	V_{GT} (V) $T=20℃$	V_{TM} (V)	V_{stg} (℃)	R_{jc} (℃/W)	外型
1	KP200	100~2000	≤40	200	3800	72000	-40~125	≥80	≥100	250	≤3.5	2.6	-40~140	≤0.11	K-5
2	KPC200	2200~3000	≤40	200	3800	72000	-40~125	≥80	≥100	250	≤3.5	2.6	-40~140	≤0.11	K-6
3	KP300	100~2000	≤50	300	5600	160000	-40~125	≥100	≥100	350	≤3.5	2.6	-40~140	≤0.08	K-6
4	KP500	100~2000	≤60	500	9400	440000	-40~125	≥100	≥200	350	≤4	2.6	-40~140	≤0.04	K-7

续表

序号	型号	V_{DRM} V_{RRM} (V)	I_{DRM} I_{RRM} (mA)	$I_{T(AV)}$ (A) $T=40℃$	I_{TSM} (A) 10ms	I^2t (A²s)	T_j (℃)	di/dt (A/μs)	dv/dt (V/μs)	I_{GTmax} (mA)	V_{GT} (V) $T=20℃$	V_{TM} (V)	V_{stg} (℃)	R_{jc} (℃/W)	外型
5	KPG500	2200~3000	≤60	500	9400	440000	-40~125	≥100	≥200	350	≤4	2.6	-40~140	≤0.04	K-8
6	KP1000	100~2000	≤120	1000	18000	1600000	-40~125	≥100	≥200	450	≤4	2.6	-40~140	≤0.02	K-8
7	KPG1000	2200~3000	≤120	1000	18000	1600000	-40~125	≥100	≥200	450	≤4	2.6	-40~140	≤0.02	K-9

表 2-51 快恢复和快导通型晶闸管技术数据

序号	型号	V_{DRM} V_{RRM} (V)	$I_{T(AV)}$ (A)	I_{RRM} I_{DRM} (mA)	I_{TSM} (A) 10ms	I^2t (A²s)	T_j (℃)	di/dt (A/μs)	dv/dt (V/μs)	V_{TM} (V)	I_{GT} (mA)	V_{GT} (V) $T=20℃$	t_g (μs)	t_{gt} (μs)	R_{jc} (℃/W)	外型
1	KK200	100~1400	200	≤40	3000	46000	-40~+115	≥100	≥100	≤3.0	250	≤3.5	≤40	≤6	≤0.11	K-5
2	KK400	100~1400	400	≤50	6000	180000	-40~+115	≥100	≥200	≤3.2	350	≤4.0	≤40	≤8	≤0.05	K-6
3	KK500	100~1500	500	≤50	7500	290000	-40~+115	≥100	≥200	≤3.2	350	≤4.0	≤40	≤8	≤0.04	K-6
4	KPK200	100~2000	200	≤40	3800	72000	-40~+115	≥100	≥100	≤2.8	200	≤3.5	≤60		≤0.11	K-5
5	KPK400	100~2000	400	≤50	7500	290000	-40~+115	≥100	≥200	≤2.8	≤200	≤4.0	≤60		≤0.05	K-6
6	KT400	≥100	400	≤50	7500	290000	-40~+100	≥100	≥200	≤2.6	≤300	≤4.0		≤3	≤0.05	K-6

表 2-52 双向晶闸管技术数据

序号	型号	V_{DRM} V_{RRM} (V)	I_{DRM} I_{RRM} (mA)	$I_{T(RMS)}$ (A)	I_{TSM} (A)	I^2t (A²s)	T_j max ℃	V_{TM} (V)	di/dt (A/μs)	dv/dt (V/μs)	I_{GT} max (mA)	V_{GT} (V)	T_{stg} (℃)	R_{jc} (℃/W)	外型
1	KS50	100~1600	≤20	50	490	1200	115	≤2.4	≥25	≥50	200	≤3.0	-40~+140	≤0.4	K-1
2	KS100	100~1600	≤20	100	980	4800	125	≤2.6	≥25	≥50	250	≤3.5	-40~+140	≤0.2	K-2
3	KS200	100~1600	≤40	200	1960	19200	125	≤2.6	≥25	≥100	350	≤3.5	-40~+140	≤0.11	K-6
4	KS500	100~1600	≤60	500	4900	120000	125	≤2.6	≥50	≥100	350	≤4.0	-40~+140	≤0.08	K-7

表 2-53 晶闸管及并联组件技术数据

序号	型号	V_{DRM} V_{RRM} (V)	I_{DRM} I_{RRM} (mA)	$I_{T(AV)}$ (A)	V_{TM} (V)	I_{TSM} (A)	I^2t (A²s)	di/dt (A/μs)	dv/dt (V/μs)	J_{GT} (mA)	V_{GT} (V)	T_j (℃)	R_{thjc} (℃/W)	冷却方式	散热体型号	外型
1	FZK200	800~2000	≤30	200	≤2.0	3800	7200	≥80	≥100	≤250	≤3.5	-40~125	≤0.09	风冷	XF-β₁	Z-31
2	FZK300	800~2000	≤40	300	≤2.2	5600	160000	≥100	≥100	≤300	≤3.5	-40~125	≤0.06	风冷	XF-β₁	Z-31
3	FZK1000	800~2000	≤80	1000	≤2.4	18000	1600000	≥100	≥200	≤400	≤4.0	-40~125	≤0.02	风冷	XF-β₃	Z-51

表 2-54 晶闸管组件技术数据

序号	型号	V_{DRM} V_{RRM} (V)	I_{DRM} I_{RRM} (mA)	$I_{T(AV)}$ (A)	V_{TM} (V)	I_{TSM} (A)	I^2t (A²s)	di/dt (A/μs)	dv/dt (V/μs)	I_{GT} (mA)	V_{GT} (V)	I_{DC} 单相桥 (A)	I_{DC} 三相桥 (A)	冷却方式	散热体型号	外型
1	ZBK30	800~2000	≤20	30	≤2.0	550	1600	≥80	≥100	≤250	≤3.5	60	82	自冷	XF-β₁	Z-21
2	ZBK60	800~2000	≤30	60	≤2.0	1100	6500	≥80	≥100	≤250	≤3.5	120	164	自冷	XF-β₁	Z-21
3	ZBK80	800~2000	≤40	80	≤2.2	2100	23000	≥100	≥100	≤300	≤3.5	160	218	自冷	XF-β₁	Z-21
4	ZBK100	800~2000	≤20	100	≤2.0	1900	18000	≥80	≥100	≤250	≤3.5	200	273	风冷	XF-β₁	Z-21
5	ZBK200	800~2000	≤30	200	≤2.0	3800	72000	≥80	≥100	≤250	≤3.5	400	546	风冷	XF-β₁	Z-21
6	ZBK300	800~2000	≤40	300	≤2.2	5600	160000	≥100	≥100	≤300	≤3.5	600	819	风冷	XF-β₁	Z-21
7	ZBK500	800~2000	≤60	500	≤2.0	9400	440000	≥100	≥200	≤300	≤4.0	1000	1365	风冷	XF-β₂	Z-41
8	ZBK1000	800~2000	≤80	1000	≤2.4	18000	1600000	≥100	≥200	≤400	≤4.0	2000	2730	风冷	XF-β₃	Z-51

表 2-55 各种可控整流电路的基本电量关系

整流电路名称		单相半波	单相全波	单相半控桥
电路图				
直流输出电压 U_{20} (空载)	全导通 ($\alpha = 0$) U_{20}	$0.15 U_2$	$0.9 U_2$	$0.9 U_2$
	某一移相角 α 时 U_{20} (电阻负载或带续流二极管电感负载)	$\dfrac{1+\cos\alpha}{2} U_{20}$	$\dfrac{1+\cos\alpha}{2} U_{20}$	$\dfrac{1+\cos\alpha}{2} U_{20}$
	某一移相角 α 时 U_{20} (无续流二极管电感负载)	—	$\cos\alpha \, U_{20}$	$\dfrac{1+\cos\alpha}{2} U_{20}$
晶闸管最大正向电压和最大反向电压峰值		$1.41 U_2 (3.14 U_{20})$	$2.83 U_2 (3.14 U_{20})$	$1.41 U_2 (1.57 U_{20})$
移相范围	电阻负载或带续流二极管电感负载	$0 \sim 180°$	$0 \sim 180°$	$0 \sim 180°$
	无续流二极管的电感负载	—	$0 \sim 90°$ ($\alpha > 90°$ 转入逆变状态)	
晶闸管最大导通角		$180°$	$180°$	$180°$
输出电压最低脉动频率		$1f$	$2f$	$2f$
全导通时输出电压脉动系数 S		1.57	0.667	0.667

续表

整流电路名称		单相半波	单相全波	单相半控桥
流过晶闸管的电流（电阻负载全导通）	平均值	I_Z	$0.5I_Z$	$0.5I_Z$
	有效值	$1.57I_Z$	$0.785I_Z$	$0.785I_Z$
	最大值	$3.14I_Z$	$1.57I_Z$	$1.57I_Z$
流过晶闸管的电流（电感负载全导通）	平均值	$0.5I_Z$	$0.5I_Z$	$0.5I_Z$
	有效值	$0.707I_Z$	$0.707I_Z$	$0.707I_Z$
	最大值		I_Z	I_Z
晶闸管电压计算系数 K_{UT}			2.83	1.41
晶闸管电流计算系数 K_{IT}			0.45	0.45
变压器二次侧相电流计算系数 K_{IU}			0.707	1
电路图				
直流输出电压（空载）	全导通（$\alpha=0$）U_{Z0}	$0.9U_2$	$1.17U_2$	$2.34U_2$
	某一移相角 α 时 U_{Z0}（电阻负载或带续流二极管电感负载）	$\dfrac{1+\cos\alpha}{2}U_{Z0}$	$\cos\alpha U_{Z0}(0\leqslant\alpha\leqslant 30°)$ $0.557[1+\cos(\alpha+30°)]U_{Z0}$ $(30°\leqslant\alpha\leqslant 150°)$	$\dfrac{1+\cos\alpha}{2}U_{Z0}$
	某一移相角 α 时 U_{Z0}（无续流二极管电感负载）	$\cos\alpha U_{Z0}$	$\cos\alpha U_{Z0}$	$\dfrac{1+\cos\alpha}{2}U_{Z0}$
晶闸管最大正向电压和最大反向电压峰值 U_{Z0}		$1.41U_2(1.57U_{Z0})$	$2.45U_2(2.09U_{Z0})$	$2.45U_2(1.05U_{Z0})$

续表

整流电路名称		单相全控桥	三相半波	三相半控桥
移相范围	电阻负载或带续流二极管的电感负载	$0 \sim 180°$	$0 \sim 150°$	$0 \sim 180°$
	无续流二极管的电感负载	$0 \sim 90°$ ($\alpha > 90°$ 转入逆变状态)	$0 \sim 90°$ ($\alpha > 90°$ 转入逆变状态)	$0 \sim 180°$
晶闸管最大导通角		$180°$	$120°$	$120°$
输出电压最低脉动频率		$2f$	$3f$	$6f$
全导通时输出电压脉动系数 S		0.667	0.25	0.057
流过晶闸管的电流（电阻负载全导通）	平均值	$0.5I_z$	$0.333I_z$	$0.333I_z$
	有效值	$0.785I_z$	$0.580I_z$	$0.580I_z$
	最大值	$1.57I_z$	$1.21I_z$	$1.05I_z$
流过晶闸管的电流（电感负载全导通）	平均值	$0.5I_z$	$0.333I_z$	$0.333I_z$
	有效值	$0.707I_z$	$0.577I_z$	$0.577I_z$
	最大值	I_z	I_z	I_z
晶闸管电压计算系数 K_{UT}		1.41	2.45	2.45
晶闸管电流计算系数 K_{IT}		0.45	0.367	0.367
变压器二次侧相电流计算系数 K_{IU}		1	0.577	0.816

续表

整流电路名称	单相全整桥	三相半波	三相半整桥
电路图			
直流输出电压 U_Z(空载)	全导通($\alpha=0$) U_{Z0}	$2.34U_2$	$4.68U_2$	$2.34U_2$
	某一移相角 α 时 U_Z(电阻负载或带续流二极管电感负载)	$\cos\alpha U_{Z0}(0°\leq\alpha\leq 60°)$ $[1+\cos(\alpha+60°)]U_{Z0}$ $(60°\leq\alpha\leq 120°)$	$\cos\alpha U_{Z0}(0°\leq\alpha\leq 60°)$ $[1+\cos(\alpha+60°)]U_{Z0}$ $(60°\leq\alpha\leq 120°)$	$\cos\alpha U_{Z0}(0°\leq\alpha\leq 60°)$ $[1+\cos(\alpha+60°)]U_{Z0}$ $(60°\leq\alpha\leq 120°)$
	某一移相角 α 时 U_Z(无续流二极管电感负载)	$\cos\alpha U_{Z0}$	$\cos\alpha U_{Z0}$	$\cos\alpha U_{Z0}$
晶闸管最大正向电压和最大反向电压峰值 U_Z	电阻负载或带续流二极管电感负载	$2.45U_2(1.05U_{Z0})$	$0.524U_{Z0}$	$2.45U_2(1.05U_{Z0})$
移相范围	电阻负载或带续流二极管的电感负载	$0\sim 120°$	$0\sim 120°$	$0\sim 120°$
	无续流二极管的电感负载	$0\sim 90°$ ($\alpha>90°$转入逆变状态)	$0\sim 90°$ ($\alpha>90°$转入逆变状态)	$0\sim 90°$ ($\alpha>90°$转入逆变状态)

续表

整流电路名称	单相全控桥	三相半波	三相半控桥
晶闸管最大导通角	120°	120°	120°
输出电压最低脉动频率	$6f$	$12f$	$12f$
全导通时输出电压脉动系数 S	0.057	0.014	0.014
流过晶闸管的电流(电阻负载全导通) 平均值	$0.333I_z$	$0.333I_z$	$0.167I_z$
有效值	$0.580I_z$	$0.58I_z$	$0.293I_z$
最大值	$1.05I_z$	$1.05I_z$	$0.514I_z$
流过晶闸管的电流(电感负载全导通) 平均值	$0.333I_z$	$0.333I_z$	$0.167I_z$
有效值	$0.577I_z$	$0.577I_z$	$0.289I_z$
最大值	I_z	I_z	$0.5I_z$
晶闸管电压计算系数 K_{UT}	2.45	2.45	2.45
晶闸管电流计算系数 K_{IT}	0.367	0.367	0.183
变压器二次侧相电流计算系数 $K_{I\!I}$	0.816	0.816	0.408

注:s——脉动系数 = $\dfrac{\text{交流分量的基波(或最低次谐波)的振幅值}}{\text{直流分量(即平均值)}}$。

在实际应用时要根据各种晶闸管整流电路的特点作正确的选择，常用的各种晶闸管整流电路的比较，见表 2-56。

常用的晶闸管整流电路的比较

（以晶闸管全导通、纯电阻负载情况为例）　　表 2-56

整流电路	元件数量	晶闸管两端电压的峰值/输出整流电压	晶闸管额定正向平均电流/输出整流电流	变压器利用系数	输出电压脉动系数	网侧电流波形畸变因数	适用电压、容量范围和场合
单相半波	一个晶闸管（最少）	3.14（最大）	1（最大）	32.3%（最小）	1.57（最大）		对电压波形要求不高的低压，小功率负载。如台灯调光电路
单相全波	二个晶闸管（较少）	3.14（最大）	0.5（一般）	67.5%（较小）	0.667（一般）	0.9（一般）	$U_z \leq 50V$、$P_z \leq 5kW$ 的小负载，因要有中点抽头的变压器，应用不多
单相半控桥	晶闸管二个、晶闸极管二个（一般）	1.57（较小）	0.5（一般）	81%（较大）	0.667（一般）	0.9（一般）	$U_z \leq 230V$、$P_z \leq 10kW$ 指标较好，应用较多，如小容量直流传动设备
单相全控桥	四个晶闸管（较多）	1.57（较小）	0.5（一般）	81%（较大）	0.667（一般）	0.9（一般）	$U_z \leq 230V$、$P_z \leq 10kW$ 的小负载，因晶闸管元件较多，应用较少
三相半波	三个晶闸管（一般）	2.09（一般）	0.373（较小）	71%（一般）	0.25（较小）	0.827（严重）	$U_z \leq 230V$、$P_z \leq 50kW$ 直流传动和电机励磁设备，因畸变因数严重，应用不多
三相半控桥	晶闸管三个、晶闸极管三个（较多）	1.05（小）	0.373（较小）	95%（大）	0.057（小）	0.955（较小）	$P_z \leq 200kW$ 的直流传动、电解电源等设备，各项指标较好，应用较多

续表

整流电路	元件数量	晶闸管两端电压的峰值/输出整流电压	晶闸管额定正向平均电流/输出整流电流	变压器利用系数	输出电压脉动系数	网侧电流波形畸变因数	适用电压、容量范围和场合
三相全控桥	六个晶闸管（多）	1.05（小）	0.373（较小）	95%（大）	0.057（小）	0.955（较小）	$P_z \leq 1000kW$ 的各种中小功率的直流传动设备，因能用于可逆线路，应用广
双三相桥串联	十二个晶闸管（最多）	0.524（最小）	0.373（较小）	97%（最大）	0.014（最小）	0.985（最小）	$P_z > 1000kW$，电压又较高的负载，晶闸管需要串联处，如大功率高压直流传动设备
双三相桥带平衡电抗器	十二个晶闸管（最多）	1.05（小）	0.186（最小）	97%（最大）	0.014（最小）	0.985（最小）	$P_z > 1000kW$，电流又较大的负载，如电解、电镀和大容量的直流传动设备，因要平衡电抗器，设备投资较大
说明	晶闸管少，相应触发系统简单，维护方便，设备投资少	输出同样整流电压，元件两端电压越小，就可选用电压等级较低的元件，对高电压较有利，可避免不必要的元件串联	输出同样整流电流，元件正向平均电流越小，就可选用电流等级较低的元件，对大电流有利，可避免不必要的元件并联	变压器利用系数越大，输出同样的整流变压器计算容量越小，因而就越经济	脉动率越小，说明交流成分越少，所需滤波数值小	畸变因数值越大，说明对电网品质影响越小，这对大功率的供电装置尤为重要	应根据负载情况选用合适的整流电路。如小功率负载，可用单半控桥；大中功率电动机负载可用三相全控桥；大功率电动机负载或低压大电流负载，可用双三相桥带平衡电抗器线路

注：变压器利用系数 = 整流器输出功率/变压器计算容量。

（六）集成电路

集成电路是使用半导体工艺或薄、厚膜工艺（或者这些工艺的结合），将电路的有源元件、无源元件及其互连布线一起制作在半导体或绝缘基片上，在结构上形成紧密联系的整体电路。与分立散装电路相比，集成电路大大减小了体积、重量、引出线和焊接点的数目，提高了电路性能和可靠性。

集成电路按制作工艺的不同可分为：半导体集成电路、薄膜集成电路、厚膜集成电路、混合集成电路（其中半导体集成电路又分为双极集成电路和 MOS 集成电路）；按功能性质的不同可分为：数字集成电路、模拟集成电路（其中又分为线性集成电路和非线性集成电路）及微波集成电路；按集成规模的不同又分为小规模集成电路（SSI）、中规模集成电路（MSI）、大规模集成电路、甚（超）大规模集成电路（VLSI）。中国集成电路大全中分为：TTL 集成电路、集成运算放大器、CMOS 集成电路、接口集成电路、ECL 集成电路、集成稳压器与非线性模拟集成电路、微型计算机集成电路、HTL 集成电路等八部分。

半导体集成电路的型号由四个部分组成，其符号意义，见表 2-57。

半导体集成电路型号的涵义　　　　表 2-57

第一部分		第二部分		第三部分		第四部分	
电路的类型，用汉语拼音字母表示		电路的系列及品种序号，用三位阿拉伯数字表示		电路的规格号，用汉语拼音字母表示		电路的封装，用汉语拼音字母表示	
符号	意义	符号	意义	符号	意义	符号	意义
T	TTL	001 ⋮ 999	由有关工业部门制定的"电路系列和品种"中所规定的电路品种	A B C ⋮	每个电路品种的主要电参数分档	A	陶瓷扁平
H	HTL					B	塑料扁平
E	ECL					C	陶瓷双列
I	HC					D	塑料双列
P	PMOS					Y	金属圆壳
N	NMOS					F	F 型
C	CMOS						
F	线性放大器						
W	集成稳压器						
J	接口电路 ⋮						

注：Y 型金属圆壳封装类似中功率管形式；F 型封装类似大功率晶体管的形式。具体可见有关"半导体集成电路的外形"的资料查阅得出。

型号举例如下:

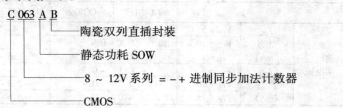

(七) 数字电路举例

1. CMOS 集成电路

这里举几种 CMOS 集成电路,主要用在逻辑电路上。CMOS 集成电路的主要优点是反应速度快,抗干扰能力强,输入阻抗高。使用时注意把多余的不用引脚对地短路,以免引起误动作。主要性能见表 2-58。

几种 CMOS 电路主要参数   表 2-58

型号		CC4011	CC4068	CC4049	CC4050
电源电压 V_{DD} (V)		3~18			
输入电压 V_I (V)		0~V_{DD}			
工作温度 T_{OP} (℃)		Ⅰ类 -55~125 -40~+85			
输出低电压电压 (V)	$V_{DD}=5$	0.05			
	$V_{DD}=10$				
	$V_{DD}=15$				
输出高电平电压 (V)	$V_{DD}=5$	4.95			
	$V_{DD}=10$	9.95			
	$V_{DD}=15$	14.95			
输入低电平电压 (V)	$V_{DD}=5$	1.5		1.0	
	$V_{DD}=10$	3.0		2.0	
	$V_{DD}=15$	4.0		2.5	
输入高电平电压 (V)	$V_{DD}=5$	3.5		4.0	
	$V_{DD}=10$	7.0		8.0	
	$V_{DD}=15$	11		12.5	

续表

型号			CC4011	CC4068	CC4049 CC4050	
输出驱动电流	I_{OL} 低态 (mA)	$V_{DD}=5$	0.61~0.36		4~2.5	
		$V_{DD}=10$	1.50~0.9		10~5.6	
		$V_{DD}=15$	4.00~2.4		26~18	
	I_{OH} 高态 (mA)	$V_{DD}=5$	-0.61~-0.36		-1~-0.5	
		$V_{DD}=10$	-1.5~-0.9		-2.2~-1.3	
		$V_{DD}=15$	-4.0~-2.4		-6.6~-4.4	

外形图封装及引线图如图 2-113、图 2-114、图 2-115、图 2-116 所示。

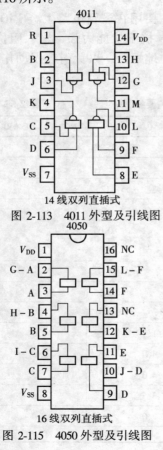

图 2-113　4011 外型及引线图

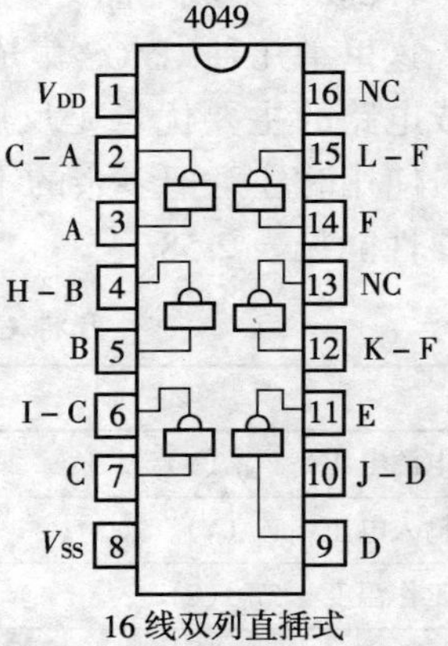

图 2-114　4049 外型及引线图

图 2-115　4050 外型及引线图

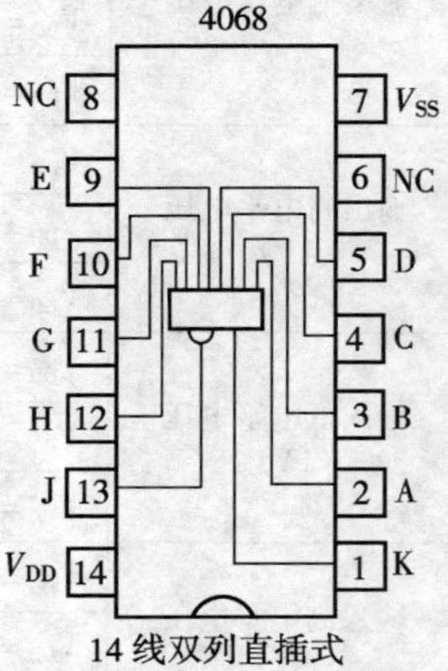

图 2-116　4068 外型及引线图

2. OP-07 运算放大器

OP-07 运算放大器常在电梯的电气控制系统中应用。OP-07 型高精度运算放大器具有极低的输入失调电压,极低的失调电压温漂,非常低的输入噪声电压,共模范围宽,长时间运行稳定好。外围元件少,接线简单,但转换速率低,为 0.1~0.2V/μs,不能用在转换速率高的场合。OP-07 型运算放大器主要参数,见表 2-59,外形排列,如图 2-117 所示。

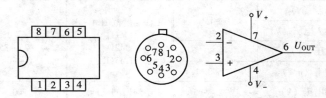

图 2-117　OP-07 引线排列

OP-07 主要参数　　　　　　　表 2-59

项　目	参　数	项　目	参　数
电源电压（V）	±22	贮存温度（C）	-65~150℃
内部功率（mW）	500	工作温度 A	-55~125℃
差模输入电压（V）	±30	C, E, D	0~70℃
共模输入电压（V）	±22	耐焊接温度（60s）	300℃

3. 电压比较器 LM111/211/311

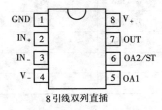

图 2-118　LM111/211/
311 外形图

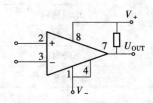

图 2-119　LM111/211/
311 典型运用

175

该比较器能在很宽的电源电压范围内工作，具有失调平衡的选通能力，能与 RTL、DTL、TTL 及 CMOS 电路相容，且能驱动灯和继电器。广泛用于数字传输振荡器、可调整参考电压的低压调节器、方波发生器、检波器等电路及许多仪器、仪表中。主要参数见表 2-60。图 2-118 为外形图、图 2-119 为典型运用图。

LM111/211/311 主要参数　　　　　　　　　　表 2-60

项　目	参　数	项　目	参　数
电源电压（V）	±15	工作温度范围（℃）	
差动输入电压（V）		LM111	-55～125
输入电压（V）	±30	LM211	-25～85
耗散功率（mW）	500	LM311	0～70
选通端电压（V）	V+ - -5	响应时间（ns）	200

4. 光耦合器

主要参数见表 2-61。

光耦合器 GO3D3C 主要参数　　　　　　　表 2-61

项　目		参　数
输　入	最大正向电流　　　　I_{FM}（mA）	50
	正向电压　　　　　　V_F（V）	1.4（I_F = 10mA）
输　入	反向击穿电压　　　　$V(BR)_{CEO}$（V）	30
	饱和压降　　　　　　V_{CES}（V）	0.4
	最大耗散功率　　　　P_W（mW）	75
	电流传输比　　　　　CTR（%）	100
	上升时间　　　　　　t_r（μs）	4
	下降时间　　　　　　t_r（μs）	4
	隔离电压　　V_{iso}（V）	2500

原理图如图 2-120 所示。

图 2-121 为管脚图。

5. 数码显示管

常用的几种数码显示管的参数，见表 2-62。

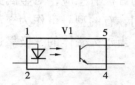

图 2-120　G03D3C 原理图

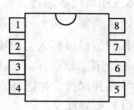

图 2-121　G03D3C 管脚图

几种数码管主要参数　　　　表 2-62

	BS242	BS342
颜色	红	绿黄
位数	1	
字高 h （mm）	12.7	
最大耗散功率 P_m （mW）	400	
最大正向电流 I_{FM} （mA）	160	
反向电压 V_R （V）	5	
发光强度 I_r （mcd）	300 （I_F = 10mA）	
正向电压 V_F （V）	2.5 （I_F = 10mA）	
封装形式	共阳双列	

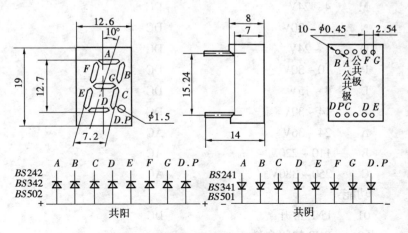

图 2-122　BS246、BS346 型外形图

BS246、BS346 型数码管的外形,如图 2-122 所示。

6. KH 系列霍尔接近开关

该系列霍尔接近开关仅对永磁体的 S 极有感应,对金属无感应。有的型号可作为直流电源开关使用,有的型号可作为交流电源开关使用。分常开、常闭、自锁型。当永久磁体的 S 极靠近自锁型导通并保持,N 极靠近时才断开。

(1) 型号涵义

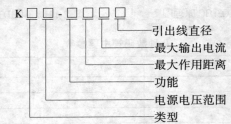

类型:

G　感应型

H　霍尔型

工作电压范围:

M	4~24V	DC
N	10~30V	DC
O	4~24V	DC
P	10~30V	DC
L	4~15V	DC
W	14~30V	DC
A	24~36V	AC
B	110~220V	AC
C	250~380V	AC

功能:

01	PNP 常开	DC
02	PNP 初闭自锁	DC

03	NPN 常开	DC
04	NPN 初闭自锁	DC
05	PNP 常闭	DC
06	NPN 常闭	DC
07	PNP 初开自锁	DC
08	NPN 初开自锁	DC
09	双线常开	DC
10	双线初闭自锁	DC
11	双线常闭	DC
12	双线初开自锁	DC
13	常开	AC
14	常闭	AC
15	初闭自锁	AC
16	初开自锁	AC
17	双线常开	AC
18	双线常闭	AC
19	双线初开自锁	AC
20	双线初开自锁	AC

最大作用距离:

D	8mm
Z	4mm
X	2mm

最大输出电流:

A	20mA	DC
B	200mA	DC
C	400mA	DC
D	600mA	DC
E	1A	DC
F	500mA	AC
G	1A	AC

H   5A   AC
引出线直径：
3   φ3
5   φ5
8   φ8
配备钕铁绷磁体规格 φ6×6，φ8×3。
(2) 应用图
当磁体的 S 极靠近时，内部的输出三极管或双向可控硅导通，由此确定输出端 S（黄、蓝）的电平高低。S 端电压接近电源电压则为高电平；S 端电压接近 0（或等于 0）为低电平。原理图如图 2-123、图 2-124 所示。

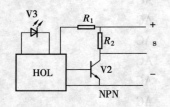

图 2-123　NPN 常开原理图　　　图 2-124　PNP 常闭原理图

(八) 其他电子器件

1. CD11X 型铝电解电容器

该产品为超小型的铝电解电容器，适用于高密度组装的设备中，可在直流或脉动电路中使用。可用于滤波、去耦电路中（表 2-64）。

(1) 主要性能

使用温度范围　　　　　$-40 \sim +85$℃

额定电压　　　　　　　$4 \sim 63$V

容量误差　　　　　　　$\pm 20\%$，$+30\% -10\%$

漏电流 I　　　　　　　$I \leqslant 0.01 C_r U_r$（VA）或 3VA

损耗角正切 $\text{tg}\delta$ 见表 2-63。

（测试条件100Hz） 表 2-63

V_R(V)	4	6.3	10	16	25	35	50	63
tgδ	0.35	0.24	0.20	0.16	0.14	0.12	0.10	0.10

电容器的耐压、容量、外形尺寸（mm×mm） 表 2-64

容量(μF)	4(V)	6.3(V)	10(V)	16(V)	25(V)	35(V)	50(V)	63(V)
0.1~0.2	—	—	—	—	—	—	4×7	4×7
3.3	—	—	—	—	—	—	4×7	4×7
4.7	—	—	—	—	—	4×7	4×7	6×7
10	—	—	—	—	4×7	4×7	5×7	6×7
22	—	—	—	4×7	5×7	6×7	6×7	
33	4×7	4×7	4×7	5×7	6×7	8×9		
47	4×7	4×7			8×9	8×9		
100	5×7	5×7	6.3×7	6.3×7		—	—	—
200	6.3×7	6.3×7	8×9	8×9	—	—	—	—

(2) 电容器的耐压、容量、外形尺寸

当容量较大时，可选用 CD11 型。其主要性能和 CD11X 完全相同，外形尺寸略大，见表 2-65。

CD11 型铝电解电容器主要参数（mm×mm） 表 2-65

容 量	10(V)	16(V)	25(V)	35(V)	50(V)	63(V)	100(V)	160(V)	250(V)	400(V)
0.1~0.33						—	—	—		
0.47								5×11		
1.0	—	—	—					5×11		
2.2					5×11	5×11	5×11	6×11		
3.3								8×12		—
4.7				5×11				8×14	—	
10						6×11	6×11	10×16		
22		5×11	5×11		6×11	8×12	8×12	10×18		
33	5×11				6×12	8×12	10×16	13×20		
47				6×11	8×12	8×14	10×18	13×20		22×25
100		6×11	6×12	8×12	10×16	10×16	13×20	16×25		22×30

续表

容 量	10(V)	16(V)	25(V)	35(V)	50(V)	63(V)	100(V)	160(V)	250(V)	400(V)
220	6×12	8×11	8×12	10×16	10×18	10×20	16×25	18×36	22×30	22×50
330	8×11	8×12	10×16	10×18	12×20	13×20	16×36	22×35	22×40	30×45
470	8×12	8×14	10×18	12×20	13×20	13×25	18×36		22×50	35×45
1000	10×16	10×18	12×20	13×25	16×25	16×36		25×45	35×45	
2000	12×20	12×25	16×25	16×35	18×36	22×40				
3300	13×25	16×25	16×35	18×36	22×36	22×50	—	—	—	—
4700	16×20	16×35	18×36	22×40	22×45	30×50				
10000	16×35	—	22×40	—	30×50	35×50				

2. CC4、CT4 型独立瓷介电容器

这种电容器可在电子设备中作旁路、滤波、耦合、温度补偿之用。体积很小,重量轻,绝缘电阻高。主要性能见表 2-66。

CC4、CT4 主要参数 表 2-66

型 号	耐压(V)	标 准 电 容
CC4-1	100	82~270pF
CC4-2	100	330~680pF
CC4-3	100	820~3800pF
CC4-4	100	4700~5600pF
CT4-1	40	$0.0047 \sim 0.047 \mu F$
CT4-2	40	$0.068 \sim 0.15 \mu F$
CT4-3	40	$0.22 \sim 0.68 \mu F$
CT4-4	40	$1 \sim 3.3 \mu F$

3. RJ 系列金属膜电阻

RJ 系列金属膜电阻是一种用途极为广泛的电阻。它的工作环境温度范围较宽、体积小、电压系数和噪声系数都很小。特别是用色环表示的 RJ 系列电阻,阻值误差极小。

其缺点是脉冲负荷下稳定性不高,低阻值电阻防潮性差。

RJ 系列金属膜电阻的有关参数见表 2-67。

RJ 系列电阻有关参数 表 2-67

型 号	功率(W)	标称阻值(Ω)	最大工作电压（V）		
			≤4398.9Pa	≥4398.9Pa	
			直流、交流有效值、脉冲	直流、交流有效值	脉冲
RJ-0.125	0.125	$30 \sim 510 \times 10^3$	150	200	350
RJ-0.25	0.25	$30 \sim 1.0 \times 10^6$	200	250	500
RJ-0.5	0.5	$30 \sim 5.1 \times 10^6$	250	350	750
RJ-1	1	$30 \sim 10 \times 10^6$	300	500	1000
RJ-2	2		350	700	1200

4. RC 电路的基本形式和性能，见表 2-68。

RC 电路的基本形式和性能 表 2-68

	电路和波形	条 件	说 明	用 途
微分电路	（电路图：C、R、U_{sr}、U_{sc}；波形：U_{sr}、T_k、U_M、U_{sc}、U_M、t）	只有当电路的时间常数 $\tau = RC \ll \dfrac{T_h}{2}$ 时，该电路才称做微分电路	1. 输入信号的每一突变（即上升沿和下降沿）输出端可对应获得正负尖脉冲 2. 尖脉冲的幅度与输入信号突变的幅度接近 3. 尖脉冲存在时间 $t = 3\tau = 3RC$	实现波形变换，将矩形变尖脉冲
积分电路	（电路图：R、C、U_{sr}、U_{sc}；波形：U_{sr}、T_k、U_M、U_{sc}）	只有当电路的时间常数 $\tau = RC \gg \dfrac{T_k}{2}$ 时，该电路才称做积分电路	1. 当 $RC \gg \dfrac{T_k}{2}$，输入幅度恒定的方波时，输出端获得随时间线性增长波形 2. 当 $RC < \left(\dfrac{1}{3} \sim \dfrac{1}{5}\right) T_k$，输出波形按指数曲线上升 3. 输出幅度随 RC 而变化，当 $RC \gg \dfrac{T_h}{2}$ 时，$U_{sc} < U_{sr}$，当 $RC = \left(\dfrac{1}{3} \sim \dfrac{1}{5}\right) T_k$ 时，$U_{sc} \approx U_{sr}$	实现波形变换和延时，如将矩形波变成锯齿波

续表

	电路和波形	条 件	说 明	用 途
加速电路		只有当 $C = \dfrac{R_2}{R_1} C_0$ 时，电容 C 的加速作用与分布电容 C_0 的延时作用才能相抵消	1. 输出波形紧跟输入波形一起突变 2. 输出幅度 $U_{sc} = \dfrac{R_1 U_M}{R_1 + R_2}$ 3. C 过大、过小都使输出波形失真，C 的大小与工作频率有关	缩短晶体管的开关时间，不失真地传递波形
延时电路		比较电压 $U_D < U_{sr}$	1. 输入恒定幅度的方波时，电容 C 上电压 U_C 按指数曲线上升当 $U_C = U_D$ 时，输出端才有信号 U_{sc} 输出，但 U_{sc} 比 U_{sr} 延迟了 2. 延迟时间 $t = R \cdot C \ln \dfrac{U_{sr}}{U_{sr} - U_D}$	实现脉冲的延时

注：表中的 R 的单位为 Ω，C 的单位为 F 时，时间常数 $\tau = RC$ 的单位为 s。

5. 基本门

基本门电路的功能及波形，见表 2-69。

基本门电路的功能及波形 表 2-69

名 称	与 门	或 门	非 门
电 路			

续表

名称	与门	或门	非门
波形	(波形图 A, B, C, F)	(波形图 A, B, C, F)	(波形图 A, F) "1" "0" "1" "0"
逻辑符号	A, B, C —[&]— F	A, B, C —[≥1]— F	A —[1]◦— F
逻辑式	$F = A \cdot B \cdot C$	$F = A + B + C$	$F = \overline{A}$
逻辑功能	输入端全为"1"时，输出端才为"1"；输入端只要有一个为"0"，输出端即为"0"	输入端只要有一个为"1"，输出端即为"1"，输入端全为"0"时，输出端才为"0"	输入端为"1"时，输出端为"0"；输入端为"0"时，输出端为"1"
说明	表中的逻辑功能是指正逻辑而言，若是负逻辑，则"与"门和"或"门的逻辑功能刚好相反，即正"与"门＝负"或"门，正"或"门＝负"与"门		

三、电气装置

(一) PLC（可编程序控制器）

可编程序控制器（Programmable hogic Controller 简称 PLC）是一种数字运算的电子系统，可应用在较恶劣的环境。它采用可编程序的存储器，用来在其内部存储执行逻辑运算、顺序控制、定时、计数和算术运算等操作的指令，并通过数字式、模拟式的输入和输出，进行各种控制。

可编程序控制器的中央处理装置，不是直接采用通用的微机，而是使用各种 CPU 芯片。例如西门子产品，采用多规格的 CPU 模板供用户选择，不同的 CPU 满足不同功能的需要。CPU412 为初级型，适用于一般规模控制；CPU413 带有可选的用于分布式 I/O 接口的附加接口，CPU414 适用于要求高一些的控制系统，这种系统有附加的 DP 接口；CPU416 有功能很强的 CPU。其技术数据，见表 2-70。

大多数 PLC 都采用了类似于微机语言的编程方式，但不必使用专门的高级语言，而采用传统的继电器符号语言。它的编程元件都是电路符号、流程图语言等。只要操作人员能编出梯形图或流程图，就能借助于健盘编辑在 CRT 上，其他的工作由系统软件完成。PLC 在电梯的电气控制系统中广泛应用，根据电梯控制的不同功能要求，选择不同规格的 PLC。

1. PLC 的特点

由于 PLC 应用了计算机技术，因而具有以下特点：

(1) 功能齐全

PLC 的基本功能包括开关量输入/输出，模拟量输入/输出，内部中间继电器，延时 ON/OFF 继电器，锁存继电器，主控继电器，计数器，计数器，移位寄存器，算术运算，逻辑运算，比较，二-十进制数转换，跳转和强制 I/O 等。

PLC 的扩展功能有通信联网、成组数据传送、矩阵运算、PID 闭环回路控制、排序查表功能、中断控制及特殊函数运算功能。

此外，PLC 还具有自诊断、报警、监控等功能。

因此，它的适应性极强，几乎能满足所有的控制要求。

(2) 应用灵活

PLC 有整体式、模块式结构。控制规模有小、中、大型三种。对于小型整体式，其控制规模可以从 12 点到 120 点（点是指 PLC 的外部输入/输出端子的数量）。模块式 PLC 一般为中、大型机，其控制规模可以从几十点到几百点，大型的为几千点。所以根据所选机型可适应控制规模大小不等，功能繁复不同的控制要求。其标准的积木式硬件结构，以及模块化的软件设计，使得它不仅可以适应大小不同、功能繁复的控制要求，而且可以适应各种工艺流程变更较多的场合，而不需要改变硬件结构和配线。

表 2-70 西门子可编程序控制器 CPU 模板技术数据

性能	CPU412-1	CPU413-1 CPU413-2DP	CPU414-1 CPU414-2DP	CPU416-1 CPU416-2DP
编程语言	STEP7 (STL, LAD)		S7-SCL, S7-GRAPH	S7-HIGRAPH, CFC
内存 RAM（已集成） 装载存储区（根据需要）	412-1 48K字节 存储卡最大 15M字节	413-1: 72K字节 413-2DP: 72K字节 存储卡最大 15M字节	414-1: 128K字节 414-2DP: 128/384K字节 存储卡最大 15M字节	416-1: 512K字节 416-2DP: 0.8M/1.6M字节 存储卡最大 15M字节
指令执行时间 —二进制指令 —装载/传送指令 —16位定点数 —IEEE 浮点数	$0.2\mu s$ $0.2\mu s$ $0.2\mu s$ $1.2\mu s$	$0.2\mu s$ $0.2\mu s$ $0.2\mu s$ $1.2\mu s$	$0.1\mu s$ $0.1\mu s$ $0.1\mu s$ $0.6\mu s$	$0.08\mu s$ $0.08\mu s$ $0.08\mu s$ $0.48\mu s$
I/OS —最大地址空间 —过程映像区大小 —DI/DO点数 —AI/AO通道数	每个256字节 每个128字节 4096 256	每个1K字节 每个128字节 8192 512	每个2/4K字节 每个256字节 16384/32768 1024/2048	每个4/8字节 每个512字节 32768/65536 4096
位存储器 可保持的	4096 从M0.0到M511.7	4096 从M0.0到M511.7	8192 从M0.0到M1023.7	16384 从M0.0到M2047.7
计数器 可保持的	256 从C0到C255	256 从C0到C255	256 从C0到C255	512 从C0到C511
定时器 可保持的	256 从T0到T255	256 从T0到T255	256 从T0到T255	512 从T0到T511

续表

性能	CPU412-1	CPU413-1 CPU413-2DP	CPU414-1 CPU414-2DP	CPU416-1 CPU416-2DP
时钟存储器 用户程序中用于循环扫描的位存储器	8（1存储器字节） 字节地址可任选	8（1存储器字节） 字节地址可任选	8（1存储器字节） 字节地址可任选	8（1存储器字节） 字节地址可任选
程序块数 —FBs —FCs —DBs	256 256 511	256 256 511	512 1024 1023	2048 2048 4095
集成接口	MPI	MPI/MPI + DP	MPI/MPI + DP	MPI/MPI + DP
MPI —波特率 —节点数 全局数据通讯 —全局数据量 —发送/接收 GD 包最大量	187.5kbps 最大 32 64 字节 8/16	187.5kbps 最大 32 64 字节 8/16	187.5kbps 最大 32 64 字节 8/16	187.5kbps 最大 32 64 字节 8/16
PROFIBUS-DP —最大波特率 —最大节点数 有源连接的节点数 （MPI 和 K 总线节点）	— — 最大 8	对于 CPU413-2DP 12M BPS 64 最大 16	对于 414-2DP 12M BPS 64/96 最大 32	对于 CPU416-2DP 12M bps 96 最大 64
总线系统	SIMATIC NET，PROFIBUS-DP，PROFIBUS-FMS，INDUSTRIAL ETHERNET			
专用模板	计数器模板，通讯模板，凸轮控制模板，位置控制模板，M7 自动化计算机			
尺寸（$W \times H \times D$）	482.5mm × 290mm × 227.5mm 257.5mm × 290mm × 227.5mm 如选用短机架，模板宽度（单宽度）：25mm			

PLC的安装和现场接线简便，可以按积木方式扩充和删减系统规模。由于它的逻辑功能、控制功能是通过软件完成的，因此允许设计人员在没有购买硬件设备前就进行"软接线"工作，从而缩短了整个设计、生产、调试周期，降低研制经费。

（3）编程简单，用户应用程序设计容易。

PLC一般都采用电气操作人员习惯的梯形图和功能助记符编程，使用户能十分方便地读懂程序和编写、修改程序。梯形图电路符号和编程表达方式与传统的继电器电路原理图及电气设备控制电路原理图相当接近。设计过继电器控制系统或设计过电气设备控制电路的人员短时间内就可熟悉梯形图的编程方法。编程方法易学、易懂，很容易掌握。编写的程序十分清晰直观，只要写好操作说明书，操作人员经过短期培训，就可以使用PLC。

（4）维修工作量小，维修简便、快速

PLC本身的故障率极低，另外PLC带有完善的监视和诊断功能。PLC对于其内部工作状态、通信状态、I/O点状态和异常状态等均有醒目的显示。因此，操作人员、维修人员可以及时准确地了解故障点，并利用替代模块或插件的办法迅速处理故障。

（5）抗干扰能力强，可靠性高

各生产PLC的厂家都严格地按有关技术标准进行出厂检验。美国有NEMA标准，日本有JIS标准，西德有DIN标准。所以尽管PLC有各种型号，但都可以适应恶劣的工业应用环境。

例如，它在现场可耐峰-峰值为1000V、脉宽为$1\mu s$的矩形脉冲串的线路干扰。它在$0 \sim 60℃$以下均能正常工作。另外由于其结构精巧，所以耐热、防潮、抗震等性能也很好。一般平均无故障率可达几万小时。

（6）体积小，功耗低

整体式PLC体积小，如F1系列最大尺寸的F1-60MR型PLC，其尺寸为$350 \times 140 \times 100$（mm），其功耗为40VA，只相当于几只继电器的体积和功耗。

2.PLC的主要功能

PLC是为适应工业生产过程控制和在恶劣的工业环境下工作而设计的产品，不仅能替代继电器的小规模顺序控制设备，而且能适应过程控制、数字控制以及为适应工厂自动化组成综合自动化系统的大型、高功能控制设备。其主要功能如下：

(1) 逻辑控制　PLC具有逻辑运算功能，它设置了逻辑与(AND)、逻辑或(OR)等逻辑运算指令，能处理继电器接点的串联、并联、串并联等各种连接。因此可以代替继电器进行开关量的控制。

(2) 定时控制　PLC具有若干个定时器，并设置了定时指令。每个定时器的定时范围一般为0.1~999.9s，用户可在编程时根据实际需要任意设定，也可在PLC运行时读出定时值并进行修改。PLC将根据用户设定的定时值对某个操作进行限时或延时控制，以满足不同生产工艺的要求。

(3) 计数控制　PLC还具有计数控制功能，它为用户提供了若干个计数器并设置了计数指令。每个计数器的计数范围一般为1~9999，计数值可由用户在编程时设定。同样，计数器的计数值可以在PLC运行中读出及修改。操作非常方便，应用灵活，能满足计数控制的要求。

(4) 步进控制　PLC能完成步进控制功能，在一道工序完成之后，再进行下一道工序。大部分PLC都设有移位寄存器，可以用以步进控制。例如东芝公司的EX型、三菱公司的F1型等PLC都具有此功能。

(5) 模/数(A/D)转换和数/模(D/A)转换　有些PLC还具有A/D及D/A转换功能，能完成对模拟量的控制和调节。一般模拟电压的范围有：1~5V、0~5V、0~10V、-5~+5V、-10~+10V等。电流范围为4~20mA等。

(6) 数据处理　有些PLC还具有数据处理功能，能进行并行运算、并行数据传送、BCD码的加、减、乘、除、开方等运算，还能进行逻辑运算、逻辑移位、算术移位、数据检索、比较、数制转换、七段移码等，还可以对数据存储器进行间接寻址及与打印机相连,打印有关数据、程序及梯形图等。

(7)通信和联网　有些PLC采用了通信技术,可以进行多台PLC之间的通入,还可以与控制系统中的计算机进行通信,从而实现一台计算机和若干个PLC构成分布式控制网络,以完成较大规模的复杂控制。

(8)对控制系统进行监控　PLC设置了较强的监控功能,它能记忆某些异常情况,或在发生异常情况时自动中止运行。在控制系统中,操作人员通过监控命令可以监视有关部分的运行状态。可以调整定时、计数等设定值,还为调试和维护提供了较高的手段。

3.PLC的组成

PLC采用典型的计算机结构,由中央处理器、存储器、输入输出接口电路和其他一些电路组成。其结构示意图和逻辑结构示意图分别如图2-125、图2-126所示。

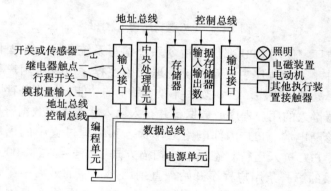

图2-125　PLC结构示意图

(1)中央处理器(CPU)　CPU是PLC的核心部件,一般由控制电路、运算器和寄存器组成。这些电路一般在一个集成电路的芯片上。CPU通过地址总线、数据总线和控制总线与存储单元、输入输出(I/O)接口电路连接。CPU的主要作用是控制其他电路的操作。不同型号PLC可能使用不同的CPU部件。PLC

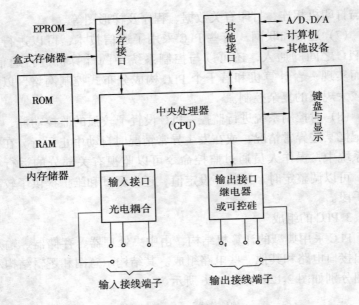

图 2-126 PLC 逻辑结构示意图

的制造厂家使用 CPU 部件的指令系统编写系统程序，并固化到 ROM 中。系统程序主要是系统管理和监控程序以及对用户程序做编译处理的程序。CPU 按系统程序赋予的功能，接收并存贮从编程器键入的用户程序或数据，并存入输入状态表或数据寄存器中；诊断电源、PLC 内部电路工作状态和编程过程中的语法错误等。PLC 进入运行状态后，按扫描方式工作。扫描从 0000 地址存放的第一条用户程序开始，直到用户程序的最后一个地址为止，不停地进行周期性扫描。从存储器中逐条读取用户程序，经过指令解释后完成相应的操作，产生相应的控制信号，去开启有关的控制门电路，分时、分渠道地去执行数据的存取、传送、组合、比较和变换等动作。完成用户程序中规定的各种逻辑功能和算术运算等任务；根据运算结果，更新有关标志位的状态和输出状态寄存器表的内容，再由输出状态表的位状态或数据寄存器的有关内容，实现输出控制、制表打印或数据通信等功能。

(2) 存储器　PLC 配有系统程序存储器和用户程序存储器。系统程序存储器主要存放系统管理程序、监控程序及对用户程序做编译处理的程序，还可存放模块化应用功能子程序及调试管理程序。系统程序关系到 PLC 的性能，由制造厂家写入到 ROM 中，不能由用户直接存取。用户程序存储器 RAM 主要存放用户根据生产过程和工艺要求编制的程序。可通过编程器写入和改变。为防止去电后 RAM 中的内容丢失，PLC 使用对 RAM 的电池供电电路，使得 PLC 断电后 RAM 中的信息保持不变。PLC 产品中所列存储器形式及容量，是指用户程序存储器而言，通常以字（16 位/字）为单位表示。

(3) 输入、输出接口电路 I/O 模块是 CPU 与现场 I/O 装置或其他外部设备之间的连接部件。PLC 提供了各种操作电平和驱动能力的 I/O 模板和各种用途的 I/O 功能。模板供用户选用，如输入/输出电平转换，电气隔离等。高档 PLC 具有串/并行变换、数据传送、误码校验、A/D 或 D/A 变换等。I/O 模板既可写 CPU 放置在一起，也可远距离放置。通常 I/O 模板还具有 I/O 状态显示和 I/O 接线端子排。根据不同的控制需要，用户还可选用中断控制、通信控制、高精度定位控制、阀位控制、远程 I/O 控制以及 ASCⅡ/BASIC 操作运算和其他专用控制功能的模板，也可配设盒式磁带机、打印机、EPROM 写入器、高分辨率大屏幕彩色图形监控系统等外部设备。为了现场人员方便操作 PLC，在某些 PLC 中还备有人机接口单元。

(4) 编程器　编程器是 PLC 最重要的外部设备。用于用户程序的编制、编辑、调试和监控，还可以通过其他键盘去调用或显示 PLC 的一些内部状态和系统参数。编程器的键盘采用梯形图语言键符或命令语言助记键符，也可以由软件指定的功能键符，通过屏幕对话方式进行编程。

(5) 外部设备　一般高档 PLC 都配有盒式磁带机、打印机、EPROM 写入器、高分辨率大屏幕彩色图形监视系统等外部设备。

4. PLC 的等效电路

PLC 虽然采用了计算机技术，但应用时可以不必从计算机的概念去做深入的了解，只要将它看成是由普通继电器、定时器、计数器等组成的装置。主要由三部分组成：输入部分、内部控制电路和输出部分，其等效电路如图 2-127 所示

（1）输入部分 这部分的作用是收集被控制设备的信息或操作命令。输入接线端是 PLC 与外部的开关、传感器转换信号等外部信号连接的端口。输入继电器（X）由接到输入端的外部信号来驱动，其驱动电源可由 PLC 的电源组件提供（如直流 24V），也有的用独立的交流电源（如交流 220V）供给。等效电路中的一个输入继电器，实际对应于 PLC 输入端的一个输入点及其对应的输入电路。它可提供用软件实现的许多动合和动断触点，供 PLC 内部控制电路（即编程序时），使用。

（2）内部控制电路（逻辑部分） 这部分的作用是运算、

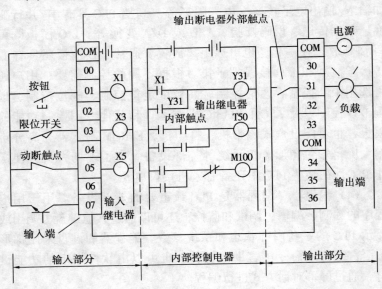

图 2-127 PLC 的等效电路

处理由输入部分得到的信息,并判断哪些功能要作输出。这部分由用户根据控制要求编制的程序组成。PLC程序的表达式通常用梯形图来表示,继电接触器控制电路的原理就是由一条条线路画成的阶梯状图形。在 PLC 内部有定时器(T)、计数器(C)、输助继电器(M)等器件,它们及它们的许多动合、动断触点都是用编程软件实现的,只能在 PLC 的内部控制电路中使用。

(3)输出部分　这部分的作用是驱动外部负载。在 PLC 内部有许多个输出继电器(Y),它在 PLC 内部有许多用软件实现的动合和动断触点,可供 PLC 内部控制电路中使用,在每一个输出端有一个硬件动合触点与之相连,以驱动需要操作的外部负载,外部负载的驱动电路接在输出公共端(COM)上。

5. PLC 的工作方式

PLC 对用户程序采用周期性的循环扫描的工作方式。一般低档 PLC 的工作过程分为三个阶段:输入采样、程序执行和输出刷新。其工作过程如图 2-128 所示。

(1)输入采样阶段　PLC 的微处理器在开始时,首先对各个输入端进行扫描,顺序读入所有输入端的状态(ON/OFF),并将此状态存入输入状态寄存器中,这就是输入采样阶段。接着转入程序执行阶段。在程序执行期间,即使输入状态发生变化,输入状态寄存器的内容也不会改变,它的状态改变只能发生在下一个工作周期的采样阶段。

(2)程序执行阶段　PLC 在程序执行阶段,总是按先左后右,先上后下的顺序对每条指令进行扫描。若程序需要,则从输入状态寄存器中读入某个端子状态,并从输出状态寄存器中读入某输出状态,然后进行逻辑运算,运算如果存入输出状态寄存器中。对于每个元件来说,元件输出状态寄存器中的内容,会随着程序执行的进程而改变。

(3)输出刷新阶段　在所有指令执行完毕后,元件输出状态寄存器中所有输出继电器的接通/断开(ON/OFF)状态,在输出

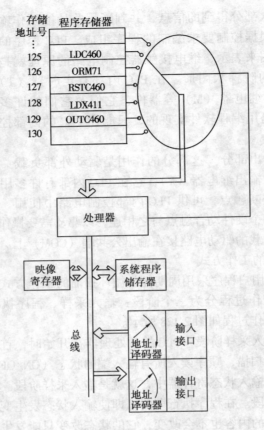

图 2-128 PLC 工作过程

刷新阶段转存到输出锁存电路,再驱动输出线圈,产生被控制设备所能接受的电压或电流信号,以驱动被控设备,这才是可编程控制器的实际输出。

PLC 经过上述三个阶段的工作过程,称为一个扫描周期(或称工作周期),然后 PLC 又重复执行上述过程,周而复始地进行扫描,这就是 PLC 的基本工作原理。

6. PLC 的产品性能

各国 PLC 的产品性能对照,见表 2-71。

各国PLC机产品型号和性能对照表 表2-71

厂家	系列	型号	性能
富士	NB1	NB1-P24-AC	P24主机，12点入，12点继电器输出
		NB1-P40-AC	P40主机，20点入，20点继电器输出
		NB1-P56-AC	P56主机，28点入，28点继电器输出
	NB2	NB2-P24R3-AC	P24R3主机，12点入，12点继电器输出
		NB2-P36R3-AC	P36R3主机，18点入，18点继电器输出
		NB2-P56R3-AC	P56R3主机，28点入，28点继电器输出
		NB2-P90R3-AC	P90R3主机，48点入，42点继电器输出
	NB系列PLC功能单元及外围设备	NB1-E8	E8扩展盒，4点入，4点继电器输出，I/O可配置
		NB-AXY4-11-AC	模拟量，2路入，2路出
		NB-RS1-AC	通用通讯单元（RS232C/RS485）
		1/SQ-ID024	输入模块，24VDC
		O/RJ-OA240-002	继电器输出模块，2A，240VAC
		SQ-OD024-002	晶体管输出，24VDC、2A
		SQ-1HD012-R50	高速刘数单元，15kHz，0.5A
		N-HLD011E	手持编程器，24VDC，0.5A
		N-DSET	显示/数据设置
		N-ME	存储单元，EEPROM4K1/8
日本三菱	F1	F1-12MR	F1-12主机，6入/6出
		F1-20MR	F1-20主机，12入/8出
		F1-30MR	F1-30主机，16入/12出
		F1-40MR	F1-40主机，24入/16出
		F1-60MR	F1-60主机，36入/24出
		F1-20ER	F1-20扩展，12入/8出
		F1-40ER	F1-40扩展，24入/16出
		F1-60ER	F1-60扩展，36入/24出

续表

厂家	系列	型号	性能
日本三菱	FX	FX2-128MR	主机 64 点入/64 点出
		FX2-80MR	主机 40 点入/40 点出
		FX2-64MR	主机 32 点入/32 点出
		FX2-48MR	主机 24 点入/24 点出
		FX2-32MR	主机 16 点入/16 点出
		FX2-24MR	主机 12 点入/12 点出
		FX2-16MR	主机 8 点入/8 点出
日本OMRON欧姆龙	C20/P	C20P-CDR-AE	C20P 主机,12 点入,8 点继电器输出
		C28P-CDR-AE	C28P 主机,16 点 X,12 点继电器输出
		C40P-CDR-AE	C40P 主机,24 点入,16 点继电器输出
		C60P-CDR-AE	C60P 主机,32 点入,28 点继电器输出
		C20P-EDR-A	C20P 扩展,12 点入,8 点继电器输出
		C28P-EDR-A	C28P 扩展,16 点入,12 点继电器输出
		C40P-EDR-A	C40P 扩展,24 点入,16 点继电器输出
		C60P-EDR-A	C60P 扩展,32 点入,28 点继电器输出
		C16P-ID-A	C16P 扩展,24VDC16 点入
		C16P-ID	C16P 扩展,24VDC16 点入
		C16P-OR-A	C16P 扩展,16 点继电器输出
		C16P-OT1-A	C16P 扩展,16 点晶体管输出
		C16P-OS1-A	C16P 扩展,16 点晶闸管输出

续表

厂家	系列	型号	性能
日本 OMRON 欧姆龙	SP10 （小型机）	SP10-DR-A	SP10 主机，DC 输入 6 点，4 点继电器输出，电源：100-24VAC
		$SP\frac{16}{20}$-OR-A	$SP\frac{16}{20}$ 主机，DC 输入 $\frac{10}{12}$ 点，多点继电器输出，电源：100-24VAC
		SP10-PR001-V1	SP 型机专用手持编程器
		SP10-CN121	编程器延长电缆 1m
		HMC-ES141	存贮器卡片，16KSRAM，可存 26 个程序
	C20/H	C20H-C1DR-D	C20H 主机，12 点入，8 点继电器输出，配 RS-232
		C20H-C5DR-D	C20H 主机，12 点入，8 点继电器输出，配 RS-232，并带有实时实钟
		C28H-C1DR-D	C28H 主机，16 点入，12 点继电器输出 配 RS-232
		C28H-C5DR-D	C28H 主机，16 点入，12 点继电器输出，配 RS-232，并带有实时实钟
		C40H-C1DR-D	C40H 主机，24 入，16 点继电器输出，配 RS-232
		C40H-C5DR-D	C40H 主机，24 入，16 点继电器输出，配 RS-232，并带有实时实钟
		C60H-C1DR-D	C60H 主机，32 点入，28 点继电器输出，配 RS-232
		C60H-C5DR-D	C60H 主机，32 点入，28 点继电器输出，配 RS-232，并带有实时实钟

续表

厂家	系列	型号	性能
日本 OMRON 欧姆龙	C20/H	C20H-EDR-D	C20H扩展，12点入，8点继电器输出
		C28H-EDR-D	C28H扩展，16点入，12点继电器输出
		C40H-EDR-D	C40H扩展，24点入，16点继电器输出
		C60H-EDR-D	C60H扩展，32点入，28点继电器输出
		C20H-CN311	扩展连接电缆，30cm
		C20H-CN611	扩展连接电缆，60cm
		C20H-CN312	扩展连接电缆，30cm，连接C200H扩展
		C20H-CN712	扩展连接电缆，70cm连接C200H扩展
	CQM1	CQM1-CPU11-E	主机，内存3、2K字，最大配置为128点
		CQM1-CPU21-E	主机，内存3、2K字，最大配置为128点，配RS-232C
		CQM1-CPU41-E	主机，内存7.2K字，最大配置为192点，配RS-232C
		CQM1-ME04K	EEPROM 4K字
		CQM1-ME08K	EEPROM 8K字
		3G2A5-BI051	扩展板，可安装5个单元
		3G2A5-11002	I/O扩展用接口单元
		3G2A5-PS222-E	扩展板电源，AC220V
		3G2A5-CN312N	扩展电缆，30cm
		3G2A5-CN512N	扩展电缆，50cm
		3G2A5-CN122	扩展电缆，1cm

续表

厂家	系列	型号	性能
日本 OMRON 欧姆龙	CQM1	3G2A5-1D112	输入单元，16点，5-12YDC
		3G2A5-1D213	输入单元，16点，12-24VDC
		3G2A5-1D218	输入单元，32点，24VDC
		3G2A5-1D212	输入单元，64点，24VDC动态
		3G2A5-1D219	输入单元，64点，24VDC静态
		3G2A5-1A222	输入单元，16点，200-240VAC
		3G2A5-1M211	输入单元，16点，12-24VAC/DC
		3G2A5-1M212	输入单元，32点，12-24VAC/DC
		3G2A5-OC221	输出单元，16点继电器
		3G2A5-OC223	输出单元，16点继电器，独立接点
		3G245-OC224	输出单元，32点继电器
		3G2A5-OD411	输出单元，16点晶体管1A，12-24VDC
		3G2A5-OD215	输出单元，16点，晶体管，50mA，24VDC
		3G2A5-OD412	输出单元，16点晶体管，0.3A，12-48VDC
		3G2A5-OD212	输出单元，32点晶体管0.3A，12-24VDC PNP
		3G2A5-OD211	输出单元，64点晶体管0.1A，24VDC
		3G2A5-OD213	输出单元，64点晶体管0.1A，24VDC

续表

厂家	系列	型号	性能
日本 OMRON 欧姆龙	CQM1	3G2A5-OA222	输出单元，16点，晶闸管 1A，250VAC
		3G2A5-OA223	输出单元，24点，晶闸管 1A，250VAC
		3G2A5-AD001	模入单元，2路，4—20mA，+1— +5Y
		3G2A5-DA001	模出单元，2路，4—20mA，+1— +5V
		3G2A5-CT001-E	高速计数，BCD6位 50K
		3G2A5-PTD01-E	PID 单元
	HOST LINK 单元	3G2A5-LK201-EV1	HOST LINK RC232C/RS422 I/O 安装型
		3G2A6-LK201-EV1	HOST LINK，RC232C CPU 安装型
		3G2A7-2K201-V1	C20HOST LINK RS232C CPU 安装型
		3G2A7-LK202-V1	C20HOST LINK RS422 CPU 安装型
西门子	S5-100	6ES5 100-8MA02	100CPU
		6ES5 102-8MA02	102CPU
		6ES5 103-8MA03	103CPU
		6ES5 375-0LA15	EEPROM FOR 8K BYTES
		6ES5 375-0LA11	EEPROM FOR2K BYTES
		6ES5 375-0LA21	EEPROM FOR4K BYTES
		6ES5 375-OLA31	EEPROM FOR8K BYTES
		6ES5 980-OMA11	100V，95V 后备锂电池
		6ES5 930-8MD11	电源模块 220VA 24VDC 1.0A
		6ES5 931-8MD11	电源模块 220VA 24VDC 2.0A

续表

厂家	系列	型 号	性 能
西门子	S5-100	6ES5 315-8MA11	扩展连接模块 可扩一个基板
		6ES5 316-8MA12	扩展连接模块 可扩三个基板
		6ES5 712-8AF00	连接电缆 0.5M 用于 1M316
		6ES5 712-8BC50	连接电缆 2.5m
		6ES5 712-8BF00	连接电缆 5.0m
		6ES5 712-8CB00	连接电缆 10.0m
		6ES5 710-8MA11	安装导轨 483mm（18.9IN）
		6ES5 710-8MA21	安装导轨 530mm
		6ES5 710-8MA31	安装导轨 800mm
		6ES5 700-8MA11	总线单元
		6ES5 420-8MA11	数字输入 4点 24VDC 非隔离
		6ES5 421-8MA12	数字输入 8点 24VDC 非隔离
		6ES5 430-8MB11	数字输入 4点 24/60VDC 非隔离
		6ES5 430-8MC11	数字输入 4点 115/VAC/DC 隔离
		6ES5 430-8MD11	数字输入 4点 230VAC/DC 非隔离
		6ES5 431-8MA11	数字输入 8点 24VDC 隔离
		6ES5 431-8MC11	数字输入 8点 115VAC/DC 隔离
		6ES5 431-8MD11	数字输入 8点 230VAC/DC 隔离
		6ES5 433-8MA11	数字输入 8点 5V-24VDC 隔离
		6ES5 440-8MA11	数字输出 4点 24VDC 非隔离 0.5A

续表

厂家	系列	型号	性能
西门子	S5-100	6ES5 440-8MA21	数字输出 4 点 24VDC 非隔离 2.0A
		6ES5 441-8MA11	数字输出 8 点 24VDC 非隔离 1.0A
		6ES5 450-8MB11	数字输出 4 点 24/60VDC 隔离 0.5A
		6ES5 450-8MD11	数字输出 4 点 1154V/230VZAC 隔离 1A
		6ES5 451-8MA11	数字输出 8 点 24VDC 隔离 1A
		6ES5 451-8MD11	数字输出 8 点 115VAC 隔离 0.5A
		6ES5 451-8MR12	数字输出 8 点继电器输出隔离 3A
		6ES5 452-8MA11	数字输出 4 点继电器输出隔离 5A
		6ES5 453-8MA11	数字输出 8 点 5V-24VDC 隔离 0.1A
		6ES5 482-8MA12	数字输出 16 入/24V16 出 24Y0.5A
		6ES5 490-8MB11	前汇线端子 40-PIN，锣钉安装
		6ES5 490-8MB21	前汇线端子 20-PIN，锣钉安装
		6ES5 385-8MB11	2C 计数范围：+ − 32，368 计频 500kHz
		6ES5 704-2BC00	连接电缆 2m 5V 信号
		6ES5 704-3BC00	连接电缆 2m 24V 信号
		6ES5 461-8MA11	比较模块 2 输入
		6ES5 380-8MA11	时间模块 2t 时间范围：$0.3t_0$ 300s
		6ES5 521-8MA11	通讯处理器
		6ES5 521-8MB11	通讯处理器
		6ES5 998-OVD12	521 指令手册

续表

厂家	系列	型号	性能
西门子	S5-100	6ES5 788-8MA11	仿真模块
		6ES5 262-8MA11	闭环控制模块三回路
		6ES5 262-8MB12	闭环控制模块四回路
		6ES5 840-1SG10	262标准功能软件
		6ES5 267-8MA11	步进马达控制器一通道
		6ES5 736-6BF00	IP267连接电缆插头 5m
		6ES5 736-6CB00	IP267连接电缆插头 10m
		6ES5 736-6CB40	IP267连接电缆 16m
		6ES5 330-8MA11	监示诊断模块
		6ES5 393-OVA15	单行操作面板
		6AV3 50S-17B00	OP5操作面板、两行显示,带背光
	S5-115U	6ES5 941-7UB11	CPU941单元内部RAM2K字模块MAX容量:16K
		6ES5 942-7UB11	CPU942单元 RAM10K容量32K
		6ES5 942-7UB12	CPU942单元
		6ES5 943-7UB11	CPU943单元 RAM16K带1个程序口
		6ES5 943-7UA22	CPU943单元 RAM16K带2个程序口
		6ES5 944-7UB11	CPU944第1个程序口
		6ES5 944-7UA21	CPU944带2个程序口
		6ES5 700-OLA21	中央基板 CR-700-0可带4个I/O模块
		6ES5 700-OLB11	中央基板 CR700-OLB可带4个I/O模块

续表

厂家	系列	型号	性能
西门子	S5-115U	6ES5 700-1LA12	中央基板 CR700-1 可带 7 个 I/O 模块
		6ES5 700-2LA12	中央基板 CR700-2 可带 7 个 I/O 模块
		6ES5 700-3LA12	中央基板 CR700-3 可带 9 个 I/O 模块
		6ES5 701-1LA12	扩展基板 ER701-1 可带 9 个 I/O 模块
		6ES5 701-2LA12	扩展基板 ER701-2 可带 8 个 I/O 模块
		6ES5 701-3LA13	扩展基板 ER701-3 可带 8 个 I/O 模块
		6ES5 375-OLA15	EPROM 8K
		6ES5 375-OLA21	EPROM 16K
		6ES5 375-LOLA41	EPROM 32K
		6ES5 375-OLA61	EPROM64K
		6ES5 375-OLA71	EPROM93K
		6ES5 375-OLC11	EEPROM 2K
		6ES5 375-OLC21	EEPROM 4K
		6ES5 375-OLC31	EEPROM 8K
		6ES5 375-OLC41	EEPROM 16K
		6ES5 375-OLD11	RAM8K
		6ES5 375-OLD21	RAM16K
		6ES5 375-OLD31	RAM32K
		6ES5 951-7LB14	电源 PS951 AC115/230，5V，3A

续表

厂家	系列	型号	性能
西门子	S5-115U	6ES5 951-7LD11	电源 PS951 AC115/230，5V，7/15A
		6EW11 000-7AA	115V 锂电池
		6ES5 305-7LA11	集中扩展 IM305 接口块带 0.5m 电缆
		6ES5 305-7LB11	集中扩展 IM305 接口块带 1.5m 电缆
		6ES5 306-7LA11	中央扩展 IM306 接口模块
		6ES5 705-OAF00	306 连接电缆 CC-EU0.5m
		6ES5 705OBB20	306 连接电缆 CC-EU1.25m
		6ES5 705OBB50	306 连接电缆 CC-EU1.50m
		6ES5 304-3UA11	304EU 接口模块扩展 600M
		6ES5 314-3UA11	314CC/EU 接口模块配 721 电缆
		6ES5 760-1AA11	314 终端连接器
		6ES5 491-0LB11	314 适配盒
		6ES5 313-3AA11	监示模块 313
		6ES5 308-3UA11	分散配置模块达 1000M
		6ES5 318-3UA11	318-3CC 接口
		6ES5 420-7LA11	数字输入 32 点 24VDC8 点一组
		6ES5 430-7LA12	数字输入 32 点 24VDC 隔离 8 点一组
		6ES5 431-7LA11	数字输入 16 点 24V/48V AC/DC 4 点一组
		6ES5 432-7LA11	数字输入 16 点 48/60V AC/DC 4 点一组
		6ES5 434-7LA12	数字输入 8 点 24VDC 带中断信号、独立回路

续表

厂家	系列	型号	性能
西门子	S5-115U	6ES5 435-7LA11	数字输入 16 点 115VAC/DC 30V 4 点一组
		6ES5 436-7LA11	数字输入 16 点 220V AC/DC 4 点一组
		6ES5 436-7LB11	数字输入 16 点 230V AC/DC 2 点一组
		6ES5 436-7LC11	数字输入 8 点 230V AC/DC 独立回路
		6ES5 441-7LA11	数字输出 32 点 24VDC 0.5A 无隔离 8 点一组
		6ES5 451-7LA11	数字输出 32 点 24VDC 0.5A 隔离 8 点一组
		6ES5 453-7LA11	数字输出 16 点 24V/60 DC 0.5A 隔离 8 点一组
		6ES5 454-7LA11	数字输出 16 点 24VDC 2.0A 隔离 4 点一组
		6ES5 454-7LB11	数字输出 8 点 24VDC 2.0A 隔离 2 点一组
		6ES5 455-7LA11	数字输出 16 点 48/115VAC，2A 隔离 2 点一组
		6ES5 456-7LA11	数字输出 16 点 115/230VAC，1A 隔离，4 点一组
		6ES5 456-7LB11	数字输出 8 点 115/230VAC，2A 隔离 1 点一组
		6ES5 457-7LA11	数字输出 32 点 5V24VDC 100mA 隔离 8 点一组
		6ES5 458-7LA11	数字输出 16 点、30VAC/DC，0.5A 隔离独立回路
		6ES5 458-7LB11	数字输出 8 点继电器，230VAC，5A，独立回路
		6ES5 482-7LA11	数字输入 16 点数字输出 16 点 24VDC，0.5A，8 点一组

续表

厂家	系列	型号	性能
西门子	S5-115U	6ES5 460-7LA11	A/D 输入 8 点
		6ES5 465-7LA12	A/D 输入 16 点
		6ES5 498-1AA11	测量模板 4 通路 + − 50mAmVPT100
		6ES5 498-1AA21	测量模板 4 通路 ± 1V
		6ES5 498-1AA61	测量模板 4 通路 ± 5V
		6ES5 498-1AA31	测量模板 4 通路 ± 10V
		6ES5 498-1AA41	测量模板 4 通路 ± 20mA
		6ES5 498-1AA51	测量模板 4 通路 ± 4 ~ 20mA，两线转换器
		6ES5 498-1AA71	测量模板 4 通路 ± 4 ~ 20mA，两线转换器
		6ES5 490-7LB11	24 针前汇线板
		6ES5 490-7LB21	46 针汇线板
		6ES5 491-OLB11	适配盒
		6ES5 491-OLC11	适配盒
		6ES5 240-1AA11	IP240 计数，位置译码模块
		6ES5 241-1AA11	IP241 USW 超声波位置译码器
		6ES5 242-1AA13	IP242 高速计数模块
		6ES5 243-1AA11	IP243 8 路智能 A/D，2 路 D/A 模块
		6ES5 243-1AB11	IP243 8 路智能 A/D 模块
		6ES5 243-1AC11	IP243 8 路智能 D/A 模块
		6ES5 244-3AA11	IP244 温度控制模块 13 回路
		6ES5 245-1AA12	IP245 比例阀控制模块
		6ES5 245-1AB12	IP245 伺服阀控制模块

续表

厂家	系列	型号	性能
西门子	S5-115U	6ES5 246-4UA31	增量位置控制模块
		6ES5 246-4UB11	绝对位置控制模块
		6ES5 252-3AA13	阀环控制模块
		6ES5 895-5SA12	COM246I/A 系统程序
		6ES5 523-3UA11	CP523 通讯处理
		6ES5 524-3UA13	CP524 通讯处理
		6ES5 752-OAA12	CP524 接口
		6ES5 752-OAA22	CP524 接口
		6ES5 525-3UA21	CP525 通讯处理
		6ES5 530-7UA12	CP530 通讯处理
		6ES5 605-OUB11	PG605 编程器
		6ES5 373-1AA61	EPROM 64K
		6ES7 720-OAB00-0	PG720 编程器 S5、S6 通用，486CPU
		6ES5 740-OAA00-0	PG740 编程器 S5、S6 通用，486CPU
		6ESA1 710-2DA110AA1	PG710 带背景光 386CPU
		6EA1 710-OAA002AA1	PG710
		6EA1 730-OAA002AA1	PG730
		6EA1 750-OAA012AA1	PG750

续表

厂家	系列	型号	性能
西门子	S5-90U, 5%-95U	6ES5 090-8MA21	90U 主机,10 点入,6 点出,可扩 48 点
		IM90	90U 扩展接口
		6ES5 375-8LC11	EEPROM,2K 字节
		6ES5 375-8LC21	EEPROM,4K 字节
		6ES5 095-8MA21	95U 主机,16 点入,16 点出,A/D:8 点,D/A:1 点,可括 256 点
		6ES5 980-OMB11	95U 后备锂电池
		6ES5 490-8MB11	40 针汇线端子
韩国高士达	K-10 (一体机)	K14P-DR	K10 主机,8 点 DC 输入,6 点继电器输出
		K14P-DT	K10 主机,8 点 DC 输入,6 点晶体管输出
		K10E-DR	K10 扩展单元,6 点 DC 输入,4 点继电器输出
		K10E-DR	K10 扩展单元,6 点 DC 输入,4 点晶体管输出
		KPA-030	K10/K30/K60 用 IPROM 插座(含芯片)
		KMA-030	K10/K30/K60 用 IPROM 插座
		KLD-100H	手持编程器
		KLC-010(A)	通讯电缆(K10 专用)
	K-30 (一体机)	K24P-DRH	K30 主机,16 点 DC 输入,8 点继电器输出
		K24P-DT	K30 主机,16 点 DC 输入,8 点晶体管输出
		K24P-DS	K30 主机,16 点 DC 输入,8 点 SSR 输出

续表

厂家	系列	型号	性能
韩国高士达	K-30（一体机）	K32P-DRH	K30主机，16点DC输入，16点继电器输出
		K32P-DT	K30主机，16点DC输入，8点晶体管输出
		KLS-05A	编程器外接电源
	K-50（模块型）	KIP-02H	CPU单元，程序容量1.5K
		KIS-220H	AC220V电源单元（33-48点专用）
		KIS-006H	AC110V/220V可选电源单元（32点以下用）
		KIX-110H	8点DC24V输入
		KIX-120H	8点AC110V输入
		KIY-101H	8点继电器输出
		KIY-102H	8点SSR输出
		KIY-103H	8点晶体管输出
		KIY-111H	4点DC24V输入，4点继电器输出
		KIR-06H	DIR RAIL，6单元用
	K-60（一体机）	K48P-DRH	K60主机，32点DC输入，16点继电器输出
		K48P-DT	K60主机，32点DC输入，16点晶体管输出
		K48P-DS	K60主机，32点DC输入，16点SSR输出
		K60P-DRH	K60主机，32点DC输入，28点继电器输出
		K60P-DT	K60主机，32点DC输入，28点晶体管输出
		K60P-DS	K60主机，32点DC输入，28点SSR输出

续表

厂家	系列	型号	性能
韩国高士达	K-200（模块型）	K3P-04H	CPU 单元,程序容量 4K
		K3S-220H	AC 110V/220V 可选电源单元（97-192 点专用）
		K3S-005H	AC 110V/220V 可选电源单元（96 点以下用）
		K3X-210H	16 点 DC24V 输入
		K3X-220H	16 点 AC110V 输入
		K3Y-210H	16 点继电器输出
		K3Y-202H	16 点 SSR 输出
		K3Y-203H	16 点晶体管输出
		K3Y-211H	8 点 DC24V 输入,8 点继电器输出
		K3B-03H	3 模块基板
		K3B-04H	4 模块基板
		K3B-05H	5 模块基板
		K3B-06H	6 模块基板
		K3B-08H	8 模块基板
		K3B-10H	10 模块基板
		K3B-12H	12 模块基板
	K-500（模块型）	K5P-15H	CPU 单元,存储器容量 15K
		K5S-220H	AC220V 电源单元
		K5X-210H	16 点 DC24V 输入
		K5X-220H	16 点 AC110V 输入
		K5X-310H	32 点 DC24V 输入
		K5Y-201H	16 点继电器输出

续表

厂家	系列	型号	性能
韩国高士达	K-500（模块型）	K5Y-202H	16点SSR输出
		K5Y-203H	16点晶体管输出
		K5Y-301H	32点继电器输出
		K5Y-211H	8点DC24V输入，8点继电器输出
		K7B-8MH	8模块基板
		K7B-6MH	6模块基板
		K7B-4MH	4模块基板
		K7B-8MH	8模块扩展基板
		K7B-6MH	6模块扩展基板
		K7B-4MH	4模块扩展基板
		K7C-06H	板间通讯电缆（0.6m）
		K7C-12H	板间通讯电缆（1.2m）
		K7F-HSC	高速计数器模块
		K7F-HCA（HSC）	高速计数器模块
		K7F-PID	PIC单元
		K7F-POSD	定位单元
		KPM-128	EPROM存储卡（用户保存程序用）
		KPM-256	RAM存储卡（OFF LINE编程用）
		KLD-400M	图形编程器（便携机黑白）
		KLD-400C	图形编程器（便携机彩色）
		K7F-DLU	数据链接单元
		K7F-RMU	远程I/O模块（主板Masterboard）

续表

厂家	系列	型号	性能
韩国高士达	K-500（模块型）	K7F-RSU	远程 I/O 模块（主板 Slaue board）
		KLD-200	V3.02PC 机编程软件
		KLA-009	RS232C PLC 转接器
		KIC-050A	PC 机-PLC 通讯电缆
	K-1000（模块型）	K7P-30H	CPU 单元，存储器容量 30K
		K7S-010H	AC110V/220V 可选电源单元
		K7X-210H	16 点 DC24V 输入
		K7X-220H	16 点 AC110V 输入
		K7X-310H	32 点 DC24V 输入
		K7Y-201H	16 点继电器输出
		K7Y-202H	16 点 SSR 输出
		K7Y-203H	16 点晶体管输出
		K7Y-301H	32 点继电器输出
		K7Y-211H	8 点 DC24V 输入，8 点继电器输出

（二）变频器

电梯的变频调速系统的变频器分为两类，一类是交-直-交变频器，一类是交-变复频器。交-直-交变频器，又分电压型和电流型两种。按开关器件的导通时间不同，交-直-交变频器，又分为180°导通型和120°导通型。变频器按控制方式分类，又分为：脉冲宽度调制（PWM）型、脉冲幅度调制（PAM）型和矢量控制型。按参数控制方式又分：保持 U_1/f_1 为常数的控制方式、保持 E_1/f_1 为常数的控制方式和恒功率控制方式。

变频器技术不断发展，PWM 控制方式不断提高元件的开关频率，使变频器输出波形理想化，发展谐振式逆变器，控制系统向数字化方向发展，克服模拟控制系统的缺点，采用自适应（MRAS）进行转速识别和对定子磁场定向方式的矢量控制。现代控制技术，如模糊控制、神经网络、专家控制等在变频器中得到应用，使变频器向智能化发展。

1. 变频器的作用

为了实现异步电动机的变频调速，必须有单独的频率可调的变频电源，给被调速的异步电动机供电，这是变频调速的关键环节。这个变频电源的作用是把直流电变为频率可调的交流电，目前采用静止的变频装置，称为变频器。变频器的任务是把电压和频率恒定的电网电压变成电压和频率可调的交流电。大多数情况下，是将工频（50Hz）交流电转变为电压、频率可调的交流电。

对于单向逆变电路，例如直流电压经过由 4 个晶闸管元件组成的桥式电路，接在负载上，元件按一定的频率轮流导通时，在负载上即可得到该频率下的方波交流电压，若电路中串入电感，可使负载端电压近似成正弦波。控制元件导通和关断的周期，即可得到不同频率的交流电压，达到变频的目的。这就是在交-直-交变频器中，逆变器输出交流电频率可调的基本原理。

2. 变频器的保护功能

当电源侧、负载侧或外部程序控制器等发生异常时，为防止半导体器件（主回路器件）的损坏，变频器有各种保护功能，既保证了系统中元件和器件不致损坏，也保证了装置的可靠性，出现故障时均有状态显示，便于现场技术人员分析和排除故障。

（1）欠电压保护。当电源电压下降时，控制电路将不能正常工作，并产生电动机过热、转矩不足等情况。因此，要检测出控制电源电压，低于设定值时，触发信号关闭，同时异常继电器动作，使电源侧交流接触器断开，切断主电路，变频器立即停机。

（2）瞬时停电保护。当发生瞬时停电时，变频器在极短时间（如 5ms）的延时后自动关机。当恢复供电后，变频器自行再启动。

（3）过载保护。当负载电流大于额定电流 1.5 倍以上时，依靠装置内部的电子热继电器，经一定时间（如 1min）后，热继电器动作，变频器自动停机。

(4)过电流保护。当变频器的电流超过额定电流的165%以上时,如电动机负载的机械惯量大,而且预定的启动时间短时,会造成变频器的功率晶体管峰值电流超过允许值。这时保护回路动作,瞬时关闭触发信号,从而切断主电路,使电动机暂停加速,保护变频器元器件不致损坏。

(5)短路保护。当电动机突然急剧加速、线路故障短路或电动机绕组局部短路等引起很大的短路电流(比上述幅值更大的过电流)时,保护回路动作,变频器切断主电路而停机。

(6)再生过电压保护。当电动机急减速或制动时的再生能量将回馈,会引起整流部分的直流电压上升,电容器将产生过电压,可能造成电容器及器件损坏。因此变频器在直流电压400V系列上升到约700~720V时,直流电压减小之前频率将停止下降;若电压继续上升至800V,保护回路动作,切断触发信号,从而切断主电路。

(7)失速保护。当启动大的惯性负载、负载急剧增加或其他原因产生启动停滞,使电动机的转速跟不上频率变化时,交流输出电流超过设计值内部的专门电路就会限制U/f的基准,防止失速,使电动机不致处于短路状态,并使电流下降。

(8)过热保护。采用风机强迫冷却的变频器,如果机箱内部元器件过热或风机发生故障而冷却效果降低时,则温度继电器动作,切断触发信号,从而切断主电路。

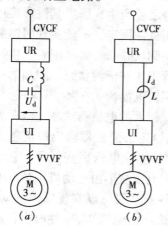

图2-129 交-直-交变频器异步电动机主回路结构
(a)电压型变频器;
(b)电流型变频器

(9)其他保护。变频器中ROM和RAM工作异常、CPU失控等故障,保护回路动作,对装置进行保护。

3. 电压型变频器和电流型变频器

不论交-直-交变频器还是交-交变频器，根据变频电源的性质，又可分为电压型变频器和电流型变频器。如果变频电源接近理想的电压源，称为电压型变频器，也叫电压源变频器；如果变频电源接近理想的电流源，称为电流型变频器，也叫电流源变频器。

图 2-129 是交-直-交变频器向异步电动机供电的主回路原理图。图中，UR 表示整流器；UI 表示逆变器；CVCF 表示恒压恒频电源（Constant Voltage Constant Frequency）；VVVF 表示变压变频电源（Variable Voltage Variable Frequency）。图 2-129(a) 的中间环节是大电容器滤波，使直流侧电压 U_d 接近恒定，变频器的输出电压随之恒定，相当于理想的电压源，称为交-直-交电压型变频器。由于采用大电容滤波，直流侧电压恒定，输出电压为矩形波，输出电流由矩形波电压和电动机正弦波电动势之差产生，所以其波形接近正弦波。又因为逆变器的直流侧电压极性固定，不能实现回馈制动，若需要回馈制动时，必须在整流侧反并联一组晶闸管，供逆变时用。这时逆变器通过反馈二极管工作在整流状态，附加的一组晶闸管工作在逆变状态，向电网回馈电能。

图 2-129（b）的中间环节是电感很大的电抗器滤波，电源阻抗居，直流环节中的电流 I_d 可近似恒定，逆变器输出电流随之恒定，相当于理想的电流源，称为交-直-交电流型变频器。它的逆变器输出电流波形为矩形波，输出电压波形由电动机正弦波电动势决定，所以近似为正弦波。这种变频器可以实现回馈制动，回馈制动时，主回路电流 I_d 方向不变，而电压 U_d 极性改变，整流器工作于逆变状态，逆变器工作在整流状态，从而使主回路在不增加任何元件的条件下，电动机就能自动地从电动状态进入回馈制动状态。这是这种变频器的突出优点。

对于交-交变频器，恒压恒频电源本身具有电压源性质，所以在不加滤波装置时，变频器就是电压型的。如果在交-交变频器中,人为串入大电感的电抗器,它就具有电流源性质,叫交-交电流型变频器。

由以上分析看出,电压型变频器和电流型变频器的主要区别在于对无功能量的处理方法不同,致使形成各自不同的技术特点,见表2-72。

电压型变频器与电流型变频器特点比较   表 2-72

变频器类型	电 压 型	电 流 型
直流回路滤波环节	电容器	电抗器
输出电流波形	接近正弦波	矩形波
输出电压波形	矩形波	接近正弦波
回馈制动	需在电源侧附加反并联逆变器	方便,不需附加设备
过流及短路保护	困难	容易
动态特性	较慢,采用PWM方式则快	较快
对开关元件要求	关断时间短,耐压可较低	耐压高

4. 180°导通型变频器和120°导通型变频器

图 2-130 为三相桥式逆变器的基本结构。图中 $VD_1 \sim VD_6$ 为续流二极管; $VT_1 \sim VT_6$ 为主晶闸管。按照变频器工作方式的不同,三相桥式逆变器分为 180°导通型和 120°导通型。

(1) 180°导通型逆变器

电动机正转时,在逆变器中晶闸管的导通顺序是从 VT_1 到 VT_6,如图 2-131(a)所示。每个触发脉冲相隔60°电角度,每个

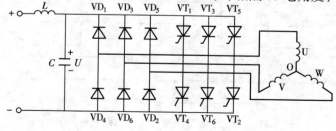

图 2-130 三相桥式逆变器的基本结构

晶闸管持续导通时间为180°电角度。在逆变器中，任何瞬间都有三只晶闸管同时导通。晶闸管之间的换流是在同一桥臂上的上、

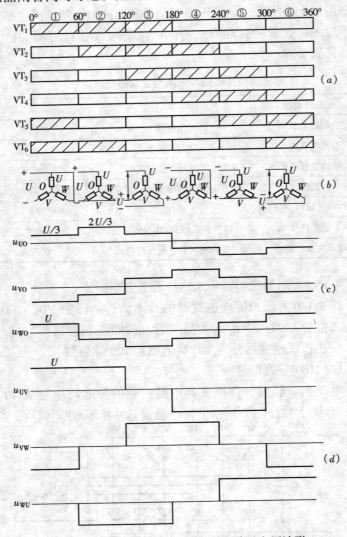

图 2-131　180°导通型逆变器等效电路及电压波形
（a）晶闸管导通角；（b）等效电路；（c）相电压波形；（d）线电压波形

下两个晶闸管间进行的,即在 $VT_1 - VT_4$,$VT_3 - VT_6$,$VT_5 - VT_2$ 之间进行相互换流。各区间的等效电路如图 2-132(b)所示。设负载为星形联结,逆变器的换流是瞬间完成,以中性点 O 电位为参考点时,则晶闸管顺序导通时的相电压波形如图 2-132(c)所示。例如在区间①中,VT_1,VT_5,VT_6 导通,由其等效电路知,$u_{UO} = u_{WO} = U/3$,$u_{VO} = -2U/3$;在区间②中,VT_1,VT_2,VT_6 导通,$u_{UO} = 2U/3$,$u_{VO} = u_{WO} = -2U/3$;在区间③中,VT_1,VT_2,VT_3 导通,$u_{UO} = u_{VO} = U/3$,$u_{WO} = 2U/3$;区间④~⑥与以上相同,只是电源极性相反。可以看出相电压波形为阶梯波。线电压为两个相电压之差,即

$$u_{UV} = u_{UO} - u_{VO}; u_{VW} = u_{VO} - u_{WO}; u_{WU} = u_{WO} - u_{UO}$$

可得如图 2-132(d)所示的矩形波,各相之间互差 120°,三相是对称的。

因为频率 $f = 1/T$,所以改变周期时间 T,就可以改变逆变器输出的交流电压频率 f。而 U 的大小受控制角 α 控制,改变 α 可以改变 U。可见逆变器可以变压变频,也可以单独进行调节,二者分别控制。

从图 2-131 波形图,可以求出线电压的有效值 U_{UV} 和相电压的有效值 U_{UO} 为:

$$U_{UV} = \sqrt{\frac{1}{T}\int_0^T u_{UV}^2 dt} = \sqrt{\frac{1}{2\pi}\int_0^{2\pi} u_{UV}^2 d\omega t}$$

$$= \sqrt{\frac{1}{2\pi}\left[U^2\left(\frac{2\pi}{3} - 0\right) + (-U)^2\left(\frac{5\pi}{3} - \pi\right)\right]}$$

$$= \sqrt{\frac{2}{3}} U = 0.817 U$$

$$U_{UO} = \sqrt{\frac{1}{T}\int_0^T u_{UO}^2 dt} = \sqrt{\frac{1}{2\pi}\int_0^{2\pi} u_{UO}^2 d\omega t}$$

$$= \sqrt{\frac{1}{2\pi}\left[\left(\frac{U}{3}\right)^2 \frac{4\pi}{3} + \left(\frac{2}{3}U\right)^2 \frac{2\pi}{3}\right]} = \frac{\sqrt{2}}{3} U = 0.417 U$$

线电压有效值与相电压有效值之比刚好等于$\sqrt{3}$。二者都不是正弦波,可以分解为傅里叶级数进行谐波分析。分析结果,除基波外,不含3次和3的倍数次谐波,只含有5、7、11…高次谐波,对电动机的运行影响不大,只会使电压波形有些畸变,同时会增加电动机的谐波损耗。因为在以上分析过程中,忽略了换流过程和逆变电路中的压降,所以实际的电压波形与上面的分析结果稍有出入。

(2) 120°导通型逆变器

电动机正转时,逆变器中晶闸管的导通顺序仍是从VT_1到VT_6,各触发脉冲相隔60°电角度,只是每个晶闸管持续导通时间为120°电角度,因此任何瞬间有两个晶闸管同时导通,它们的换流在相邻桥臂间进行。这样,同一桥臂上两个晶闸管的导通有60°间隔,不易造成短路,比180°导通型逆变器换流安全。

120°导通型逆变器中,晶闸管的导通顺序,各区间的等效电路及相电压、线电压波形如图2-132所示。从图中可见,相电压是幅值为$U/2$的矩形波;线电压是幅值为U的梯形波。用同样方法可求得线电压有效值U_{UV}和相电压有效值U_{UO}为:

$$U_{UV} = 0.707U;\ U_{UO} = 0.409U$$

两种导通方式对比可知:120°导通型和180°导通型逆变器中,开关元件的导通顺序和触发脉冲间隔都是一样的,之所以有不同的导通时间,完全是因为换相的机理不同所致。前者是在相邻桥臂间进行,后者是在一个桥臂的上、下元件间进行。由于导通时间不同,前者的电压有效值低于后者。

5. 交-直-交电压型逆变器的频率开环调速系统

(1) 输出电压控制方式

图2-133示出三种输出电压的控制方式。其中,图(a)为可控整流调压;图(b)为直流斩波器调压;图(c)为PWM逆变器调压。现分述如下。

①可控整流器调压。这种控制方式是通过控制可控整流器的控制角α实现调压,结构简单、控制方便,是一般变频调速

系统中常用的输出电压控制方式。但是在输出电压较低时,功

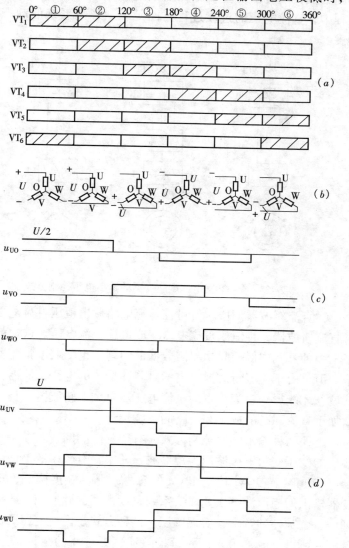

图 2-132 120°导通型逆变器等效电路及电压波形
(a) 晶闸管导通角;(b) 等效电路;(c) 相电压波形;(d) 线电压波形

率因数低，同时由于整流电路后面是较大的滤波电容，在动态过程中，直流电压的过渡过程时间延长，影响系统的动态响应速度。

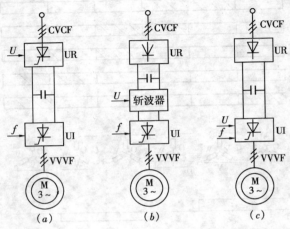

图 2-133 交-直-交电压型逆变器的输出电压控制方式

②直流斩波器调压。不可控整流电路输出恒压直流电压，经过直流斩波器，将恒压直流电压变成可调直流电压。这样就克服了第一种方式中低速时功率因数低的问题，也降低了整流器的成本。但是由于直流斩波器输出的是脉冲形式的电压，而需要再次滤波，才能得到较为平直的电流电压。再加上斩波器本身，因此增加了直流回路的成本和线路的复杂性。

上面两种输出电压控制方式还有个共同的问题，就是逆变器输出的变压变频电压波形为矩形波，其中含有较多的谐波成分。

③PWM 逆变器调压。PWM 的意思是脉冲宽度调制，即把逆变器输出的矩形波电压变成一系列宽度可调的脉冲列，改变脉冲列中各个脉冲的宽度，实现调压。这种方式是由逆变器既调压又调频，所以整流器可采用不可控整流。更重要的是，采用 PWM 控制技术，可以消除逆变器输出电压中的低次谐波，大大降低输出电压中的谐波成分，使输出电压波形更接近正弦波。很显然，

它克服了前两种方式存在的动态响应慢、输出电压中谐波成分大的共同问题，还克服了第一种方式存在的功率因数低的问题，因此在高性能的变频调速系统中，被广泛采用。它的缺点是控制较复杂，对主回路逆变器开关元件的工作频率要求较高。控制系统数字化，这缺点比较容易克服。

(2) 控制系统构成及单元原理

图 2-134 为电压型逆变器频率开环调速系统结构图。其主回路交-直-交变频器由两个功率变换环节构成，即整流桥和逆变桥，它们分别有各自的控制回路。电压控制回路控制整流桥的输出直流电压大小，频率控制回路控制逆变桥的输出频率大小，使电动机定子得到变压变频的交流电。两个控制回路由一个转速给定环节控制。

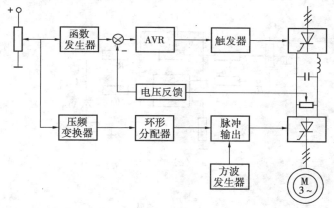

图 2-134 电压型逆变器频率开环调速系统

电压控制采用相位控制，改变晶闸管控制角 α，即可控制整流桥的直流输出电压大小。电压闭环保证实际电压与给定电压大小一致，同时对前向通道上的扰动信号起抗扰作用。在电压调节器 AVR 前面设置函数发生器，是为了协调电压与频率的关系，以实现前面讲过的控制方式。这里在额定频率以下实行恒磁通控制，额定频率以上实行近似恒功率控制方式。频率控制是通过压频变换器、环形分配器、脉冲输出等环节,控制逆变桥晶闸管的开关频率。下面介绍控制系统中主要控制单元的作用与原理。

① 函数发生器

在控制系统中设置函数发生器,是为了协调电压 U_1 与频率 f_1 的关系,实现各种控制方式。对于要求端电压 U_1 与频率 f_1 比值不变的控制方式,采用比例调节器即可。若考虑到电阻压降的影响,而采用恒磁通的控制方式时,可采用如图 2-135 所示,加入补偿环节的函数发生器。图 2-135(a)为原理图,设输入信号为正,输出信号为负,通过调节 RP_1 和 RP_2 可以得到图(b)所示的输入-输出特性。当输入信号为零时,只有负偏差信号加在运算放大器的反相输入端,输出为 A 点的值,使可控整流桥处于待逆变状态,没有电压输出。随后 U_{in} 增大,U_{ex} 变负,使整

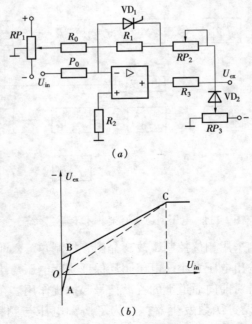

图 2-135 函数发生器
(a) 原理图;(b) 输入-输出特性

流桥进入整流状态。当 U_{in} 较小，流过 R_1 中的电流较小，使 R_1 上的分压值小于 0.7V 时，二极管 VD_1 不导通，运算放大器的放大倍数为 $(R_1 + RP_2)/R_0$，输入-输出特性是比较陡的 AB 段。在 B 点，R_1 上的压降刚好等于 0.7V 时，使 VD_1 导通，R_1 被短接，放大倍数减小为 $(RP_2)/R_0$，随 U_{in} 的增加，得斜率较小的 BC 段特性。C 点对应基频工作点。C 点以后，用运算放大器的限幅电路，保证 U_{ex} 不变，进入恒压调频的恒功率调速阶段。调节 RP_2，可以调节 BC 段的斜率；调节 RP_1 可改变 A 点。B 点为二极管 VD_1 通断的分界点，这时函数发生器的输出电压 U_{exb} 为

$$U_{exb} = -\left(\frac{0.7V}{R_1}RP_2 + 0.7V\right)$$

图 2-135 (b) 中的虚线表示恒磁通（$U_1/f_1 =$ 常数）控制方式的函数发生器的输入-输出特性。

② 压频变换器

压频变换器的作用是把电压信号转换为相应频率的脉冲信号。系统对压频变换器的要求是：在频率控制范围内，有良好的线性度；有较好的频率稳定性；能方便地通过调节电路的某些参数来改变频率范围。另外，更重要的是，当逆变器输出的最高频率为 f_{max} 时，要求它输出的最高频率为 $6f_{max}$。

压频变换器的原理图如图 2-136 所示。这是一种在比较宽的

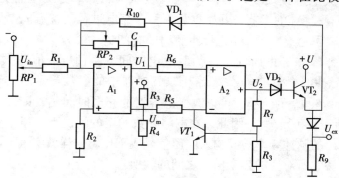

图 2-136　压频变换器的原理图

范围内，具有较高线性度的压频变换器。第一级运算放大器 A_1 接成反相积分器；第二级运算放大器 A_2 接成同相电压比较器。当输入一个负电压信号时，经电位器 RP_1 分压后，加在 A_1 的反相输入端。由于 A_1 的开环放大倍数很大，其反相输入端在工作过程中一直接地。又因为 A_1 的输入阻抗很高，输入电流很小，可以忽略不计，这样电阻 R_1 上的电流就等于积分电容器 C 的充电电流。当输入信号不变时，充电电流不变。随着 C 的充电，A_1 的输出电压将线性增加。如果没有后面的运算放大器 A_2，A_1 的输出将增加到正饱和电压。实际上由于 A_2 的存在，使 A_1 的输出只增加到某一个预定的电压就立即放电，然后重复下一个充、放电周期。A_2 的反相端接在正电源经 R_3、R_4 的分压点上，其电压值为 U_m。A_2 的同相端接 A_1 的输出。在 A_2 同相端的输入电压低于 U_m 时，其输出为负饱和值，晶体管 VT_1、VT_2 基极受负偏压而截止。当同相输入端电压增大到大于 U_m 的瞬间，输出翻转为正饱和值，使 VT_2 导通，VT_2 的发射极输出正极性的时钟脉冲。同时，由二极管 VD_1 及 R_{10} 给 A_1 反相端一个正电压信号，由于 $R_{10} \ll R_1$，而迫使电容器 C 放电，A_1 输出电压反向下降。又由于 A_2 输出的正电压使 VT_1 导通，把 A_2 的反相端钳位到接近零电压。这样，只有当 A_1 的反向积分电压接近零电压时，A_2 的输出才重新变负，即使电容器 C 能充分放电，并保证了电容器 C 充放电过程反复进行。A_2 输出变负后，VD_1 受反压而关断，A_1 不再受 A_2 的影响，开始重复下一个充电过程。各点的电压波形如图 2-137 所示。可见脉冲的周期时间为 $T = t_1 + t_2$，其中 t_1 为电容器 C 充电时间，t_2 为其放电时间，而且从数值看，$t_2 \ll t_1$。脉冲的频率 $f = 1/T$，当压频变换器中的参数一定时，改变输入电压 U_{in} 的大小，可以改变电容器的充电时间 t_1，即改变周期时间 T 和频率 f，因此，在电路参数一定的情况下，压频变换器输出的脉冲频率与其输入电压信号成正比。这样就实现了电压信号和它所对应的频率信号之间的转换。

③环形分配器

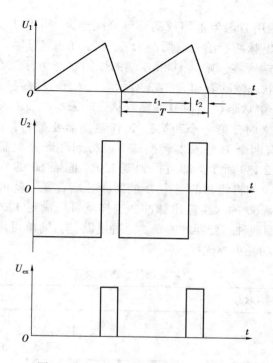

图 2-137 压频变换器各点的电压波形

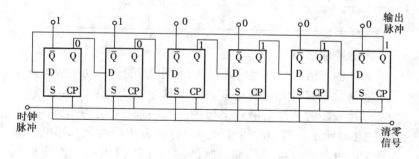

图 2-138 环形分配器原理图

环形分配器的作用是将压频变换器输出的时钟脉冲,6 个一组地依次分配给逆变器的 6 个开关元件,简称六分频。而环形分配器就是个六分频环形计数器。它的电路形式很多,这里以图 2-

138 所示的用 D 触发器组成的环形分配器为例说明其工作原理。从图上输出脉冲看出，前两个 D 触发器的 S 端置零；后四个 D 触发器 R 端置零，则其 Q 和 $\overline{Q}$ 端的原始状态可标注在图上。D 触发器的状态激励表如表 2-73 所示。它表示 D 触发器现在状态 Q_n 和下一个状态 Q_{n+1} 与 D 端输入状态的关系。当第一个脉冲信号前沿到来时，第一个和第三个 D 触发器要翻转，以此类推，每隔 60°有两个 D 触发器转换，可以得到环形分配器的输出状态，如图 2-139 所示。即可得到宽 120°、间隔 60°的六路输出脉冲。同理，如将相邻的三个 D 触发器 S 端置零，就可以得到宽 180°、间隔 60°的六路输出脉冲。这样就可以满足 120°导通型和 180°导通型两种逆变器的需要。这种电路具有简单可靠、抗干扰能力强、功耗小等优点。

D 触发器的状态激励表　　　　　　　　　表 2-73

D 端输入状态	Q_n	Q_{n+1}
1	0	1
0	0	0
1	1	1
0	1	0

④脉冲输出级

脉冲输出级的作用是将来自环形分配器的信号功率放大到足以可靠触发逆变器元件的程度。由于脉冲较宽，工作频率较低，为了保持较陡的脉冲前沿和平坦的脉冲波顶，一般采用调制式，如图 2-140 所示。其中晶体管 VT_1 由方波发生器控制其通断。晶体管 VT_2 由环形分配器控制。脉冲输出变压器 T 的一次绕组在 120°（或 180°）时间内间断通电，承受由方波发生器频率调制的跳变电压（数值在 0~15V 之间）。二次绕组输出信号经过半波整流后，送至逆变器相应的晶闸管门极。由于 120°（或 180°）宽的脉冲信号经过了高频调制，再加到脉冲输出变压器的一次侧，所

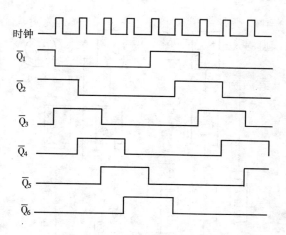

图 2-139　环形分配器的输出状态

以即使在逆变器频率很低的情况下，仍可保证脉冲具有平坦的波顶。同时还可以减小脉冲输出变压器的体积。

在分析完主要控制单元原理之后，再来分析系统的工作过程。当由给定电位器给出一个电压值时（对应一个输出频率 f_1），经函数发生器补偿，输出一个与给定频率对应的电压给定值。由于通过函数发生器实行恒磁通的控制方式，所以能保证磁通恒

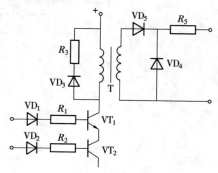

图 2-140　脉冲输出级

定。电压给定值经电压调节器和电压闭环，使主回路得到与给定电压大小相符的电压 U_1。同时，频率给定信号经压频变换器得到 6 倍于给定频率的脉冲信号，再经过环形分配器分配给脉冲输出级，最后送给逆变器的晶闸管发出对应频率 f_1 触发脉冲。使电动机运行于与 f_1 对应的转速上。如果给定信号逐渐加大，则电动机就逐渐加速，直到所需要的转速。该系统结构简单，适用

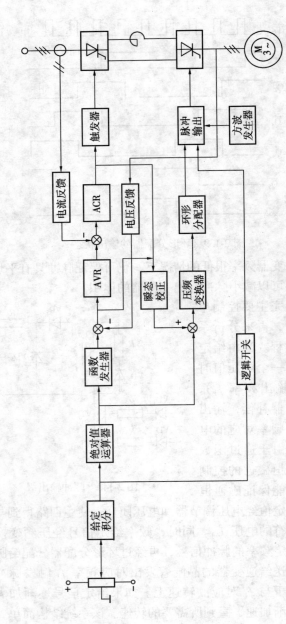

图 2-141 电流型逆变器的频率环开环系统原理图

于对调速性能要求不高,而且不要求快速制动和反转的场合。

6. 交-直-交电流型逆变器的频率开环调速系统

电流型逆变器的频率开环调速系统原理图示于图 2-141。电流型逆变器的特点是中间环节采用电抗器滤波,由此,逆变器输出电流为矩形波,输出电压近于正弦波,而且可以实现回馈制动。在电动状态运行时,电动机定子电压频率,即逆变器输出频率大于异步电动机旋转频率,电动机转速小于旋转磁场转速,转差率在 $0 \sim 1$ 之间,功率因数角 $\varphi < 90°$,$\cos\varphi > 0$,逆变器工作在逆变状态,整流器工作在整流状态。当逆变器输出频率突然降低,使定子频率小于电动机旋转频率时,电动机的转速大于旋转磁场转速,$s < 0$,$\varphi > 90°$,$\cos\varphi < 0$,这时电动机运行于回馈制动状态,逆变器直流侧电压反向,逆变桥工作于整流状态,整流器工作于逆变状态,把电动机的机械能转变为电能,回送给交流电网。和电压型逆变器频率开环系统相比,两个系统相似,除主回路中间环节不同外,为适应可逆运行的要求,增加了绝对值运算器和逻辑开关。在电压环内增加了电流环。另外还设置了瞬态校正环节。下面一一说明:

(1) 绝对值运算器

绝对值运算器是将正、负极性的输入信号变为单一极性的输出信号,但大小一般不变。其原理图如图 2-142(a)所示。取 $R_1 = R_3$,即将运算放大器接成 1:1 的反相比例器。当输入信号

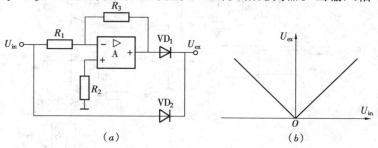

图 2-142 绝对值运算器
(a) 原理图;(b) 输入-输出特性

为正时，经 VD_2 直接输出正信号，此时 VD_1 关断；当输入信号为负时，VD_2 关断，经 VD_1 输出正信号。在忽略二极管的正向管压降时，其输入-输出特性如图 2-142（b）所示。

在该系统中，电流反馈和电压反馈都是反映反馈量的大小而不反映它的极性，而给定信号在正、反转时，有正、负极性变化。为使两个信号在正、反转时均为相减的关系，而必须设置绝对值运算器。压频变换器需要极性不变的输入信号，所以也取自绝对值运算器的输出端。

（2）逻辑开关

可逆系统对逻辑开关的要求是：①逆变器在输出最低频率 f_{min} 以下时，不应输出电压，即此时应封锁逆变器的门极信号，要求逻辑开关应有一定的死区；②根据给定信号，决定系统正向封锁或反向封锁；③运行可靠，翻转迅速。

根据以上要求，可采用图 2-143 所示的原理图。将运算放大器 A 接成三态开关，根据功放级要求（逻辑输出低电平 0 时为封锁，逻辑输出高电平 1 时为开放），加接了晶体管 VT_1、VT_2、VT_3。下面从工作原理上分析三种状态。

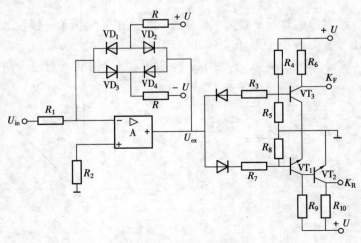

图 2-143　逻辑开关原理图

①双封状态。当 $U_{in}=0$ 时，流过电阻 R 上的电流为 $I=(U-U_D)/R$，其中 U_D 为二极管压降。这时四只二极管均导通，运算放大器 A 的输入输出短接，其输出电压 $U_{cx}=0$，通过合理选择 R_4、R_5，可使 VT_3 导通，K_F 为 0，同时因为没有基极电流，VT_1 截止，而 VT_2 导通，K_R 为 0，即双封状态。在 U_{in} 为正负较小的信号时，R_1 上的电流 $I_1=U_{in}/R_1$，在数值上小于 I 时，仍为双封状态，是逻辑开关的控制死区。

②反向封锁。当 U_{in} 为正信号，而且比较大时，使 $I_1 \geqslant I$，则 VD_1、VD_4 将截止，运算放大器 A 等效开路，其输出电压跃变为负值，此时合理选择 R_3，可使 VT_3 截止，K_F 为 1，同时 VT_1 截止，VT_2 导通，K_R 为 0，反向封锁。

③正向封锁。当 U_{in} 为负信号，而且数值比较大时，$|I_1| \geqslant I$，则 VD_2、VD_3 将截止，运算放大器 A 等效开路，其输出电压跃变为正值，VT_1 导通，VT_2 截止，K_R 为 1，由于合理选择 R_4、R_5，使 VT_3 导通，K_F 为 0，正向封锁。

逻辑开关的输出特性如图 2-144 所示。其中 U_g 为 $I_1=I$ 时运算放大器的输出电压；U_s 为 $I_1=I$ 时运算放大器的输入电压，即死区的边界电压。

(3) 瞬态校正环节

设置瞬态校正环节是为了在瞬态（动态）过程中，使系统仍基本保持某种控制规律，在此系统中是为保持 $E_1/f_1=$ 常数。由

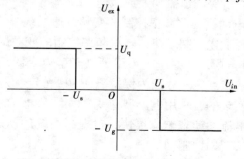

图 2-144 逻辑开关的输出特性

于电压控制回路为闭环,而频率控制回路为开环,在有负载扰动、电网电压波动等因素时,容易使系统工作不稳定。例如,在负载扰动下,电流内环响应较快,引起电压波动,由电压闭环进行自动调节。但是,只要给定电压不变,频率就始终不变。虽然在负载扰动下,输出电压 U_1 将反复变化,而输出频率并不随着电压变化,使得在动态时不能保持 $E_1/f_1 = $ 常数,磁场将产生过励和欠励不断交替的情况,使得电动机转矩波动,以至电动机转速产生波动,造成系统工作不稳定。为了避免上述情况的产生,而加入瞬态校正调节器,进行瞬态的补偿调节。

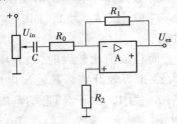

图 2-145 瞬时校正器原理图

图 2-145 为瞬态校正器的原理图,采用微分校正电路,以获得超前校正作用。它的输入信号有两种取法:一是取电流调节器的输出信号;二是取电压调节器输入的电压给定与电压反馈的差值。这两种方法均可得到近似的补偿。系统进入稳态后,该环节就不起作用了。

另外,系统中增设了电流内环,使电压调节器的输出为电流调节器的给定,从而在电压调节器输出限幅值时,系统主回路的电流达到最大值,能够抑制故障电流,增加系统可靠性。在动态过程中,还可以保证恒流加速或减速。

7. 异步电动机转差频率控制的变频调速系统

为了实现上述控制规律,转差频率控制的变频调速系统原理图,如图 2-146 所示。系统中采用了电流型逆变器,这是转差频率控制系统的特点之一。因为保持磁通 Φ_m 恒定,是由保持励磁电流恒定来实现的,采用电流型逆变器时,对电流的控制更为直接,可以使电流的动态响应更快,对提高系统的动态性能有利,而且也便于实现回馈制动。

系统的另一个特点是,定子频率给定信号 ω_1^* 不是由转速调

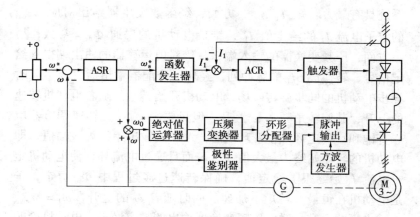

图 2-146 转差频率控制的变频调速系统

节器 ASR 的输出直接得到,而是将转速调节器的输出与速度反馈电压信号 ω 相加后得到的,转速调节器的输出则代表转差频率的给定信号 ω_s^*。根据控制规律可知 ω_s^* 就代表转矩给定,体现出控制转差角频率 ω_s,以控制转矩的目的,这是系统的最大特点。只要调整得合理准确,就可以使转速调节器的限幅输出值,即转差角频率 ω_s 的最大给定值,对应电动机转矩的最大值,从而在快速起制动过程中,可以始终保持最大转矩。并且由于逆变器输出频率 f_1,是由电动机实际旋转角频率 ω 与给定转差角频率 ω_s 相加而得,ω_s 又被限制在最大转差角频率之内,所以在任何时间、任何状态下,电动机都工作在机械特性的线性段(对应 $0 \leqslant s \leqslant s_m$)。另外,随着转差角频率 ω_s 的变化,自动调节定子电流的大小,以维持 I_0(Φ_m)恒定。同时由于采用了转速闭环,而且一般用比例积分(PI)调节器,系统可以做到稳态无静差。下面分析系统工作原理。

(1)启动过程(理想空载情况)

在给定一个转速给定信号 ω^* 瞬间,由于电动机的机械惯性,电动机转速为零,$\omega = 0$,转速调节器 ASR 的输入偏差信号很大,其输出迅速达到限幅值。使转差角频率 $\omega_s^* = \omega_{smax}$,此时

系统具有最大转矩 T_{max}。一方面，经函数发生器给出对应 ω_{smax} 的定子电流 I_1 的给定值 I_1^*，维持电动机的磁通 Φ_m = 常数；另一方面，压频变换器的输入端，从绝对值运算器的输出端得到给定信号，转换成 $6f_1$ 的脉冲列，经环形分配器输出后，产生此时异步电动机的同步旋转磁场，电动机开始转动。随着电动机转速的上升，其旋转角频率 ω 上升，但只要 $\omega < \omega^*$，转速调节器就一直饱和，转速环处于开环状态。ASR 的输出始终为限幅值，即电动机的转矩始终为最大值 T_{max}。而且通过电流环，使电动机定子电流 I_1 始终跟随给定值，确保转速过渡过程中 Φ_m 恒定，于是电动机在恒最大转矩下加速。同时随着 ω 的上升，$\omega_1 = \omega_{smax} + \omega$ 也不断上升，对应压频变换器输出的频率增高，电动机旋转磁场的转速加快，电动机转速上升，但是因为 ω_s 始终为最大值，所以 $T = T_{max}$，电动机沿着 T_{max} 的特性曲线启动，转速上升很快。当 ω 上升到 ω^* 且略有超调时，ASR 退饱和，ω_s 从 ω_{smax} 下降到 $\omega_s = 0$，对应 $I_1 = I_0$，经过转速环的调节，使电动机稳定运行于 $\omega = \omega^*$。启动过程的静态特性如图 2-147（a）所示，从 a→b→c。

（2）负载变化

设原来负载转矩为 T_{L1}，运行于图 2-147（a）的 A 点。如果

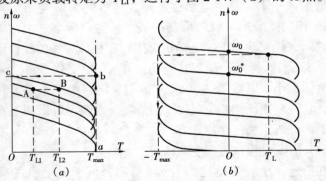

图 2-147 转差频率控制变频调节系统的调节过程
（a）启动和负载变化；（b）回馈制动

负载转矩突然增大到 T_{L2},则由于电动机转矩小于负载转矩,使转速降低,$\omega < \omega^*$,转速调节器 ASR 的输出开始上升,直到 $\omega_s = \omega_{smax}$,使 $T = T_{max}$,电动机很快升速,同时经函数发生器产生对应于 ω_s 的定子电流 I_1,而保持 Φ_m 恒定。当转速恢复到原值时,ASR 反向积分,使其输出由 ω_{smax} 降至与负载相对应的数值,在 B 点进入稳态。

(3) 回馈制动

如果给定信号突然减小到零,由于转速不能突变,转速调节器的输入变号,使其反向积分,一直到负限幅值 $-\omega_{smax}$,电动机有 $-T_{max}$,旋转磁场的角频率从 ω_1 变为 ω'_1,如图 2-147(b)所示。由于 $\omega > \omega'_1$,$s < 0$,电动机运行于回馈制动状态,而且只要 $\omega > 0$,转速调节器输出就一直为负限幅值,电动机就在 $-T_{max}$ 作用下很快减速,直至 $\omega = |-\omega_{smax}|$ 后,ASR 退饱和,经过转速调节,使系统停车。

(4) 反转过程

反转过程即为回馈制动加上反向启动过程。

8. 脉宽调制型变频调速系统

(1) 脉宽调制方式

脉宽调制型逆变器常采用变幅和恒幅两种调制方式,尤以采用恒幅脉宽调制型逆变器居多,由二极管整流桥输出恒定不变的直流电压,经中间环节送到逆变桥,又通过调节逆变桥输出电压脉冲的宽度和频率,实现既调压又调频的目的。这种脉宽调制型逆变器主回路简单,而且由于逆变器输出电压的大小和频率直接由逆变器决定,所以调节速度快,系统的动态性能好,而且电源侧输入功率因数高,又可以将多个逆变桥接在同一个公共直流母线上,便于实现多台电动机调速拖动。由于它具有这些优点,所以目前应用相当广泛。因为 PWM 型逆变器是通过改变脉冲宽度控制其输出电压大小,通过改变脉冲周期控制其输出电压频率,所以脉宽调制方式对 PWM 逆变器的性能有根本性的影响。脉宽调制方式很多,这里只介绍其中的几种,以此为基础,再深入学习、研究其他的脉宽调制方式。

①简单的多脉冲调制法

简单的多脉冲调制法是脉冲宽度调制法中比较简单的一种。现利用图 2-148 所示的三相桥式晶体管逆变器的原理电路，说明其原理。逆变桥由大功率晶体管 $VT_1 \sim VT_6$（也可采用其他快速功率开关器件）和快速续流二极管 $VD_1 \sim VD_6$ 组成。各晶体管的

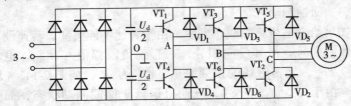

图 2-148 三相桥式逆变器原理电路

基极驱动信号控制各晶体管的通断。在控制电路中采用载频信号 u_c 与参考信号 u_r 相比较的方法产生基极驱动信号。这里 u_c 采用单极性等腰三角形信号，u_r 采用可变的直流电压。在 u_r 与 u_c 波形的交点处发出调制信号，部分脉冲调制波形如图 2-149 所示。从波形图可以清楚地看出，当三角波幅值一定，改变参考信号 u_r 的大小，输出脉冲宽度就随之改变，从而可以改变输出基波电压的大小。当改变载频三角波的频率，并保持每周期输出的脉冲数不变时，就可以改变基波电压的频率。在实际控制中，可同时改变载波三角形频率和直流参考电压的大小，使逆变器的输出在变频的同时相应的变压，来满足一般变频调速时的需要。这种每个周期输出的脉冲数不变的方法，称为同步调制方法。这种调制方法使得在不同频率下，正负半周波形始终保持完全对称，因此没有偶次谐波。另外，当逆变器输出电压每个周波中脉冲个数不变，改变脉冲宽度时，不仅可以得到不同的基波电压，而且也随之出现比例不同的各次谐波分量。经过分析研究表明，每半个周期中有 10 个电压脉冲时，整个调压过程中，基波分量和各次谐波分量基本上按线性关系变化，但是在脉冲数较少时，谐波

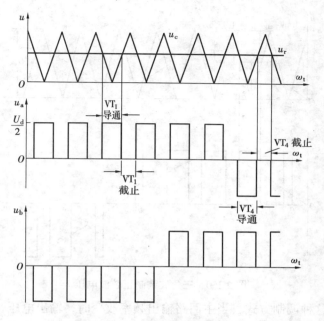

图 2-149 三角波调制直流电压

分量将变得很大。

②正弦波脉宽调制法

a. 基本原理。正弦波脉宽调制（SPWM）是最常用的一种调制方法。对图 2-148 所示主回路中开关器件的基极驱动信号，仍采用载频信号 u_c 和参考信号 u_r 相比较的方法产生，但是参考信号 u_r 改为正弦波信号，如图 2-150 所示。当改变参考信号 u_r 的幅值时，脉宽随之改变，从而改变了主回路输出电压的大小。当改变 u_r 的频率时，输出电压频率即随之改变。这种调制方式的特点是半个周期内脉冲中心线等距，脉冲等幅、调宽，各脉冲面积之和与正弦波下的面积成比例，因此，其调制波形更接近于正弦波，谐波分量大大减小。在实际应用中，对于三相逆变器，是由一个三相正弦波发生器产生三相参考信号，与一个公用的三角波载波信号相比较，而产生三相脉冲调制波。

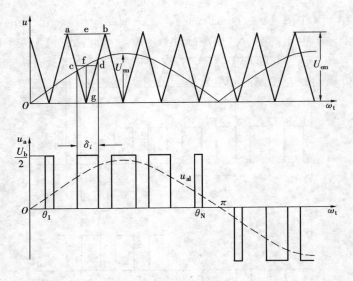

图 2-150 三角波调制正弦波电压

这种调制方式,当主回路输出频率改变时,输出电压一个周期内的脉冲个数发生变化,且正负半周的脉冲数和相位发生不对称,称为异步调制。一般在脉冲数相同时,异步调制比同步调制谐波分量大,但只要半个周期内脉冲信号较多,这种影响是可以忽略的,而且在低频时,脉冲数随着输出电压频率的下降,而自动增加,这对克服转矩脉动有很大好处。这点可用图 2-151 加以

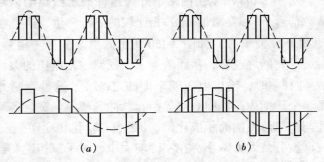

图 2-151 不同调制方法的逆变器输出电压波形
(a) 同步调制;(b) 异步调制

解释。其中图（a）为同步调制，在主回路输出频率改变时，逆变器输出电压的半个周期内脉冲数不变，因此随着输出频率的降低，高次谐波含量增加。图（b）为异步调制，在主回路输出频率降低时，逆变器输出电压的半个周期内脉冲数增加，所以比同步调制时的高次谐波分量少，因此对克服低速时转矩的脉动有很大好处。另外，若定义载波比 $N = f_c/f_r$，其中 f_c 为载频信号 u_c 的频率；f_r 为参考信号 u_r 的频率。则从图 2-151 可以看出，$N =$ 常数时为同步调制；$N \neq$ 常数时为异步调制。

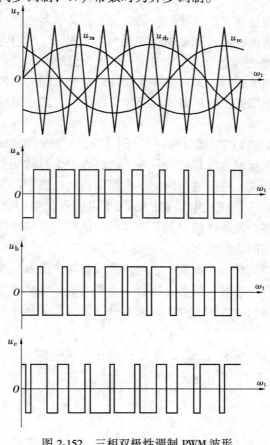

图 2-152　三相双极性调制 PWM 波形

上面介绍的两种调制方法，由于参加调制的载波和参考信号的极性不变，所以称为单极性调制。相反，如图 2-152 所示的正弦波脉宽调制法，由于三角形载波信号 u_c 和正弦波参考信号 u_r 均具有正负极性，所以称为双极性调制。与单极性正弦波脉宽调制一样，也是通过改变正弦波参考信号的幅值和频率，来改变输出电压基波的幅值和频率。双极性调制也同样既可采用同步调制，又可采用异步调制。从主回路看，对于双极性调制，由于同一桥臂上的两个开关元件始终轮流交替通断，而且一般开关元件的关断时间总是大于其开通时间，因此容易引起电源短路，造成环流。为防止环流，就必须增设延时触发环节。而单极性调制，在同一桥臂上两个开关元件中，一个按正弦脉宽规律，在半个周期内导通和关断时，另一个开关元件始终是关断的，因此不会产生环流，不用设延时环节，既简化了线路，又防止了延时引起的失真。

b. SPWM 波的生成方法。从基本原理的分析看出，正弦波脉宽调制是根据三角波载频信号与正弦波参考信号的交点，来确定逆变器中开关元件的通断时刻。在模拟控制电路中，是利用正弦波发生器、三角波发生器和比较器予以实现，如图 2-153 所示。所用元件多，控制线路复杂，控制精度也稍差。采用微机数字控制，可以克服这些缺点。

三角波变化一个周期，它与正弦波有两个交点，控制逆变器中开关元件导通和关断各一次。要准确生成 SPWM 波形，就要精确计算出这两个点的时间。开关元件导通时间是脉冲宽度，关断

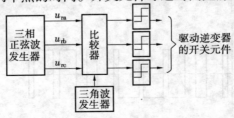

图 2-153　SPWM 控制电路框图

时间是脉冲的间隙时间。正弦波的频率和幅值不同时,这些时间也不同,但对计算机来说,时间的计算由软件实现,时间的控制由定时器完成,是很方便的。关键在于采样方法。

(a) 自然采样法。按照正弦波与三角波的交点进行脉冲宽度和间隙的采样,去生成 SPWM 波形,称为自然采样法。如图 2-154 所示,A、B 两点之间为脉冲宽度,t_2 即为开关元件导通时间,而 t_1 和 t_3 为脉冲间隙时间,也就是开关元件的关断时间,三角波的一个周期时间 T_c 则为:

$$T_c = t_1 + t_2 + t_3$$

由图中看出,A、B 两点对三角形中心线不对称,$t'_2 \neq t''_2$,虽然按相似三角形可以求出 $t_2(t_2 = t'_2 + t''_2)$ 的计算公式,但由于两波形交点的任意性,使计算公式为超越方程,很难求解出未知数 t_A 和 t_B。而且两段间隙时间 t_1 和 t_3 不相等,也增加了实时计算的难度。再有,计算 t_2 时,有三角函数运算和多次乘法、加法运算,比较复杂。因此,自然采样法虽然能真实地反映 SPWM 情况,却难以用于实时控制中,所以只适用于调速范围有限的场合。

(b) 规则采样法。为使采样法的效果既接近自然采样法,又没有过多的复杂运算,人们一直寻求工程实用的采样方法,其中应用比较广泛的是规则采样法。其出发点是设法使 SPWM 波形的每个脉冲都与三角波中心线对称。这样,图 2-154 中的 $t_1 = t_3$,$t'_2 = t''_2$,计算就大大简化了。图 2-155 所示是两种规则采样法。图 (a) 是在三角波正峰值时,找到正弦波上的对应点 D,求得电压值 u_{rd},用 u_{rd} 对三角波进行采样,得 A、B 两点,认为这两点即是脉冲的生成时

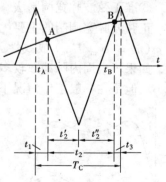

图 2-154 生成 SPWM 的自然采样法

刻，其间为脉宽 t_2，这样 $t_1 = t_3$，显然计算可简单化。但是由于 A、B 两点都处于正弦波的同一侧，而使脉宽明显偏小，形成较大的控制误差。图（b）是在三角波负峰值时，得到 D 点，采样电压 u_{rd} 在三角波上的交点 A、B 落在正弦波的两侧，采样点 A 提前，采样点 B 也提前，使 t_2 变化不大，脉宽生成误差减小，所得的 SPWM 波形就更准确了。在规则采样法中，每个周期的采样时刻都是确定的，它所产生的 SPWM 脉冲宽度和位置都可以预先计算出来。

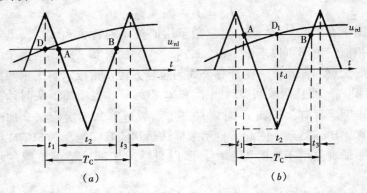

图 2-155 生成 SPWM 的规则采样法

③准正弦波脉宽调制法

正弦波脉宽调制的主要优点是：逆变器输出线电压与调制系数 $m(m = U_{rm}/U_{cm})$ 成线性关系，有利于精确调制；谐波含量小，如果每半周内脉冲数较多，电动机电流接近正弦波，转矩脉动小。但是在一般工作情况下，要求正弦波参考信号 u_r 的最大幅值 U_{rm}，必须小于三角波幅值 U_{cm}，否则，输出电压中的谐波分量增大，而且逆变器输出的线电压中基波分量的最大值减小。

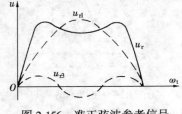

图 2-156 准正弦波参考信号

为了解决这个问题，可以

在正弦参考信号 u_{r1} 上叠加适当幅度与相位的三次谐波分量 u_{r3}，如图 2-156 所示。使得合成的准正弦波参考信号 u_r 的最大值减小，且位置发生变化。但是要注意，这时其基波分量的大小和相位并没发生变化，所以主回路输出的电压波形中，基波分量的大小也没发生变化。这样做虽然会在逆变器输出电压中产生三次谐波分量，但由于三相异步电动机负载的连接方式，可使线电流中不出现三次谐波，不影响电动机的运行。

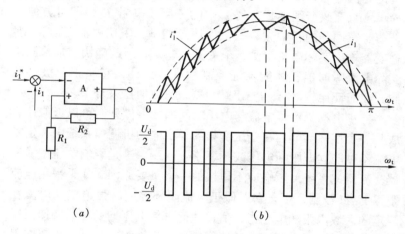

图 2-157 电流跟踪控制 PWM 波形
(a) 原理图；(b) 波形图

由于采用准正弦波脉宽调制，使参考信号的最大值减小，从而可以进一步提高正弦波参考信号的幅值，从而可在高次谐波分量不增加的条件下，增加基波分量的值，以克服正弦波脉宽调制法存在的不足之处，进一步发挥其优点。

④电流跟踪控制 PWM

电流跟踪控制 PWM 方法是一种滞后瞬时电流控制，它采用滞环比较的电流自动跟踪技术。其原理图和波形图如图 2-157 所示。滞环比较器 A 的输入信号为基准正弦波电流指令信号 i_1^* 与实际瞬时电流之差值。输出为控制逆变器上、下桥臂开关管的驱动信号。在正弦波指令电流上下设定区域上限或区域下限,如图 2-157(b)的虚线所示。当实际电流上升超出上限时,逆变器由原来对应相上桥臂开关管导通转换为下桥臂开关管导通,使输出电压从 $+U_d/2$ 转换到 $-U_d/2$,与电动机反电动势共同作用,使实际电流衰减;当实际电流下降到低于下限时,输出电压又从 $-U_d/2$ 翻转到 $+U_d/2$,使电流上升。如此通过上、下桥臂开关管的轮流导通,即形成 PWM 电压波形。这种控制方式线路非常简单,只要改变图 2-157(a)中的正反馈电阻 R_2,即可方便地调节脉宽调制的开关频率。值得注意的是,采用电流跟踪控制,逆变器输出实际电流检测是个关键问题,必须准确快速地检测出实际电流瞬时值,才能保证控制精度。另外,它属于双极性调制,在滞环比较器 A 的输出端,要设置延时触发环节。

异步电动机定子电流与电压之间的数字模型,可以近似地看成是一个惯性环节。在变压变频的异步电动机调速系统中,定子电流不可能立即跟随电压或频率指令改变,这是影响电压型逆变器交流调速系统速度响应不很快的一个重要原因。如果采用电流跟踪 PWM 控制,由于它近似于电流闭环控制,强迫定子电流在限定的区域内跟随电流指令值,从而可使电压型逆变器调速系统具有和电流型逆变器调速系统一样的动态性能。另外,由于有限的 LC 或 C 滤波,逆变器直流侧电压 U_d 不能被理想地滤波,尤其在重载时会含有相当大的纹波。对基于电压控制的系统,会有一定程度的影响。但是用电流跟踪 PWM 法控制,由于它基于电流控制,系统对电网电压波动和直流电压纹波的影响就不甚敏感了。再有,这种控制方式,可以平滑地转换到方波电压方式,从恒转矩控制区过渡到恒功率控制区。这些都是电流跟踪控制法的优点。

具体调制方式除上面介绍的外,还有"Δ"脉宽调制法、消除特定谐波法、谐波效应最小法、角度 PWM、自激振荡法、梯形 PWM、优化阶梯波 PWM、磁场轨迹法等等,方式繁多。例如 20 世纪 80 年代日本学者提出的基于磁通轨迹的电压空间矢量

PWM法，以三相波形的整体生成效果为前提，以逼近电动机气隙圆形磁场轨迹为目的，一次生成三相调制波形，算法简单，实时计算时所需的正弦函数表小，而且具有较高的线性基波电压利用率。

另外，脉宽调制方式的发展和新型功率开关元件的发展是相辅相承的。由于脉宽调制技术要求逆变器的开关元件工作频率高，而研制出高频开关元件。反过来，又由于具有自关断能力的高频开关元件的发展，促使PWM逆变器向着多样化、高性能和大功率的方向发展。目前PWM控制方式已成为中、小容量交流变频调速应用的主要控制方式，它的主电路、驱动电路已有多种系列产品，发展相当迅速。目前PWM逆变器正向着低成本、小型化、高集成化和高性能、大功率方向发展。

(2) 正弦波脉宽调制变频调速系统

如图2-158所示，是一种正弦波脉宽调制变频调速系统。主回路由晶闸管整流桥、中间直流滤波环节和大功率晶体管逆变桥组成。晶闸管整流桥用来调压，与一般晶闸管调压系统一样，采用相位控制，通过改变触发脉冲的相位角α，得到不同大小的直流电压，逆变桥只作输出频率控制，并按正弦脉宽调制方式进行工作，以改善输出电压的波形。

控制系统采用电压、电流双闭环，系统控制思想与之前介绍的转速开环的变频调速系统相同，这里不再赘述。重点介绍完成脉宽调制的电路。由前面介绍的脉宽调制方式可知，为了得到正弦脉宽调制波，可采用正弦波参考信号与载波三角波比较方法产生。由于该系统中的逆变桥只用来调频，所以这里的正弦波参考信号只要能变频即可，不需要变幅。

将三相正弦波调制信号和三角波信号在比较器中比较，其输出信号再经驱动器放大后，控制晶体管的通断，即可得到正弦波脉宽调制的输出电压波形。这里要说明的是，由于该系统中正弦波信号是正负变化的，为双极性脉宽调制。为保证不产生环流，必须在驱动器部分增加延时导通装置，使比较器输出的信号直接

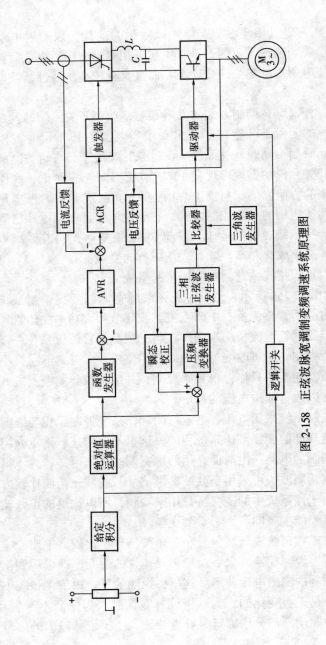

图 2-158 正弦波脉宽调制变频调速系统原理图

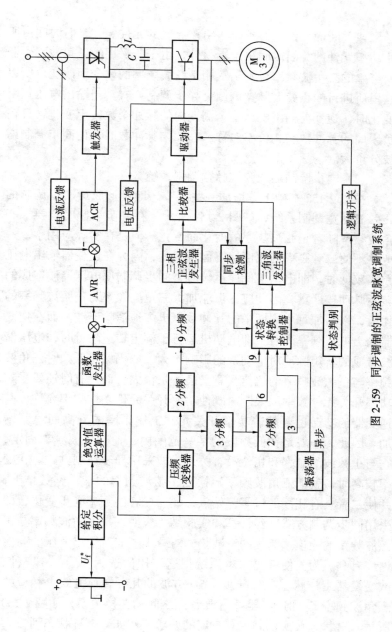

图 2-159 同步调制的正弦波脉宽调制系统

送到该关断的元件，而延时送给该导通的元件。其延时时间由所用功率元件的关断时间决定。另外，由于所采用的三角波发生器所产生的三角波频率，不随三相正弦波频率的改变而改变，所以这里所进行的正弦波脉宽调制是异步调制方式。当输出电压频率变化时，逆变器输出电压一个周期内的脉冲个数发生变化，且正负半周的脉冲数和相位不对称。在相同脉冲数时，比同步调制谐波分量大。

(3) 同步调制的正弦波脉宽调制系统

在图 2-158 基础上，增加一些环节，即可形成可同步调制的正弦波脉宽调制系统，如图 2-159 所示。在同步调制时，要求三角波频率随着正弦波频率的变化而变化。但是在实际应用中，一般并不使二者频率的比值始终保持不变，因为在逆变器输出电压频率较低时，即电动机低速运转时，同步调制使电压谐波造成的转矩脉动较严重，因此应尽可能加大三角波频率与正弦波频率的比值，以增加每个周期中的脉冲数，更多地消除谐波。而在逆变器输出电压频率高时，即电动机运行于额定转速附近时，电压谐波造成的转矩脉动对电动机的影响不大，如仍保持低频时三角波频率与正弦波频率的比值，意义已不是很大，而且有时还要受到功率开关元件频率的限制。既使功率开关元件工作频率允许，其逆变器的功耗也要随着功率开关元件工作频率的升高而急剧增加。因此，一般是在低频段的某一范围内，把三角波频率固定，它与正弦波的频率和相位没有关系，即采用异步调制方式。在频率较高时，就把三角波频率转换到正弦波频率的某一整数倍上，并使二者具有相同的过零起始点，此后二者的频率同步变化，即采用同步调制方式。经计算和实验结果表明，把三角波频率与正弦波频率的比值选为 3 的奇数倍，对减小逆变器输出电压的高次谐波有利。为简便起见，本系统把这一比值选为 9、6、3 三种。故逆变器工作状态有从异步 9-6-3 方波的几种转换方式。相应的三角波频率 $f_\triangle$ 和逆变器输出频率 f_1 之间的转换关系，如图 2-160 所示。对状态转换控制也有一定的要求，例如，一种状态到另一种状态的转换必须连续完成,其间不得有间隙时间;在任何时刻,只能有而且一定有一种工作状态的脉冲信号输出;状态转换应能可逆进行;转换点的选择,应考虑既不使逆变器的开关频率过高,又不使转换前后逆变器输出电压的跳变量过大。

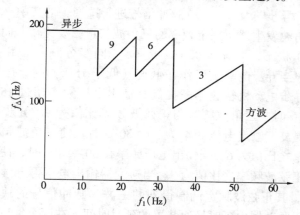

图 2-160　三角波频率 $f_\triangle$ 和逆变器输出频率 f_1 的关系

为了满足以上要求,这里增加了状态判别器、同步检测器、转换控制器及可变频的三角波发生器等环节。状态判别器主要根据给定积分器输出的给定频率大小,向状态转换控制器发出"0""1"转换信号。同步检测器主要检测正弦波和三角波同时过零的时刻,向状态转换控制器发出转换时刻的信号。状态转换控制器是实现分级同步调制的关键。系统中由压频变换器把控制频率的给定信号 U_f^* 变为相应的脉冲信号。该脉冲信号经过 2 分频和 9 分频的分频后,送入正弦波发生器。由公用的三角波与各相正弦波,在各相比较器中比较后,将信号给驱动器,再送去控制逆变器中各开关元件的通断。压频变换器的另一路,经过 3 分频和 2 分频后,分别送入状态转换控制器中。从图 2-159 可见,若以正弦波发生器输入端的脉冲频率为 1,则从 9 分频输入端得到的脉冲频率为 9,同理从 3 分频和 2 分频的输出端分别得到的脉冲频率为 6 和 3,这些信号作用于状态转换控制器上。除此三个输入端外,状态转换控制器还有三个输入端,分别来自同步检测器、振荡器和状态判别器,频率给定信号由状态判别器发出频率转换指令。在正弦波和三角波同时过零的时刻,通过同步检测器发出同步转换指令。当这两个指令同时出现在状态转换控制器上时,它就对"异步"及3、6、9脉冲信号进行选择,把其中一个信号送给三角波发生器。一定频率的三角波与正弦波比较,而得到不同的工作状态,即异步状态,9、6、3同步分频状态和方波状态。一般当异步电动机工作在低速(低于15Hz)时,进行异步调制。异步电动机转速不断提高,输出电压频率超过15Hz,但小于20Hz时,三角波频率与正弦波频率比值为9。异步电动机转速再提高,输出电压频率为20~30Hz时,使三角波频率与正弦波频率之比值为6。当输出电压频率在30~50Hz时,使三角波频率与正弦波频率之比值为3。当逆变器输出电压再继续上升到50Hz时,其正弦波脉宽调制得到的三波头脉冲信号的缺口宽度开始小于驱动器中延时导通装置的延时时间,在两个缺口处,不再发生换流,而直流过流到方波状态。同理,当异步电动机转速不断下降时,状态转换控制器也可将三角波与正弦波频率的比值不断切换,直至进入异步调制状态。

(4) PWM逆变器转差频率控制系统

在图2-161所示系统中,对输出电压、频率的控制,与第五节介绍的转差频率控制相同。这里只就其中脉宽调制信号的获得进行分析。其中脉宽调制的形成,使用可写入只读存储器(EPROM),事先采用消除特定谐波法、谐波效应最小法和其他方式,算出各种波头时的各个开关角,并将输出电压的一个周期n等分(本系统是将每个周期分为256等份),参照各种波头时的各个开关角,确定对晶闸管在每个小等份内的通断状态,然后按序存入EPROM中。

相序检测电路如图2-162所示,其中运算放大器A构成小回环的过零检测器(回环宽度要小于异步电动机的转差频率)。当给定同步频率ω_1为正时,A输出为负饱和值,VT截止,输出高

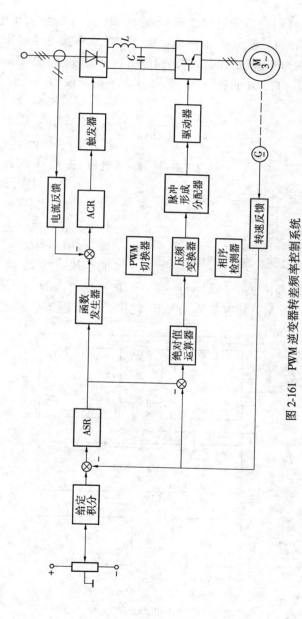

图 2-161 PWM 逆变器转差频率控制系统

电平（+5V）；当给定同步频率 ω_1 为负时，A 输出为正饱和值，VT 饱和导通，输出低电平（0V）。用 PWM 切换电路对压频变换器的输入电压进行检测，输出相应的数字信号，去控制脉冲形成分配器中 EPROM 的高位地址线，实现不同频段的脉宽调制切换。

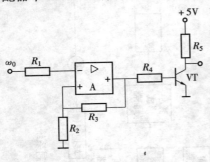

图 2-162 相序检测器原理图

脉冲形成分配器如图 2-163 所示。其中 IC_1 和 IC_2 为可预置数的 4 位二进制加/减计数器，M 端为加/减法计数控制端，CP 端为脉冲输入端。IC_1 和 IC_2 合起来具有 8 位二进制加/减法计数器的功能，共能计 $2^8 = 256$ 个脉冲，也就是以 256 个脉冲为一组，对应输出电压的一个周期。而 IC_3 为 EPROM，其容量为 16KB，它作为逆变器工作模式的存储

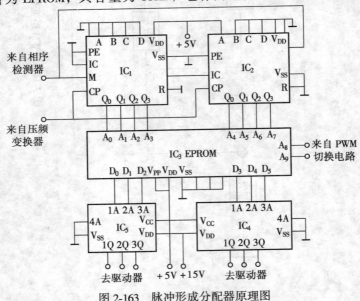

图 2-163 脉冲形成分配器原理图

器，其中 $A_0 \sim A_9$ 为地址线，$D_0 \sim D_5$ 为三态数据输出线。IC_4 和 IC_5 为电平转换器，它将 IC_3 输出的高电平 +5V 转换成 +15V，以满足脉冲功放的需要。当异步电动机机正转（频率给定信号大于零）时，相序检测器输出高电平，IC_1、IC_2 构成 8 位二进制加法计数器，从而压频变换器每送一个脉冲，对应计数器的并行输出加 1。因其 8 根并行输出线接在 EPROM 的地址低 8 位 $A_0 \sim A_7$，所以压频变换器每送来一个脉冲，对应 EPROM 地址码加 1，输出端 $D_0 \sim D_5$ 输出事先存好的在这一时刻 6 个晶闸管各自的开关状态。压频变换器输出 256 个脉冲，对应逆变器输出电压的一个周期。另外，根据 PWM 切换电路送到 IC_3 的 A_8、A_9 端信号的变化，决定其一个电压周期中的脉冲数目。当异步电动机反转（频率给定信号小于零）时，相序检测器输出低电平，IC_1、IC_2 构成 8 位二进制减法计数器，从而压频变换器每送来一个脉冲，对应计数器的并行输出减 1，使逆变器输出电压的相序与前相反。

上面介绍的是变幅脉宽调制的变频调速系统。这种系统，由于调压与调频分别进行，因此控制电路相对恒幅脉宽调制的变频调速系统来说易于实现，并且便于调整，但这种系统由于整流桥采用了晶闸管调压，所以对电网来说，在逆变器工作在低压时，电网侧功率因数低。

(5) 恒幅电压脉宽调制的变频调速系统

恒幅电压脉宽调制的变频调速系统，主回路由二极管整流桥、直流滤波电容和逆变桥组成。逆变桥输入为恒定不变的直流电压，通过改变脉冲宽度控制其输出电压大小、通过改变脉冲周期控制其输出电压频率，来实现调压及调频。由于这种系统的调压和调频直接由逆变桥决定，所以系统调节速度快，动态性能好。同时由于整流桥由二极管组成，所以既使在低压时，电网侧功率因数仍较高。图 2-164 所示是一种采用 "Δ" 脉宽调制法的调速系统。它采用 "Δ" 脉宽调制器，给它输入一个频率可变幅值恒定的正弦波调制信号，就可以由 "Δ" 脉宽调制器输出一个调制波，由此调制波决定逆变器开关元件的通断，即可满足异步

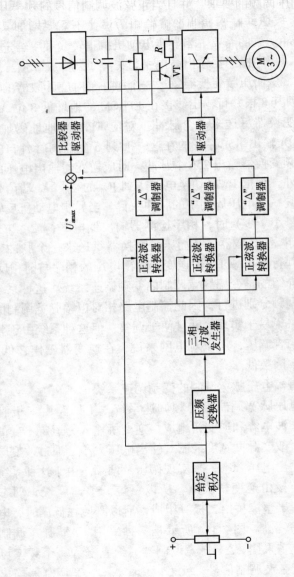

图 2-164 "Δ" 脉宽调制变频调速系统原理图

电动机调压调频的要求。并且当正弦波调制信号的频率升高到一定频率时,"Δ"脉宽调制器就输出方波,不需要增加其他控制环节,就可以自动完成恒转矩与恒功率调速之间的平滑过渡,而使系统大为简化。

由于整流桥为不可控元件,不能进行回馈制动,所以在直流回路外接了能耗电阻 R,平时功率晶体管 VT 截止,R 不接入。当要求电气制动停车或逆变器输出频率急剧降低时,电动机将处于回馈制动状态,向滤波电容器 C 充电,直流电压 U_d 升高,当 U_d 升高到最大允许电压 U_{dmax} 时,VT 导通,接入电阻 R,将部分反馈能量消耗在电阻上,以防止 U_d 过高危害逆变器中的功率开关元件。系统中的三相方波发生器电路原理图如图 2-165 所示。它由 3 个 J-K 触发器组成。开始接通电源瞬间,因电容中初始电压为零,A、B 两个触发器的 $\bar{R}$ 端为低电压;C 触发器的 $\bar{S}$ 端为低电位,$Q_A=0$,$Q_B=0$,$Q_C=1$。正电源经电阻 R 很快向电容 C 充电,使电容两端的电压和电源电压值相等,使 A、B 两个触发器的 $\bar{R}$ 端及 C 触发器的 $\bar{S}$ 端跃变为高电位,对触发器的输出值不再发生影响,而初始状态被保持下来。当压频变换器送来信号后,三相方波发生器的 Q_A、Q_B、Q_C 端得到三相互差 120°的方波,并送至正弦波转换器,将方波信号转换成恒幅正弦波,经"Δ"脉宽调制器,将按"Δ"脉宽调制的信号经驱动器放大,可控制逆变器的大功率晶体管。

9. 矢量变换控制的变频调速系统

矢量变换控制的变频调速系统,和直流转速、电流双闭环系

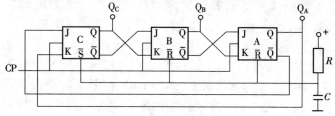

图 2-165 方波发生器原理图

统相似，只是控制信号和反馈信号不同，控制信号从直流量变换成交流量，反馈信号须由交流量变为直流量。其原理框图，如图 2-166 所示。

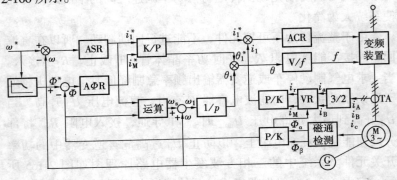

图 2-166　矢量变换控制的变频调速系统原理框图

从图中可以看出，外环为转速环，ω 与 ω^* 比较后作为转速调节器 ASR 的输入。在直流系统中，ASR 的输出是电流调节器 ACR 的给定信号，即直流电动机的电枢电流（转矩）给定信号，相当于异步电动机定子电流在转矩轴上的分量；由励磁给定与实测励磁反馈综合后，经励磁调节器 AΦR 得到与直流励磁电流对应的定子电流的励磁分量。这两个分量经直角坐标或极坐标变换器 K/P，合成定子电流幅值给定信号和相角给定信号作为 ACR 的给定，控制变频装置电流的幅值；相角给定信号用于控制逆变部分换相的控制频率。

图中，内环是电流环。电流反馈是由检测出的三相交流电经 3 相或 2 相变换器得到等效的两相电流，再经矢量旋转变换器 VR 得到等效直流电，最后经坐标变换器得到定子电流反馈信号。

在矢量变换控制系统中，由于旋转坐标轴是由磁通矢量的方向决定的，所以旋转坐标 M 和 T 又称为磁通定向坐标，矢量控制系统又叫磁场定向（Field Orientation）控制系统。由系统原理框图看出，完成矢量变换运算功能的主要有直角坐标/极坐标变换器（K/P）、矢量旋转变换器（VR）和 3 相/2 相变换器（3/2），另外还有磁通检测器。

10. 变频器的选择和使用

(1) 变频器的选择

要正确选择变频器，就要首先充分了解要求调速设备的负载性质、对调速性能及其他工艺上的要求等，然后对照各种变频器的性能、容量意义合理选用之。这里就变频器主回路、控制方式、控制系统、容量意义几个方面进行综合介绍以利用户正确选择变频器。

①主回路

前面已从理论上讲述了异步电动机所用的变频器，主回路从能量转换方式分为交-直-交和交-交变频器两大类。一般讲，交-交变频器应用于大容量低调速范围的场合。从滤波环节分为电压型和电流型变频器。电压型变频器本身不能实现回馈制动，只可以外加电阻进行能耗制动，适用于不可逆系统。电流型变频器易于实现四象限运行，适用于要求正、反转，快速制动的场合。从价格上看，交-交变频器比交-直-交变频器贵；电流型变频器比电压型变频器贵。所以在满足技术要求前提下，应考虑其经济性。

近年来由于广泛采用高频开关器件及矢量控制技术等，使交-直-交电压型变频器的控制性能及可靠性迅速提高，其控制性能已接近电流型变频器，因此应用相当广泛。

主回路中逆变器所采用的开关元件也很重要。目前中、小型变频器多采用GTR、GTO、IGBT等功率开关元件，大型变频器还采用晶闸管，由于晶闸管逆变器要采用强迫换流，主回路结构复杂、噪声大，所以尽量以可关断器件取代。GTO的最大容量已达6000A/6000V。IGBT已达600A/1400V，其开关频率高达20kHz，采用这些功率元件，可使变频器小型化、低噪声，可靠性更高。例如日本安川公司生产的G3系列通用型变频器，噪声比以前的同类产品降低了15dB，其性能优异。此类产品发展很快，市场竞争相当激烈。

②控制方式

控制方式有 U/f 恒定、转差频率控制,矢量控制等。U/f 恒定控制方式,通过函数发生器的作用,不但保持电压 U 和频率 f 比值不变,而且对定子电阻引起的压降进行补偿,理论上讲,可以使电动机的最大转矩保持不变,但实际上电阻压降不能得到完全补偿,低频时电动机的过载能力下降,只适用于风机类负载。转差频率控制系统的动、静态性能有所提高,但仍不够理想。矢量控制的变频调速系统具有理想的动、静态特性,适用于高精度的调速系统。如日本安川公司推出的 G5 系列变频器,同时具有 U/f 恒定和矢量控制(含带光码盘 PG 及无 PG 两种)等控制功能,可根据不同的应用场合,进行切换,扩大了应用范围,大大方便了用户。它还具有自动辨识电动机参数的功能,只要输入电动机的铭牌数据,就可以自动将矢量控制所需的各种参数识别出来,从而彻底解决了控制对象参数不清,影响矢量控制精度的问题,使矢量控制方式大规模地推广应用成为可能。

③控制系统

控制系统有模拟控制系统和数字化控制系统。后者体积小、重量轻、能耗少、抗干扰能力强、可靠性高,可以实现很多复杂的控制,并增加控制的灵活性,具有自诊断能力,优于模拟控制系统。现在世界主要厂家生产的变频器均已全数字化,其单片机芯片为 16 位或用 32 位 DSP。

④容量意义及容量选择

通用变频器容量以适配电动机功率(kW)、输出容量(kV·A)或额定输出电流(A)表示。适用电动机功率是以 2、4 极的标准电机为对象,表示在输出额定电流时,可以驱动的电动机功率。6 极以上的电动机和变极电机的额定电流比标准电动机大,应选用更大些的变频器,这时须按额定输出电流选择变频器。额定输出容量为决定于额定输出电流与额定输出电压的三相视在功率,通常 220V 与 200V,440V 与 400V 共用,当电源电压降低时,多数机种不能保证额定输出电压,因此输出容量不作为选用的惟

表 2-74 部分西门子变频器的技术数据

型号	额定电源电压(V)	在恒转矩负载时变频器额定输出电流(A)		在变转矩负载时变频器额定输出电流(A)	电机额定输出功率		订货号	(1)IP21 标准型变频器	重量(kg)
			过载能力 150%, 60s	没有过载输出的连续输出电流	恒转矩负载(传送带类和搅拌机类等)(kW)	变转矩负载(风机类和泵类等)(kW)		高×宽×厚(mm)	
208-240V ±10% 三相									
MDV550/2		22		28	5.5	7.5	6SE3222-3CC40	450×275×210	14
MDV750/2		28		42	7.5	11	6SE3223-1CC40	550×275×210	15
MDV1100/2		42		—	11	—	6SE3224-2CH40	550×275×210	20
MDV1500/2		54		68	15	18.5	6SE3225-4CH40	650×275×285	20
MDV1850/2		68		80	18.5	22	6SE3226-8CJ40	650×275×285	30
MDV2200/2		80		95	22	27	6SE3227-5CJ40	650×275×285	31
MDV3000/2		104		130	30	37	6SE3231-0CK40	850×420×310	55
MDV3700/2		130		154	37	45	6SE3231-3CK40	850×420×310	55
MDV4500/2		154		—	45	—	6SE3231-5CK40	850×420×310	56
380-500V ±10% 三相									
MDV 750/3		19(17)*		23.5(21)*	—	11	6SE3221-7DC40	450×275×210	14
MDV1100/3		26(21)*		30(27)*	11	15	6SE3222-4DC40	450×275×210	15
MDV1500/3		32(27)*		37(34)*	15	18.5	6SE3223-0DH40	550×275×210	20
MDV1850/3		38(34)*		43.5(40)*	18.5	22	6SE3223-5DH40	550×275×210	20
MDV2200/3		45(40)*		58(52)*	22	30	6SE3224-2DJ40	650×275×285	30

续表

型号	额定电源电压(V)	在恒转矩负载时变频器额定电流(A) 过载能力150%,60s	在变转矩负载时变频器额定输出电流(A) 没有过载时的连续输出电流	电机额定输出功率 恒转矩负载(传送带类和搅拌机类等)(kW)	电机额定输出功率 变转矩负载(风机类和泵类等)(kW)	订货号	高×宽×厚(mm)	重量(kg)
						(1)IP21 标准型变频器		
MDV3000/3		58(52)*	71(65)*	30	37	6SE3225-5DJ40	650×275×285	31
MDV3700/3		72(65)*	84(77)*	37	45	6SE3226-8DJ40	650×275×285	32
MDV4500/3		84(77)*	102(96)*	45	55	6SE3228-4DK40	850×420×310	57
MDV5500/3		102(96)*	138(124)*	55	75	6SE3231-0DK40	850×420×310	58
MDV7500/3		138(124)*	168(156)*	75	90	6SE3231-4DK40	850×420×310	60
	525-575±15% 三相							
MDV220/4		3.9	6.1	2.2	4	6SE3213-9FG40	450×275×210	14
MDV400/4		6.1	9	4	5.5	6SE3216-1FG40	450×275×210	14
MDV550/4		9	11	5.5	7.5	6SE3219-0FG40	450×275×210	14
MDV750/4		11	17	7.5	11	6SE3221-1FG40	450×275×210	14
MDV1100/4		17	22	11	15	6SE3221-7FG40	450×275×210	15
MDV1500/4		22	27	15	18.5	6SE3222-2FH40	550×275×210	20

续表

型号	(2)IP20 变频器内带 A 级滤波器			(3)IP56 变频器			可选的外加 A 级滤波器	可选的外加 B 级滤波器
	订货号	尺寸 高×宽×厚 (mm)	重量 (kg)	订货号	尺寸 高×宽×厚 (mm)	重量 (kg)		
MDV550/2	6SE3222-3CG50	690×275×210	20	6SE3222-3CS45	675×360×351	30	6SE3290-0DC87-0FA5	6SE2100-1FC20
MDV750/2	6SE3223-1CG50	790×275×210	27	6SE3223-1CS45	775×360×422	39	6SE3290-0DH87-0FA5	6SE2100-1FC20
MDV1100/2	6SE3224-2CH50	790×275×210	27	6SE3224-2CS45	775×360×422	40	6SE3290-0DJ87-0FA6	6SE2100-1FC20
MDV1500/2	6SE3225-4CH50	890×275×285	27	6SE3225-4CS45	875×360×483	50	6SE3290-0DJ87-0FA6	6SE2100-1FC21
MDV1850/2	6SE3226-8CJ50	890×275×285	44	6SE3226-8CS45	875×360×483	52	6SE3290-0DJ87-0FA6	6SE2100-1FC21
MDV2200/2	6SE3227-5CJ50	890×275×285	45	6SE3227-5CS45	875×360×483	54	6SE3290-0DJ87-0FA6	—
MDV3000/2	6SE3231-0CK50	1100×420×310	77	6SE3231-0CS45	1150×500×450	80***	6SE3290-0DK87-0FA7	—
MDV3700/2	6SE3231-3CK50	1100×420×310	77	6SE3231-3CS45	1150×500×450	85***	6SE3290-0DK87-0FA7	—
MDV4500/2	6SE3231-5CK50	1100×420×310	78	6SE3231-5CS45	1150×500×450	90***	6SE3290-0DK87-0FA7	—
MDV750/3	6SE3221-7DG50	690×275×210	20	6SE3221-7DS45	675×360×351	29	6SE3290-0DC87-0FA5	6SE2100-1FC20
MDV1100/3	6SE3222-4DG50	690×275×210	21	6SE3222-4DS45	675×360×351	30	6SE3290-0DG87-0FA5	6SE2100-1FC20
MDV1500/3	6SE3223-0DH50	790×275×210	27	6SE3223-0DS45	775×360×422	39	6SE3290-0DH87-0FA5	6SE2100-1FC20
MDV1850/3	6SE3223-5DH50	790×275×210	(27)	6SE3223-5DS45	775×360×422	40	6SE3290-0DH87-0FA5	6SE2100-1FC20
MDV2200/3	6SE3224-2DJ50	890×275×285	44	6SE3224-2DS45	875×360×483	50	6SE3290-0DJ87-0FA6	6SE2100-1FC20
MDV3000/3	6SE3225-5DJ50	890×275×285	45	6SE3225-5DS45	875×360×483	52	6SE3290-0DJ87-0FA6	6SE2100-1FC20
MDV3700/3	6SE3226-8DJ50	890×275×285	46	6SE3226-8DS45	875×360×483	54	6SE3290-0DJ87-0FA6	6SE2100-1FC20

续表

型号	(2)IP20 变频器内带 A 级滤波器			(3)IP56 变频器**				可选的外加 A 级滤波器	可选的外加 B 级滤波器
	订货号	尺寸 高×宽×厚 (mm)	重量 (kg)	订货号	尺寸 高×宽×厚 (mm)	重量 (kg)			
MDV4500/3	6SE3228-4DK50	1100×420×310	79	6SE3228-4DS45	1150×500×450	80***	6SE3290-0DK87-0FA7	—
MDV5500/3	6SE3231-0DK50	1100×420×310	80	6SE3231-0DS45	1150×500×450	85***	6SE3290-0DK87-0FA7	—
MDV7500/3	6SE3231-4DK50	1100×420×310	82	6SE3231-4DS45	1150×500×450	90***	6SE3290-0DK87-0FA7	—
MDV220/4	—	—	—	6SE3213-9FS45	675×360×351	22	—	—
MDV400/4	—	—	—	6SE3216-1FS45	675×360×351	24	—	—
MDV550/4	—	—	—	6SE3219-0FS45	675×360×351	26	—	—
MDV750/4	—	—	—	6SE3221-1FS45	675×360×351	29	—	—
MDV1100/4	—	—	—	6SE3221-7FS45	675×360×351	30	—	—
MDV1500/4	—	—	—	6SE3222-2FS45	775×360×422	39	—	—
MDV1850/4	—	—	—	6SE3222-7FS45	775×360×422	40	—	—
MDV2200/4	—	—	—	6SE3223-2FS45	875×360×483	50	—	—
MDV3000/4	—	—	—	6SE3224-1FS45	875×360×483	52	—	—
MDV3700/4	—	—	—	6SE3225-2FS45	875×360×483	54	—	—

**)A 级滤波器可装在 IP56 的外壳内

***)约重

一依据。额定电流为逆变器可以连续输出的最大交流电流的有效值,无论如何不能连续流过超过此值的电流。因此不论电动机是几对极的,都应使所选变频器的额定电流大于电动机的额定电流。考虑到现代的通用变频器保护日趋完善,以及技术改造投入费用的减少,宜尽量选用贴切的变频器。

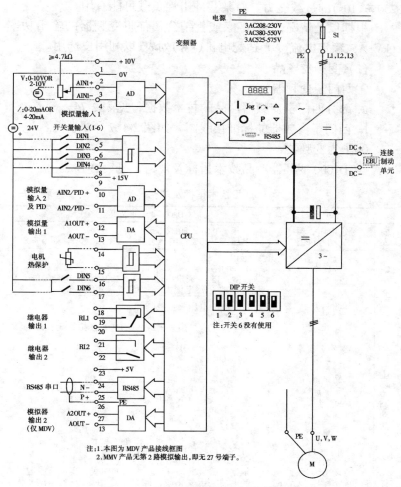

图 2-167 西门子变频器的标准接线图

另外,根据负载性质,若需要适应冲击性负载时,应增大逆变器容量。通用逆变器过流容量常为(120%,60s)、(150%,60s)。例如对于(150%,60s)的变频器,要求200%过流容量时,必须加大200/150 = 1.33倍。不同产品有不同的过流容量,例如G9有(200%,30s)的指标,CIMRYGL系列安川变频器,有(200% ~ 250%,10s)的过载能力。对某些冲击性负载可能有用。

根据以上情况,一般厂家或代销公司都将变频器的输出功率(kV·A)、额定电流(A)、适配电机(kW)列表,以利用户选用。

(2) 变频器产品

① 西门子变频器

a. 部分西门子变频器产品的技术数据,见表2-74。

b. 西门子变频器的标准接线图,如图2-167所示。

② 华为变频器

a. TD2000变频器产品技术指标及规格,见表2-75。

产品技术指标及规格　　　　　　　　　　　表2-75

	项目	TD2000-4T□□□□G/P
输入	额定电压;频率 变动容许值	三相,380V;50Hz/60Hz 电压:±20%,电压失衡率<3%;频率:±5%
输出	额定电压 频率 过载能力	380V 0 ~ 400Hz G型:150%额定电流1min,180%额定电流0.5s;P型:120%额定电流1min,150%额定电流0.5s
主要控制功能	调制方式 控制方式 频率精度 频率分辨率 启动频率 转矩补偿 转矩提升 V/F曲线 加减速曲线 制动 点动 多速运行 内置PID 内置计数器 自动节能运行 自动电压调整(AVR)	优化空间电压矢量控制 V/F控制 数字设定:最高频率×±0.1%;模拟设定:最高频率×±0.5% 数字设定:0.01Hz 模拟设定:最高频率×0.1% 0.1 ~ 60Hz 自动转矩补偿,范围:0.1%~30.0% 手动转矩提升,范围:0.1%~30.0% 任意设定V/F曲线 两种曲线:直线和任意S曲线;四种加减速时间:加减速时间1~4 直流制动,外接能耗制动 点动频率范围:0.1Hz~60Hz;点动加减速时间可设 内置PLC编程多速运行;外接端子控制多速运行 可方便地构成简易自动控制系统 配合内置PLC,可实现生产线自动控制 根据负载情况,自动改变V/F曲线,实现节能运行 当电网电压变化时,能自动适当地改变基本频率,保证电机的负载能力

续表

项目		TD2000-4T□□□□G/P
运转功能	运转命令给定	面板给定；外接端子给定；通过 RS232 由上位机给定
	频率设定	数字设定；模拟电压设定；模拟电流设定；上位机串行通讯设定
	输入信号	正、反转指令；点动选择；多段速控制；自由停车；EMS（异常停止）
	输出信号	故障报警输出（250V/2A触点）开路集电极输出
显示	四位数码显示	设定频率；输出频率；输出电压；输出电流；电机转速；负载线速度
	中文夜晶显示	中文提示操作内容
	外接仪表显示	输出频率；输出电流显示（1mA，10VDC）
	保护功能	过流保护；过压保护；欠压保护；过热保护；过载保护；缺相保护
	任选件	中文液晶显示键盘；制动组件；输入输出电抗器；远程电缆；通信总线适配器等
环境	使用场所	室内，不受阳光直晒，无尘埃、腐蚀性气体、可燃性气体、油雾、水蒸汽、滴水或盐份等
	海拔高度	低于 1000m
	环境温度	$-10℃ \sim +40℃$
	湿度	20%～90%RH，无水珠凝结
	振动	小于 $5.9m/s^2$（0.6G）
	存储温度	$-20℃ \sim +60℃$
结构	防护等级	IP20
	冷却方式	强制风冷
	安装方式	壁挂式

b. 华为变频器，电机适配数据，见表 2-76，接线图，如图 2-168 所示。

华为变频器电机适配数据表　　　　表 2-76

变频器型号		额定容量（kVA）	额定电流（A）	适配电机（kW）
恒转矩负载用系列	风机水泵用系列			
TG2000-4T0022G		3.9	6	2.2
TD2000-4T0037G		5.9	9	3.7
TD2000-4T0055G		8.6	13	5.5

续表

变频器型号		额定容量	额定电流	适配电机
恒转矩负载用系列	风机水泵用系列	(kVA)	(A)	(kW)
TD2000-4T0075G	TD2000-4T0075P	11.2	17	7.5
TD2000-4T0110G	TD2000-4T0110P	16.5	25	11
TD2000-4T0150G	TD2000-4T0150P	21.1	32	15
TD2000-4T0185G	TD2000-4T0185P	25.7	39	18.5
TD2000-4T0220G	TD2000-4T0220P	30.3	46	22
TD2000-4T0300G	TD2000-4T0300P	40	60	30
TD2000-4T0370G	TD2000-4T0370P	48.7	74	37
TD2000-4T0450G	TD2000-4T0450P	60	91	45
TD2000-4T0550G	TD2000-4T0550P	73.7	112	55
TD2000-4T0750G	TD2000-4T0750P	98.7	150	75
TD2000-4T0900G	TD2000-4T0900P	116	176	90
TD2000-4T1100G	TD2000-4T1100P	138	210	110
TD2000-4T1320G	TD2000-4T1320P	167	253	132
TD2000-4T600G	TD2000-4T1600P	200	304	160
TD2000-4T2000G	TD2000-4T2000P	248	377	200
TD2000-4T2200G	TD2000-4T2200P	273	415	220

c. 华为变频器的操作方法，如图 2-169 所示。

③格立特变频器

a. 格立特 VF-7 型变频器安装尺寸，见表 2-77。

b. VF-7 型变频器接线图，如图 2-170 所示。

c. VF-7 型变频器选型表，见表 2-78。

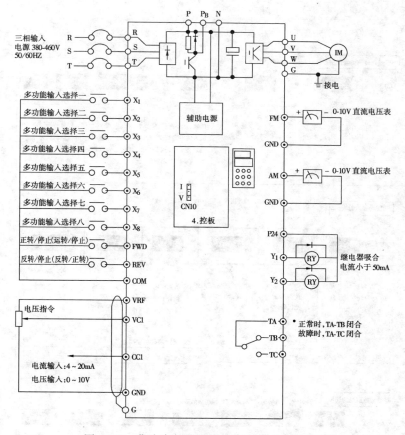

图 2-168 华为变频器基本的运行方式和接线图

注:1. CCI 可以输入电压或电流信号,此时,应将主控板上 CN10 的跳线选择在 V 侧或 I 侧;

2. 辅助电源引自正负母线 PN;
3. 内含制动组件,如制动容量不够,可在 PB、P 之间外配电阻;
4. 图中"O"为主回路端子,"⊙"为控制端子。

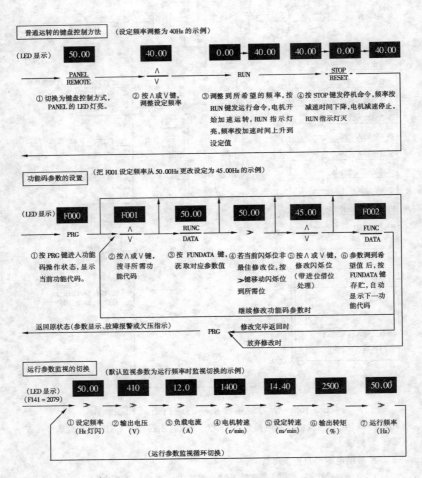

图 2-169 华为变频器的操作方法

VF-7型变频器安装尺寸表　　　表 2-77

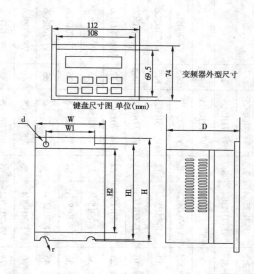

kW	H	W	D	HI	WI
0.75~5.5	260	171	170	246	136
7.5~11	358	214	192	341	166
15~18.5	394	252	223	378	226
22~30	472	294	227	450	207
37~45	556	367	281	534	275
55~75	689	427	291	665	320
93~110	993	476	316	970	300
132~187	1545	516	412	1325	354
200 以上	1700	850	470	—	—

说明：1.132-187K 为立式机箱

　　　2.200kW 以上为立式机柜

表 2-78

VF-7 型变频器选型表

kW	HP	单相 220V	电流	220/240V	电流	380/415V	电流	440/480V	电流	575V	电流	660V	电流
0.4	0.5	VF-7R40G1	2.5	VF-7R40C2	2.5								
0.75	1	VF-7R75G1	4	VF-7R75C2	4	VF-7R75G3	2.5	VF-7R75G4	2.5	VF-7R75G5	1.7		
1.5	2	VF-71R5G1	7	VF-71R5C2	7	VF-71R5G3	3.7	VF-71R5G4	3.7	VF-71R5G5	2.5		
2.2	3	VF-72R2G1	10	VF-72R2C2	10	VF-72R2G3	5	VF-72R2G4	5	VF-72R2G5	4		
4.0	5	VF-7004G1	16	VF-7004C2	16	VF-7004C3	8.5	VF-7004G4	8	VF-7004G5	6.5	VF-7004G6	5.5
5.5	7.5	VF-75R5G1	20	VF-75R5C2	20	VF-75R5C3	13	VF-75R5G4	11	VF-75R5G5	8.5	VF-75R5G6	7.5
7.5	10	VF-77R5G1	30	VF-77R5C2	30	VF-77R5C3	16	VF-77R5G4	15	VF-77R5G5	10.5	VF-77R5G6	9
11	15	VF-7011G1	42	VF-7011C2	42	VF-7011G3	25	VF-7011G4	22	VF-7011G5	17	VF-7011G6	15
15	20	VF-7015G1	55	VF-7015C2	55	VF-7015C3	32	VF-7015G4	27	VF-7015G5	22	VF-7015G6	18
18.5	25			VF-7018C2	70	VF-7018C3	38	VF-7018G4	34	VF-7018G5	26	VF-7018G6	22
22	30			VF-7022C2	80	VF-7022G3	45	VF-7022G4	40	VF-7022G5	33	VF-7022G6	28
30	40			VF-7030C2	110	VF-7030G3	60	VF-7030G4	55	VF-7030G5	41	VF-7030G6	35
37	50			VF-7037C2	130	VF-7037C3	75	VF-7037G4	65	VF-7037G5	52	VF-7037G6	45
45	60			VF-7045C2	160	VF-7045C3	90	VF-7045G4	80	VF-7045G5	62	VF-7045G6	52
55	75			VF-7055C2	200	VF-7055C3	110	VF-7055G4	100	VF-7055G5	76	VF-7055G6	63
75	100			VF-7075C2	260	VF-7075G3	150	VF-7075G4	130	VF-7075G5	104	VF-7075G6	86

续表

kW	HP	单相220V	电流	220/240V	电流	380/415V	电流	440/480V	电流	575V	电流	660V	电流
93	125			VF-7093G2	320	VF-7093G3	170	VF-7093G4	147	VF-7093G5	117	VF-7093G6	98
110	150			VF-7110G2	380	VF-7110G3	210	VF-7110G4	180	VF-7110G5	145	VF-7110G6	121
132	175					VF-7132G3	225	VF-7132G4	216	VF-7132G5	173	VF-7132G6	150
160	220					VF-7160G3	300	VF-7160G4	259	VF-7160G5	207	VF-7160G6	175
187	250					VF-7187G3	340	VF-7187G4	300	VF-7187G5	230	VF-7187G6	198
200	270					VF-7200G3	380	VF-7200G4	328	VF-7200G5	263	VF-7200G6	218
220	300					VF-7220G3	415	VF-7220G4	358	VF-7220G5	287	VF-7220G6	240
250	330					VF-7250G3	470	VF-7250G4	400	VF-7250G5	325	VF-7250G6	270
280	370					VF-7280G3	520	VF-7280G4	449	VF-7280G5	360	VF-7280G6	330
315	420					VF-7315G3	600	VF-7315G4	516	VF-7315G5	415	VF-7315G6	345
375	500					VF-7375G3	720	VF-7375G4	650	VF-7375G5	520	VF-7375G6	432
400	530					VF-7400G3	760	VF-7400G4	700	VF-7400G5	560	VF-7400G6	465
500	665					VF-7500G3	940	VF-7500G4	870	VF-7500G5	700	VF-7500G6	580

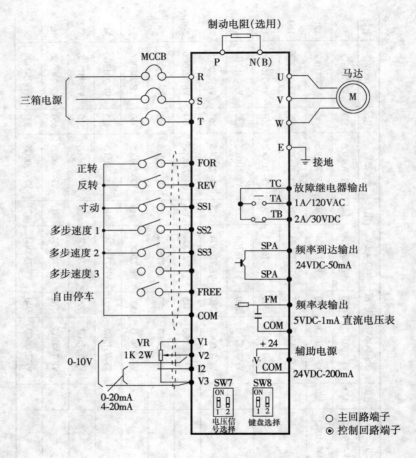

图 2-170　VF-7 型变频器接线图

（3）使用变频器时应注意的问题

①电动机容量的选择

变频调速系统中，电动机由逆变器供电，无论采用哪种控制方式，逆变器的输出都不是完全的正弦波，其中的谐波分量要产生谐波损耗。如果生产工艺要求电动机长时间低速运行，电动机的散热情况要变坏。这两种因素都使电动机的温升增高，因此在选择电动机的容量时，除按负载情况计算外，还应适当加大一些,也可采用强迫通风方式解决散热问题。

②使用环境

变频器的使用环境包括周围温度、湿度、周围气体、振动等。周围温度的允许值为 0~40℃ 或 10~50℃。对全封闭结构,上限温度为 40℃。因为变频器运行中发热,使控制柜内温度升高,应加大控制柜尺寸,或增设换气装置。周围湿度推荐为40%~90%。湿度过高,有使电气绝缘降低和金属部分的腐蚀问题。周围湿度过低,容易产生空间绝缘破坏。另外,周围不应有腐蚀性、爆炸性或易燃性气体、粉尘和油雾等。如使用场所有爆炸性或易燃性气体存在,变频器内产生火花的继电器和接触器,以及在高温下使用的电阻等器件,可成为发火源,有时甚至造成事故。有腐蚀性气体时,金属部分被腐蚀,将不能长期保持变频器的性能。粉尘、油雾若在变频器内附着、堆积,将导致绝缘降低,对强迫冷却方式的变频器,将引起内部温度升高,不能稳定运转。这些场合下须选用密封防爆型产品。振动加速度被限制在 0.3~0.5g 以下,超过允许值,结构的紧固件将会松动,接线材料由于机械疲劳而折损,以及继电器、接触器等有可动部分的器件误动作,而导致不能稳定运转。对机车、船舶等明显具有振动的场合,必须选择有防振措施的机种。

③电缆的选择

主回路电缆必须依据电流容量、短路保护、电缆压降等条件选择。逆变器和电动机间的电缆铺设距离长,电阻压降大,特别是逆变器输出频率低时,输出电压也低,电压降比例加大。逆变器和电动机间的压降以额定电压的 2% 为允许值。由以上所述,可列出如下公式:

$$R \leqslant \frac{1000\Delta U}{\sqrt{3}\, lI}$$

式中　R——单位长度电缆的电阻值（mΩ/m）；

　　　ΔU——允许线间电压降（V）；

　　　l——相电缆的铺设长度（m）；

I——电流（A）。

由已知条件计算出单位长度电缆的电阻值，选择主回路电缆，使其电阻不超过计算值。另外，由于变频器输出为脉冲调制波，而非完全正弦波，除基波分量外，还有高次谐波成分，所以有较强的集肤效应，使线路的等效电阻增大，一般按经验选择电缆。变频器与电动机之间的连接电缆截面积，应比电动机正常接线的电缆截面积大一级。接地电缆必须用 1.6mm^2 以上的软铜线。控制回路电缆，推荐用 1.25mm^2 或 2mm^2 的电缆。如距离短，电压降在允许值内，使用 0.75mm^2 电缆更经济。应选用屏蔽电缆，而且应利用已接地的金属管或金属通道铺设。

弱电压、电流回路（1~5V，4~20mA）用电缆，特别是长距离的控制回路电缆，采用绞合线，而且全长进行屏蔽。铺设距离要尽可能短，否则将增大电磁感应的干扰。与频率表接线端子连接的电缆长度取 200m 以下，距离长，将使频率表的指示误差增大。

电缆的接地在逆变器侧进行，使用专设的接地端子，不要与其他的接地端子公用。信号电缆与动力电缆要分开铺设。

④通电前的检查

根据用户使用说明书接线后，先进行通电前的检查。即先从外观上检查变频器的型号是否有误；安装环境是否满足要求；装置有无破损；螺钉、螺母是否松动，插接件是否插牢；电缆直径、种类是否合适；主回路、控制回路和其他的电气设备连接有无松动；接地是否可靠；更要检查有无接线错误，注意切记输出端子 U、V、W 接电动机，R、S、T 接电源。

⑤单个变频器运行及负载运行

通电前检查后，先不接电动机，使变频器通电运行。按生产设备要求，设定加减速时间，再投入主回路电源，相应信号灯亮，如无异常，用速度给定器调到最高频率。

在确认电动机及机械部分无异常后，进行变频器的负载运行。用速度给定器使电动机在低频、高频、加减速及停车等不同状态下运行，观察有无异常。如在加减速过程中，有过载现象，是因为相对于负载的大小，加减速时间给定过短所致。可在电动机停转后，把加减速时间给定长些。

⑥变频器的寿命

变频器属于可修复的产品，即平均无故障时间表示其可靠性，一般平均寿命可达 10000h，容量在 75kW 以上的变频器平均寿命短些，只要达到 5000h 就可称为长寿命。因为电力电子产品若在这段时间无故障，就不易产生什么故障了。变频器可靠性指标为 10000h。

变频器失效由三种原因造成，即早期失效，应力失效和耗损失效。早期失效是由于设计和生产加工的缺陷造成的，如变频器焊接时的虚焊，所用元件反压不够等等。

在使用变频器过程中，应做好日常的维护和检查。观察运行中有无异常现象，如安装环境、冷却系统、振动、过程等。定期检查螺栓、螺钉等紧固情况，导体、绝缘有无腐蚀、破损，并应经常测量绝缘电阻，检查和更换部分零件。发生故障时及时排除，变频器常见故障及解决方法，见表 2-79。

变频器常见故障及解决办法　　　　　表 2-79

故障现象	故障原因	解决办法
欠电压	电源电压过低，电源质量有问题或同一电网上有大功率电动机起动	测量电源电压大小，改善电源质量
对地短路	电动机绝缘变坏或负载侧配线破损	找到故障原因后，处理完再运行
过电流	负载线间短路或启动时间过短	检查电动机的绕组电阻或延长加速时间（此种故障若多次出现，可能会损坏 GBT，请注意查明原因，并解除后再运行）
过电压	减速（急停）时间过短	延长急停时间
熔丝熔断	变频器输出短路或接地短路	找出故障原因，解除后，更换熔断器
IGBT 散热器过热	环境温度过高或散热风扇损坏	降低环境温度或检修散热风扇

第三章 电梯的电气控制系统

第一节 电梯的电气控制

一、电梯的电力拖动系统

电梯主要由机械系统、电气系统、安全系统三部分组成。电气系统是电梯作功的动力,它使电梯能够根据人们的意愿作一定形式的运动,例如匀速启动、稳速运行、平滑停车、准确平层、及时开门、安全节能等,这些功能都要靠拖动系统——电动机和控制系统——信号指令、调速控制等来完成。

(一)交流拖动系统

电梯的拖动主要有直流拖动与交流拖动两大类。交流拖动分交流异步与交流同步两种拖动型式。交流异步拖动又分单速、双速、调速三部分。直流拖动分直流发电机——电动机、晶闸管励磁拖动和晶闸管直接供电拖动。

1. 交流单速拖动系统

(1) 工作原理

如图 3-1 所示,单速拖动所用电动机仅有上、下两个方向的控制,电梯启动、运行和制动各环节均以单一速度进行。

(2) 主要性能特点

①结构简单、可靠性高,元器件少,造价低,维护保养方便。

②因速度单一,保证不了平层准确度和乘坐舒适感。因此,只适用于速度为 $0.25\sim0.3\mathrm{m/s}$ 的杂货梯。

2. 交流双速电梯电力拖动系统

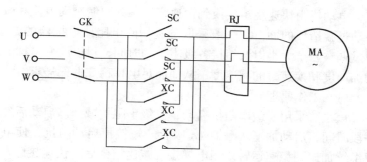

图 3-1 交流单速拖动系统原理图
GK—总电源开关;MA—交流单速电动机;SC—上行接触器;
XC—下行接触器;RJ—热继电器中热元件

该系统所用电动机多为 4/16 或 6/24 速比为 2:1 快速与低速两个绕组。快速绕组用于启动、运行,低速绕组用于平层,如图 3-2 所示。启动时,为限制启动电流的冲击,一般在定子电路中串入阻抗,随着运行速度的提高,逐级将阻抗短接切除,使电梯速度逐渐加快,直至进入稳定运行状态。接近平层时,电梯换

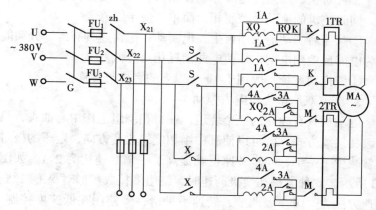

图 3-2 交流双速、双绕组电梯电力拖动原理图
G—总电源开关;zh—极限开关;S—上行接触器;X—下行接触器;K—快速接触器;
M—慢速接触器;1A—加速接触器;2A、3A、4A—减速接触器;XQ—启动、减速用电抗器;RQK—启动电阻器;RQM—减速电阻器;1TR、2TR—热继电器中热元件

速,电动机由快速绕组转换到慢速绕组。为限制制动电流和减速制动过猛造成的冲击,一般采取分级切除电阻或电抗器的方法,通过调整阻抗大小以及短接各级阻抗的时间,可以改变电梯的启动加速度和换速时的减速度,从而满足电梯稳定性的需求。

(1) 工作原理

该系统采用一级串阻抗启动,三级串阻抗减速。启动后经过一段时间,启动加速接触器 1A 吸合,短接掉启动阻抗,使电动机继续加速到稳速运转。当电梯接到减速指令后,快速接触器 K 释放,慢速接触器 M 吸合,慢速绕组串电阻电抗运行,延时一定时间后,2A 吸合,短接一部分电阻,当 3A、4A 相继吸合后,逐级在不同时间将阻抗器全部短接,电动机开始慢速运行,直至"S"或"X"释放,电动机停止运转。

(2) 主要性能特点

①因有两种速度,大大提高了运行效率,同时又以慢速平层,使平层准确度得以提高。

②可对快、慢两种速度分别控制与调节,使整机性能大为改善。同时整机的拖动及控制相对简单,便于维修。

③减速后制动前采用再生发电制动,把快速具有的部分动能转为电能反馈到电网中,使电能消耗相对降低。

④该拖动系统一般用于 1m/s 以下的客梯与货梯上。

3. 交流双速单绕组电力拖动

电动机具有独立的三个绕组,在每相绕组上作中心抽头,只要改变接线方式,就可以使其中半相绕组改变方向,定子的极对数就减少了一半,同步转速也就提高了一倍,速比为 2:1。如图 3-3 所示。此种电梯在换极调速时,绕组多接成星形对星形联结。调速方法为一级一级调节,转速不平滑,多使用在低速度控制、对调速要求不高的场合。

由于这种控制方式简单经济,因而货梯上得到了广泛应用。

4. 交流双速涡流制动的拖动系统

在交流电梯拖动系统中,除变极调速、调压、调频调速以

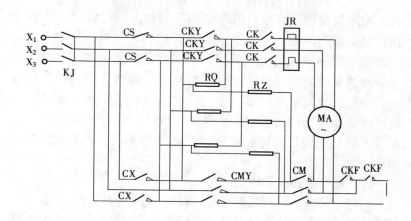

图 3-3 单绕组双速电机拖动原理图

外，还有涡流制动器调速系统原理图如图 3-4 所示。此种调速系统曳引电动机为三相电梯电动机，它的启动和稳速运行与普通电梯相似。它以 16 极 4 极分级启动、加速，并以 4 极投入稳速运行。至减速位置时，电梯电机切断电源，而由电子系统控制的涡流制动器，按距离制动，直到平层。

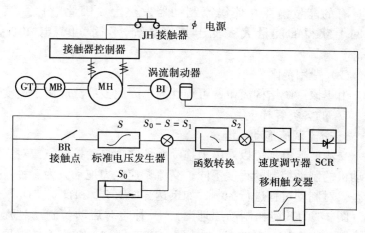

图 3-4 涡流制动控制原理图

按距离制动减速是根据电梯的不同额定速度,给一个事先设定好的减速距离 S_0,减去正在进行的路程 (S_1) 即 $S = S_0 - S_1$,将所得的 S 进行方根处理后即瞬时速度量,将这一瞬时速度量作为涡流制动器的给定量。随着 S 的缩短,其制动强度也相应减小,直到准确停车为止。不仅制动减速度随距离的缩短而减弱,而且制动减速过程也是转速反馈的闭环控制过程,从而大大提高了控制质量和精度,使电梯的平层准确度在 ±7mm 之内。

(1) 系统主要性能特点

①结构简单,可靠性高。由于启动和稳速均是开环控制,仅在减速制动时为闭环系统,因此它较其他系统简单,比变极串阻抗调速平稳节能。该系统控制是通过控制涡流制动器内的电流来实现的,被控制对象是一个数值不大的控制电流,使控制不仅容易做到,而且可靠性高。

②按距离制动,直接停靠,使电梯平层准确度始终能保持在 ±7mm 之内。

③由于制动减速时电机撤出电网,靠涡流制动器把系统所具有的能量消耗在使涡流制动器发热上,因此电梯系统从电网上获得的能量大大低于其他系统,一般可节电 20% 左右。

(2) 适用范围

由于该系统结构简单,可靠性高,因此被广泛应用于速度小于 2m/s 的各类客梯上。

5. 交流调速拖动系统

交流调速电梯可以对电力拖动系统实现自动控制。按对交流电动机的制动控制的程度不同,交流调速电力拖动分为三种:一种是仅对制动过程进行控制,如迅达"DYN-Z"和日立"DB"系统(图3-7 为其能耗制动原理图);一种是对启动与制动过程加以控制,如迅达"DYN-S"和德国"ERTL"、"Loher"系统;再一种是对整个过程加以控制,如三菱"Gilad"系统(其能耗制动原理图如图 3-5 所示)。按控制方式不同可分为能耗制动、反接制动、动力制动(图 3-6)为美国"GAMMA-160S"系统交流制动原理图)等种类。

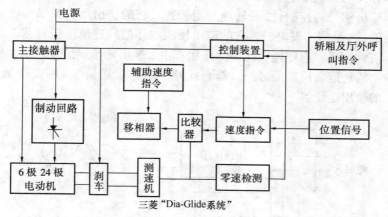

图 3-5 交流能耗制动原理图

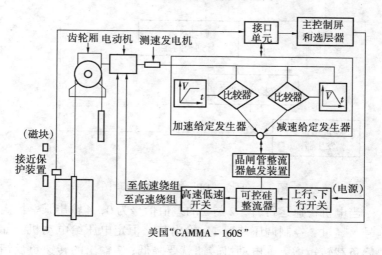

图 3-6 交流动力制动原理图

异步电动机的工作电压不允许超过额定值,所以调压调速只能在额定电压以下进行。我们知道，电压愈低，机械特性部分的硬度愈小，这就限制了调压调速的范围。图 3-8 中 1 是供给三相异步电动机定子电压的调压装置，它的输出电压受调压装置 5 的输出信号的控制；2 是转速给定装置，它的输出反映要求的转速值；3 是测速发电机，它的输出反映实际的转速值，极性与 2 的极性相反，起转速负反馈的作用；由 2 输出的给定信号同由 3 输出的转速负反馈信号经过综合线路 4 综合后送给 5，用来控制 1 的输出电压。

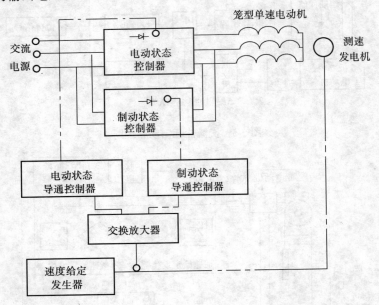

图 3-7　日立"DB"能耗制动原理图

当电机稳速运行时，2 与 3 的差值信号为 0，4 输出某一恒定信号，经过 5 控制调压装置 1，输出某一恒定电压给电动机。如果静负载转矩增大，电动机转速就要降低；3 输出的转速负反馈信号因而减小，2 与 3 的差值为正值，此差值使 1 的输出电压升高，电动机的转速因而也提高。随着转速的升高，2 与 3 的差值减小,当转速重新恢复到稳定运行时,2 与 3 的差值又为零,1 的输出电压不再升高。此时电动机运行在电压 U_1 的机械特性 A 点上,转速为 n_1,当静负载转矩 Mj_1 增大到 Mj_2 时,电动机运行在电压 U_2 的机械特性 B 点上,转速恢复到 n_1。在这种系统中,电梯转速的变化能够反过来影响加到电动机定子的电压,从而控制转速的变化,所以称为闭环控制。如果开环控制,在静负载转矩增大到 Mj_2 时,稳态转速将降到 n_2,这就能比较明显地看出闭环控制的优越性。

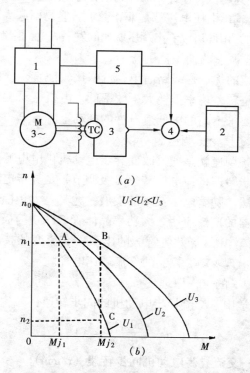

图 3-8 调压调速闭环控制方块图与机械特性
（a）方块图；（b）机械特性
1—调压装置；2—转速给定装置；3—测速发电机；
4—综合线路；5—控制环节

(1) 交流调速的特点

①交流调压调速开环控制调速范围不大,闭环调速范围大,可达1:10,可用于低速梯。

②调速的平滑性可以是有级也可以是无级调速。

③只能在基速以下调速。

④开环初次投资低,闭环初次投资高。

⑤由于调速是靠增大转差率使转速降低的,转差率又不能加以利用,所以转速越低,损耗越大。再者由于晶闸管调压装置是依靠相位控制的,输出电压电流都是非正弦波,容易引起高次谐波,影响电动机出力,由此可以看出调压调速的发展将受到限制。

(2) 调压调速的使用范围

调压调速的优点是线路简单,价格比较便宜,使用维修不太复杂。缺点是转差功率损耗大,效率低,电机极易发热,只适用于调速精度要求不高的中低速电梯的拖动上。

6. 交流变频变压调速

交流变频调速就是通过改变异步电动机供电电源频率而调节电动机的同步转速,使电机转速无级调节,是异步电动机较为合理的调速方法。随着电子技术的发展,尤其是大规模集成电路和大功率放大器的广泛应用,大功率晶体管 GTR、门极可关断晶闸管 GTO 和功率 MOS 场效应管等的出现,交流变频技术逐步得到完善,开始出现 VVVF 控制的交流调速电梯。

(1) VVVF 的工作原理

在电机学中,交流异步电动机的同步转速:

$$n = \frac{60f_1}{p}(1-s)$$

式中　n——交流异步电动机同步转速 (r/min);

　　　f_1——交流电动机定子供电频率 (1/s);

　　　p——交流异步电动机极对数;

　　　s——转差率。

从以上公式可知,除了改变极对数能改变交流异步电动机的同步转速外,改变施加于电动机端的电源频率 f_1 也可以改变其转速,从而控制电动机运行。如图3-9所示,变频调速电力拖动系统采用交-直-交型电流控制系统。它先将三相交流电压经晶闸管整流装置变成直流电压(即该整流装置通过脉幅调制器(PAM)输出可调直流电压),然后经大电感 L 送入逆变器(即将直流电压经可任意控制的开关电路、输出频率和幅值均可调的三相交流电),该逆变器由大功率晶体管组成,以脉宽调制方式(PWM)输出可变电压和可变频率的交流电供给交流电动机,控制电动机的运行。

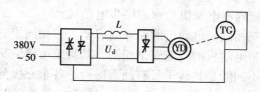

图3-9 变频变压电力拖动原理图

(2) 主要性能特点

①VVVF控制系统启动加速和制动减速过程非常平稳,按距离制动,直接停靠,平层准确度可保证在±5mm以内。

②该拖动系统不仅可以工作在电动状态,也可以工作在再生发电状态,使系统电能消耗进一步降低。

③该系统全部使用晶闸管和半导体集成器件,工作可靠效率高。由于采用电流型逆变器变换系统,所以不须采用快速晶闸管器件,只用一般晶闸管元件即可。

④该系统具有磁通与转速恒定的静态稳定关系,但与直流驱动系统相比,受电磁惯性影响的动态转矩控制能力较差。

(3) 应用范围

VVVF变频调速拖动系统驱动的交流异步电梯产品应用的有三种:速度小于2m/s的用涡轮涡杆减速箱交流异步调频电梯;速度为2~4m/s的斜齿轮减速传动的中、高速电梯,由于斜齿轮传动噪声大,以及星形减速器;速度大于4m/s的超高速交流异步调频调压电梯,即无齿轮箱的低转速电动机拖动的电梯,在节能方面效果更加明显。

7. 交流同步永磁电动机驱动系统

交流同步永磁电动机曳引电梯是较为理想的一种拖动方式。交流异步 VVVF 拖动系统在节能和舒适感方面是其他电梯所不可比拟的,但在低、中速时需用减速箱以提高转矩,这就限制了它的使用范围与节能效果;而交流同步变频变压调速电梯在中低速时也可无齿拖动,使节电效果又大大提高一步,它比同档次 VVVF 交流异步梯节能 40%~50%。

(1) 交流同步电动机与永磁同步电动机

①交流三相同步电动机的原理与启动。三相同步电动机的构造与三相异步电动机的构造完全相同,其绕组可接成星形也可接成三角形,不同的是其转子具有凸形磁极。各个磁极分别产生一定方向的磁通,而成为 N 极或 S 极。转子的磁通可以是永磁的也可以是通入直流电励磁的。

当定子绕组中通过三相电流后,便产生旋转磁场,这个旋转磁场的磁极对转子上的异性磁极产生极强的吸力,吸住转子,强迫转子按定子旋转磁场的方向并以同样转速而旋转,所以称其为同步电动机。

在电源频率和定子绕组的磁极对数为定值的条件下,旋转磁场的转速恒定不变,这时无论同步电动机轴上的负载增大(不能超过额定允许量)还是减小,它的转子转速总是保持不变。由此可见,同步电动机有绝对硬的机械特性。

同步电动机不能自动启动。这是因为当电动机接通三相电源后,其旋转磁场立即以同步转速旋转,但转子具有惯性,不能立即旋转,所以这时旋转磁场的 N 极和 S 极同时同转子的 N 极(或 S 极)相遇,以致在很短时间内受到两个方向相反的作用力,使其平均转矩为零,转子不能启动。

为了能正常启动,通常在转子极面上装置一个启动绕组,其构造与异步电动机笼型转子相似。启动时,转子不通电,和启动异步电动相似,当转子接近同步转速时,再对励磁绕组送入直流励磁,使各磁极产生固定的极性、依靠旋转磁场对磁极的吸力,转子立即被牵入同步。称为同步电机的异步启动法。

②交流同步永磁电动机。电梯用同步电动机的转子是用高磁性材料稀土制成的永磁转子,它具有一个恒定的磁场。用 VVVF 技术控制定子绕组的磁极旋转频率,使电动机在启动或慢速制动停车时都有一个变速均匀的平滑的可变频率,保持电机旋转力矩不变。这样,电机在此允许的速度范围内无论速度快与慢,硬特性都保持不变。这就使 2m/s 以下的电梯不必使用齿轮减速箱也能作良好的慢速运行,从而达到节能省油、低噪声、少污染的效果。

(2) 交流同步电动机的结构与特点

永磁同步 VVVF 电梯的曳引系统由三部分组成:交流永磁电动机、制动器和曳引轮。曳引轮还可与电动机同体,使其体积更小。电动机的励磁部分由稀土永磁材料制成。因稀土磁性材料磁性大,所以电机的体积和重量都可以减少,做得小巧轻便,可实现无机房和小机房。它无滑差损耗、无励磁损耗,不需消耗润滑油。因不用励磁且定子铜耗也相对较小,因此此种电机功率因数近似于 1,效率高。其特点是:

①启动电流低,仅为同类 V^3F 异步电机启动电流的 60%,因此电动机发热少,机房内不需空调,只要空气流通即可。

②运行平稳,低运行速度。1m/s 以下电梯,电机转速仅为 25.5r/min;2m/s 电梯,电机转速仅为约 58.8r/min。因此,能减少摩擦和噪声以及制动时的能源耗损和热量。

③可不要机房,将轻便的曳引机安装在井道上部或轿厢下,既简化了电梯结构,又节省土建资金。

④曳引驱动系统不使用减速厢,降低了摩擦损耗,节电,省油,从而减小了对环境的污染。

⑤驱动电机采用两个独立制动系统,使电梯运行安全可靠。

⑥VVVF 调制驱动系统配合低速驱动电机,使电梯运行更加

平稳舒适。

我国稀土资源丰富，永磁同步电动机发展前途无量，可以取代所有其他拖动，从而节约更多的电能和油。既节约了资金又可保护环境。驱动系统简单紧凑、体积小、功率大、能耗低、无噪声是交流同步电机的优点，也是它具有很好的发展前途的依据。

(二) 直流拖动系统

1. 晶闸管励磁的 F-D 电力拖动

该系统广泛用于 2m/s 以下的中低速梯。

(1) 工作原理

如图 3-10 所示，该系统由给定信号经过积分、转换后输出一个以时间为原则的速度给定信号。速度给定信号、测速电压信号由测速机测得，与电梯速度成正比。这两个信号比较后得到的误差信号加到比例-积分速度调节器调节，输出后加到反并联的两组触发器上，使两组触发器同时得到两个符号相反、大小相等的控制信号，控制两组触发器的输出脉冲同时向相反方向作相等角度的移动，从而控制整流器输出电压和极性。晶闸管整流器输出电压控制直流发电机的励磁磁通，使发电机电枢输出电压随之变化，电动机转速也随发电机输出电压的变化而变化，最终达到速度自动调节的目的。

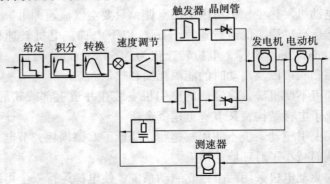

图 3-10　直流电梯拖动系统工作原理图

当换速器输出一个正常电压信号时,与测速发电机电压信号比较后,加给速度调节器一个正的速度误差信号,使其输出一个负电压信号,加到正向组触发器上,使正向组触发器输出脉冲前移,正向组整流组工作在整流状态。同时反向组触发器输出脉冲后移,反向组晶闸管整流组工作在待逆变状态。结果供给发电机正的励磁电流,并使其输出正电压,电动机正转。反之,当换速器输出一个负电压信号时,误差信号为负,速度调节器输出为正,正向组脉冲后移、反向组脉冲前移,使正向组整流器工作在待逆变状态,反向组整流器工作在整流状态,发电机得到反向励磁电流,输出负电压,电动机反转。

(2) 主要性能特点

①一方面,系统随给定曲线启、制动使其过程平稳。另一方面启、制动均按时间原则进行,虽有电流、速度、电压反馈进行补偿调整,但对外来干扰信号(元器件性能变化)和负载的微小变动不易反映出来,因此,必须有低速爬行段,这就限制了电梯的运行速度。

②调速范围较大(50:1),因此,停车前的速度可以调得很低,使电梯的平层准确度保证在 ±5mm 以内。

③主驱动调速装置为分立元件,体积大,可靠性低,系统易受干扰影响,整机能量损耗大。因此限制了它的使用。

2. 晶闸管直接供电的直流电梯

(1) 工作原理

如图 3-11 所示,可逆驱动系统主要由两组晶闸管整流器取代了 F-D 组。整流器的结构型式多用三相桥式或三相零式电路,就主电路环流控制而言,多采用逻辑无环流或错相位无环流系统,很少采用环流系统。

由于对两组晶闸管整流器进行相位控制,可使其处于整流或逆变状态,这就相当于 F-D 系统中的直流发电机处于发电状态或是电动机状态,从而能充分满足电梯运行的各种状态。

(2) 主要性能特点

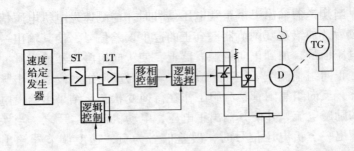

图 3-11　直接供电的直流梯拖动系统原理图

①不用 F-D 使系统省电 20%～30%，且机房噪声大大降低，维修量减小了。

②按时间原则启动、按距离制动，使电梯运行平稳，平层准确（±5mm 以内）。

③电气控制复杂，调试比较困难，但是一旦调试完毕，系统的特性和参数就不易变化。

它适用于运行速度大于 2.5m/s 的高速电梯。

二、VVVF 控制的矢量变换与脉宽调制

直流电机具有调速方便、快速便当的优点，但却因电动机结构复杂、体积大而笨重、耗电多、价格贵、维修复杂困难等缺点，在梯速 6m/s 以下的电梯上已很少使用。交流电机虽不便调速，但它有很多优点，如结构简单、制造方便、价格低廉、维修方便容易等，这是直流拖动无法比拟的。可关断晶闸管、大规模集成电路、大功率二极管以及微机的使用，使一些过去一直解决不了的技术难题得以突破。例如调频过程中的矢量变换、脉宽调制等，这就给交流调速带来了无限生机，为交流电机替代直流电机扫清了道路。

（一）矢量变换原理

交流电机三相绕组 A、B、C 通以三相正弦平衡电流 i_a、i_b、i_c 时，即产生转速为 ω_0 的旋转磁通 Φ，如图 3-12（a）所示。

图 3-12（b）所示是两相固定绕组 α 和 β（位置上相差 90°），

通以两相平衡交流电流 i_α 和 i_β（时间上相差 $90°$）即产生旋转磁通 Φ。当旋转磁场的大小与转速都相同时，图 3-12（a）和（b）等效。

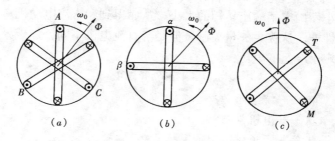

图 3-12 旋转磁场的产生

图 3-12（c）为两个匝数相等、互相垂直的绕组 M 和 T，分别通以直流电流 i_M 和 i_T，产生位置固定的磁通 Φ，如果使两个绕组同时以同步转速 ω_0 旋转，磁通 Φ 自然随着旋转起来，也可以和（b）、（a）等效。假设观测者自己站在铁芯上与绕组一起旋转时，所看到的是两个通以直流的互相垂直的固定绕组。图 3-13（a）为固定的 M、T 绕组产生的磁势，（b）为直流电动机的磁场和电枢磁势。两者比较后可以发现，M 绕组相当于励磁

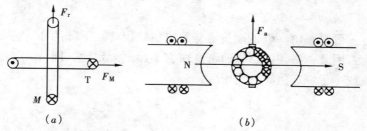

图 3-13 旋转磁场与直流磁场等效

绕组，T 绕组相当于电枢绕组，如果将（b）直流电动机连同转子与励磁绕组一起旋转时，其磁势与图 3-12（c）等效。换句话说，感应电动机定子电流中存在着励磁分量 i_M 和转矩分量 i_T。

因此可用类似控制直流电动机的方法来控制交流电动机。i_a、i_b、i_c 与 i_α、i_β、及 i_M、i_T 之间存在着确定的关系，要保持 i_M 和 i_T 为某一定值，则只要 i_a、i_b、i_c 按一定规律变化，i_M、i_T 的大小便确定了输出转矩的大小，从而得到和直流电动机一样的控制性能。这称为矢量控制。但是与直流电机不同，加于异步电动机定子绕组的电压：

$$u_1 \approx 4.44 f_1 W_1 K \Phi$$

式中　W_1——绕组匝数；

　　　K——电机常数；

　　　f_1——定子供电电源频率；

　　　Φ——电机气隙磁通。

要改变交流电机的转速，需改变 f_1，如果 f_1 减少而 u_1 维持不变，由式中可见，Φ 将增加。这就会使磁路饱和，励磁电流上升，即定子电流上升。

如果 u_1 不变，f_1 上升，则 Φ 将减少，又从转矩公式：

$$T = C_M \Phi I_2 \cos\Phi$$

式中　C_M——电机常数；

　　　I_2——转子电流；

　　　$\cos\Phi$——转子功率因数。

可以看出，Φ 的减少必导致电机输出转矩下降。

因此，必须控制磁通密度使它不超过规定值，即 u_1/f_1 为常数或小于规定值。磁通密度：

$$\beta = K_1 \frac{u_1}{f_1}$$

其中 K_1 为常数。

电动机转矩

$$T \approx K_2 \left(\frac{u_1}{f_1}\right)^2$$

如果 u_1/f_1 为定值，就可以保证磁转矩为定值。

(二) 脉宽调制的方法

图 3-14 为一种变频变压控制原理图。它的变频器采用交-直-交形式。整流器将三相交流电转变为直流电，控制晶闸管导通角的大小，滤波电容 C 滤去整流纹波。晶闸管逆变器将直流再变为频率不同的交流电压。

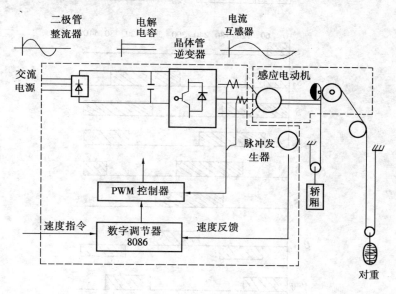

图 3-14　VVVF 电梯控制原理图

(1) 直流电变为交流电的方法。按图 3-15 的顺序闭合，打开开关 $S_1 \sim S_6$，则在 $U\text{-}V$、$V\text{-}W$、$W\text{-}U$ 间获得一交变电压。以 $V\text{-}W$ 相为例，当 S_2、S_3 接通时，$V\text{-}W$ 获得正半周电压，S_5、S_6 接通时，获得负半周电压，改变开关 $S_1 \sim S_6$ 的动作速度就可改变输出电压的频率。由图可见，其输出线电压为 120° 的矩形波。这只是一种基本方式，因为输出电压是方波电压，经过傅里叶级数分解，除基波外，在其电压波形中还含有较大的各级谐波成分。这会使电动机运行效率降低 5%～7% 左右，功率因数亦下降 8% 左右，而电流却要增大 10 倍左右，若在逆变器输出端采

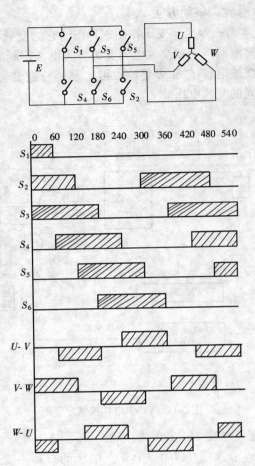

图 3-15　直流电转变为三相交流电的方法

用交流滤波器来消除高次谐波分量,又非常不经济,而且增大了逆变器的输出阻抗,使逆变器的输出特性变坏。

(2) 脉宽调制正弦波的产生。脉宽调制逆变器由控制线路按一定规律控制功率开关元件的通断,从而在逆变器的输出端获得一组等幅而不等宽的矩形脉冲波形(如图 3-16b 中实线所示),来近似等效于正弦电压波(如图 3-16b 中虚线所示)。图 3-16 是获得这种波形的一种方法。

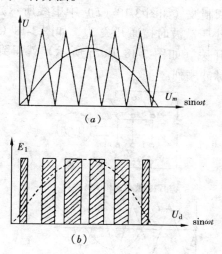

图 3-16 PWM 正弦波的产生方法

它利用等幅的三角波（即称为载波）与正弦波（即称为调制波）。载波与调制波相交点发出开、关功率开关元件的触发脉冲。在正弦波大于三角波值时，控制逆变器的晶体开关管导通，而当正弦波值小于三角波值时，控制逆变器的晶体开关管截止，就可在逆变器输出端得到一组幅值等于逆变器直流侧电压（E），宽度按正弦波规律变化的一组矩形脉冲序列，它等效于正弦曲线 $U_d \sin\omega t$，提高正弦控制波的幅值 $U_m \sin\omega t$，就可以提高输出矩形波的宽度，从而提高输出等效正弦波的幅值 U_d；改变直流电压 E 的幅值也可以改变输出等效正弦波幅值；改变调制波频率 ω，就改变了输出等效正弦波的频率，实现变频。所以改变 E 和 ω 就可以实现变频变压。采用图 3-17 的三角波控制就可以得到全波的调宽脉冲。

图 3-18 为这种方式的说明示意图，A 相在调制波大于载波（三角

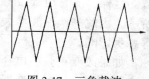

图 3-17 三角载波

波）时，接通开关 S_1，而在小于载波时接通 S_4，如图 3-18（c）所示；B 相在调制波（如图 3-18（b）中虚线所示）大于载波时接通开关 S_3，小于载波时接通开关 S_6，如图 3-18（d）所示。按这种方法接通开关（如图 3-18（a）所示）就得到图 3-18（e）的双极性调宽脉冲序列。

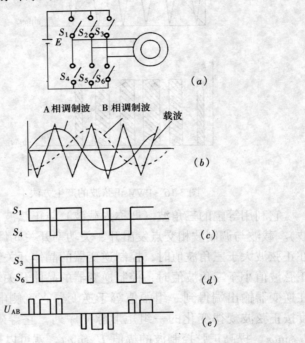

图 3-18 PWM 全正弦波的产生方法

如果三角波的频率 $f_\triangle$ 与正弦波的频率 f_2 之比为常数，即 $f_\triangle/f_2 = $ 常数，则逆变器输出电压的半波内具有一定的矩形脉冲数。这样，随着电压、频率的降低，脉冲间隔增大，如图 3-19 所示，因此高次谐波增大，会对负载电动机产生转矩脉动和噪声等恶劣影响。

如果改变正弦波电压和频率时，三角波频率恒定，即 $f_\triangle/f_2 = $ 变数，则低频时逆变器输出电压半波内的矩形脉冲数增加，输出电压半波内的矩形脉冲数与输出频率成正比地连续变化,如图 3-20 所示。但因输出电压的波形经常改变,所以输出电压相位产生变化,电动机转速不够稳定。在实际使用中,在降低逆变器输出频率和电压时,使 $f_\triangle/f_2$ 有级地增大,在 f_2 低时使 $f_\triangle/f_2$ 增大,因而有级地改变了输出电压半波内的脉冲数。这种方式,不会因电压相位变化引起电机的不稳定,并且也排除了低频时高频谐波的影响。通常取 $f_\triangle/f_2 = 3n$ ($n = 1, 2, 3\cdots$)。

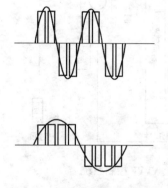

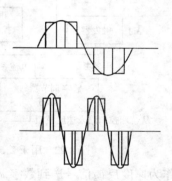

图 3-19 三角波频率与正弦波频率成正比产生的 PWM 波形

图 3-20 $f_\triangle$ 不变产生的 PWM 波形

(3)速度调节器的作用。数字调节器内部由速度调节和电流参量调节两部分组成。如图 3-21 所示,速度调节部分根据速度指令及速度反馈信号计算出滑差频率,将结果送到电流参量调节部分,计算出电流指令值,使之符合如前所述矢量控制要求。PWM 控制器根据电流指令及反馈值控制电机电流使之符合指令要求。

(三)调频调压(VVVF)调速控制的实施

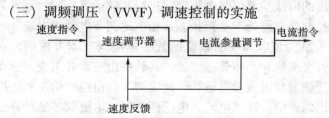

图 3-21 速度调节器内部构成

图 3-22 为一种用于高速和超高速电梯的控制线路。变流器将三相交流电压转变为直流电压，电动机转速由脉冲发生器检测

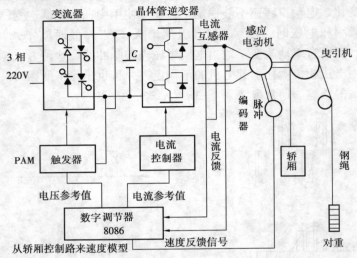

图 3-22 用于 2.5M/s 以上 VVVF 控制系统

作为速度反馈信号送到数字调节器，数字调节器比较速度指令和反馈信号后输出电压参考值及电流参考值。触发器控制根据电压参考值控制晶闸管转换器的输出电压，这种方式称为 PAW，即脉冲幅值调节。它改变了逆变器输入直流电压的大小，从而调节了逆变器输出矩形脉冲的幅值，实现变压。同时如果电动机运行在再生状态时，使晶闸管转换器的另一组晶闸管工作于逆变状态，可将功率回送入电网，达到节能。PWM 控制器根据数字调节器输出的电流参考值与电流反馈进行比较运算，输出一系列触发脉冲控制逆变器处于变频状态，相应地调节电动机电流。

图 3-23 为该电梯控制系统的数字速度调节器方框图，它控制晶闸管变流器和晶体管逆变器，其软件由三部分组成，速度控制、电压调节和电流参量运算。速度调节器由速度给定和速度反馈计算出偏差值，送到电流和电压调节器。电流调节器计算出电流参量，经 D/A 转换、信号放大后给出电流指令，控制 PWM。

电压调节亦以相似的方式控制晶闸管触发器实现 PAM 控制。

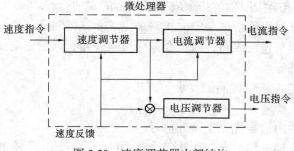

图 3-23　速度调节器内部结构

第二节　电梯的电气控制系统

一、分类与组成

电梯的控制系统主要有继电器控制和微机控制两类。电梯控制系统各环节的功能由不同线路完成，这些线路主要有：开关门控制、位置信号显示、定向选层控制、运行控制、特种状态控制等。以上控制都要由内指令（即人要去哪个层站）和厅召唤（即人要电梯到哪个层站去接客拉货）以及轿厢所在层站位置信号的制约。电梯电气控制系统各环节联系图，如图 3-24 所示。

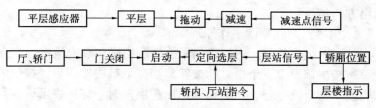

图 3-24　电梯电气控制系统各环节联系图

二、定向选层控制线路

电梯是载人装物的运输设备，要利用它，必须先知道它所处的位置（观看层楼指示），再给它一个呼叫信号，它即前来应召。

当你走进轿厢内之后,你还应告诉它你要到哪个层站(按选层按钮),它就会按照你的指令向你所要去的层站行驶。

以上过程均由选层定向线路来完成。该控制环节应包括轿厢位置检测与连续线路;内指令与厅召唤线路;选层定向线路以及方向保持等。

1. 定向选层控制的要求与方法

(1) 要求:

①轿内信号优先于轿外信号。

②自动电梯只有在厅轿门全部关闭后,且轿内无有指令情况下,才能按照厅外召唤指令确定轿厢运行方向。

(2) 方法:

①手柄开关定向:手柄在中间位置时停止,推手柄向上选上方,推手柄向下选下方向。现在已淘汰。

②井道内分层转换开关定向,轿厢停在哪一层,哪层的开关居中间位置,在轿厢上方的则开关柄置于上方位置,在轿厢下方的则开关柄置于下方位置(杂货梯上使用)。

③机械选层器定向。

④井道内永磁开关与继电器构成的逻辑线路定向。

⑤电子选层器定向,由井道内的双稳态开关与电气线路定向。

⑥用红外光盘测出光电码开关信号,输入微机,经计算比较给出方向信号。

2. 信号控制线路的工作原理

(1) 内指令信号。内指令信号由轿厢内操作盘上得到,在盘上每一楼层都设有一个带灯的按钮。当按下某层按钮后,按钮内灯亮表示指令已登记,当电梯到达所选层楼时,灯灭表示该信号被消除。内指令信号有很多种,但基本原理都如图 3-25 所示。

(2) 厅召唤指令信号线路。图 3-26 是厅召唤信号线路,电梯的运行方式可根据相应的召唤线路,构成不同功能用途的线路,但其中共有的功能为当电梯上行时应保留下呼信号,下行时应保留上呼信号。

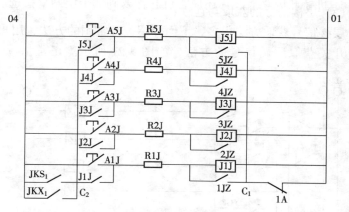

图 3-25 内指令线路

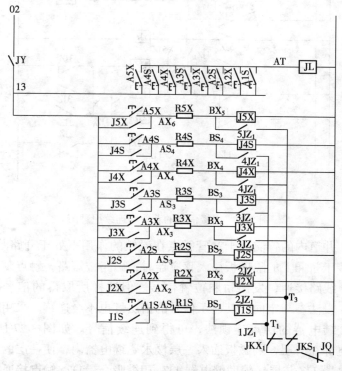

图 3-26 厅召唤信号线路

(3) 层楼信号的获取与连续：

层楼信号获取方法很多，下面介绍一种常用的方法，用永磁感应开关获取层站信号的方法，如图 3-27 所示。正常情况下，

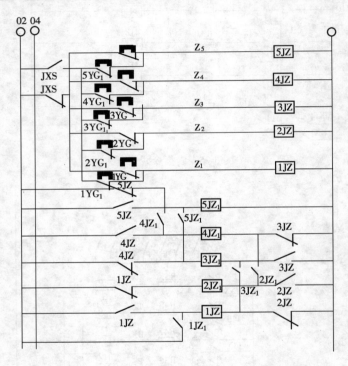

图 3-27 层楼信号的获取与连续原理图

装在井道内的感应器干簧管触点在磁铁的作用下处于开路状态，当装于轿厢上的隔磁板插入感应器时，磁路被短路，触点复位闭合，线路接通，发出轿厢位置信号。但这样所取得的信号不连续，没法参与定向，其显示信号的指层灯也不会连续。采用辅助层楼继电器的触点连锁法，可得到连续信号。如图 3-27 所示，当电梯在一层，隔磁板插入一层楼永磁继电器内，使一层的层楼继电器 1JZ 与层楼辅助继电器 $1JZ_1$ 相继吸合，$1JZ_1$ 触点接通指层

灯表示轿厢在一层，当电梯运行离开一楼，隔磁板同时离开一楼永磁继电器，使 1JZ 释放，而 $1JZ_1$ 自锁使一楼指示灯继续点亮。当轿厢接近二层，隔磁板插入二层楼永磁感应继电器，使 2JZ 吸合，同时 $1JZ_1$ 释放，$2JZ_1$ 吸合并自保，这时二层灯亮，一层灯灭，指示轿厢在二层，这样轿厢运行位置就一层一层显示了。

3．定向选层线路

（1）信号控制电梯的选向定向。层楼信号的作用除了指层外，更重要的是用于选层定向，如图 3-28 所示。

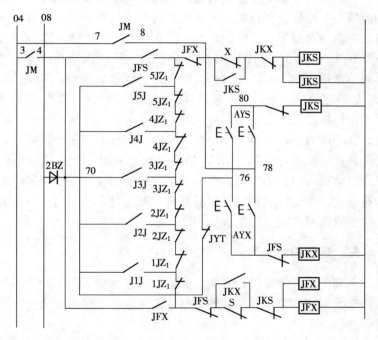

图 3-28　定向选层控制原理图

①自动选向：设电梯在二楼，则 $2JZ_1$ 的两个常闭触点打开。这时如果司机按下三层楼内指令按钮，则 J3J 吸合，这时电源 08 经 $2BZ \rightarrow J3J \rightarrow 3JZ_1 \rightarrow 4JZ_1 \rightarrow 5JZ_1 \rightarrow \overline{JFX} \rightarrow \overline{X} \rightarrow \overline{JKX}$ 使 JKS 吸合，电梯选上行方向。

在上下方向都有指令时,如果电梯处于上行运行状态,则执行完最上层指令后,再返回执行下方指令。

②司机选向:设电梯停在二楼,处于上行状态,这时J4J、J5J、J1J吸合,本来电梯应继续上升,但在启动前,司机若按下方向按钮AYX,电源08经2BZ→JYT→$\overline{\text{JFS}}$使JFX吸合,JFX打开使JKS释放,电流经2BZ→J1J→$\overline{\text{1JZ}_1}$→JFS→S→$\overline{\text{JFS}}$使JKX吸合,电梯则选下行方向。

③选层:选层就是指同时有轿内指令和厅召唤信号时,电梯响应哪一个信号,预选的层楼在电梯将到达时发出换速信号。设三层有内指令信号,J3J吸合,在电梯将达到三楼时,3JZ吸合,电流04经J3J、3JZ、JTQ_1使JT吸合,发出换速信号并自保。电梯到达顶层或底层时,无论有无内指令都必须换速以防越位。JTQ是换速消除继电器,当电梯停稳后,使停梯继电器释放。

(2)集选电梯的定向选层线路。集选电梯与信号控制的不同之处在于厅召唤信号是否参与选层定向,集选电梯由操纵箱上的钥匙开关选择有/无司机操作。当选择无司机时,无司机继电器吸合,电梯可以自动定向选层,根据厅召唤与轿内指令决定轿厢运行方向,当轿厢到站后,自动开门,并延时自动关门,一切由集选逻辑线路来完成控制选择。

三、运行控制线路

电梯的正常运行包括启动、加速、稳速运行、换速、平层制动停车等线路环节,各环节的控制性能决定着电梯的安全运行和运行性能。

1. 运行控制的要求

(1)满足启动条件后,电梯能自动迅速可靠启动。启动时间越短越好。但启动时间过短会使冲击力太大,造成部件损坏,而且乘客会有不舒适感。一般靠降压缓解冲击。

(2)无论有级加速还是无级加速都必须满足加速度要求,不应超过1.5m/s^2。

(3) 电梯在正常运行过程中,应保持方向的连续性和换速点的稳定性。

(4) 在接近停车层应有合适的换速点,减速过程应有合适的减速度,使减速过程平稳、乘坐舒适。换速点是按距离确定的。

(5) 电梯的平层准确度越高,电梯性能就越好。平层方法有两种,一是利用平层感应器平层;二是把换速点确定后按距离直接停靠。

2. 各环节的工作原理

(1) 启动与启动线路。当方向选定、门全关闭这两个条件满足后,电梯方能启动。如图 3-29 所示。

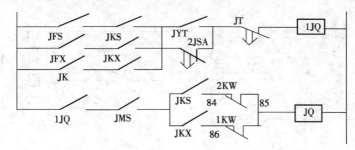

图 3-29　启动回路电气原理图

启动继电器 JQ 吸合后,电源经 JK_1、JQ_1、JSF、$\overline{X}$ 使 S 吸合 (图 3-32b)。JQ 吸合的同时,使 K 吸合 (图 3-30)。S 和 K 的吸合,使制动器抱闸松开,又使曳引电动机串阻抗启动。经约一秒左右延时,使 1C 吸合,短接启动电阻,使电动机加速到稳速运行。

(2) 电梯拖动控制及换速线路。图 3-31 为电梯的停车换速线路。换速过程是这样的,设电梯从一楼向三楼运行,这时 J3J 吸合,当轿厢欲达三楼时,三楼永磁感应器动作,3JZ 吸合,$\overline{3JZ}$ 断开,JTQ 释放,但因延时 JTQ_1 仍吸合。JT 吸合并自保。由于 JT 的吸合,JQ 断开 (图 3-29),JQ↓使 K 释放 M 吸合,电梯实现换速。若运行中电梯突然失去方向时,也能使 JT 吸合,从而使电梯转入制动减速运行(包括两端站减速信号的发出)。因为两端站电梯方向信号肯定会消失。

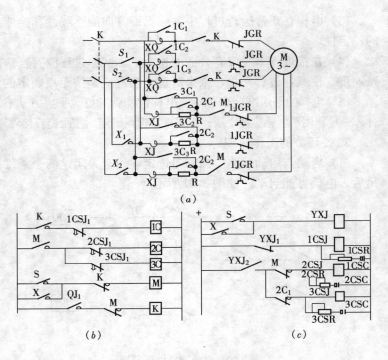

图 3-30 电力拖动控制原理图

（a）主拖动回路；（b）启动、加速、减速控制；（c）启、制动延时线路

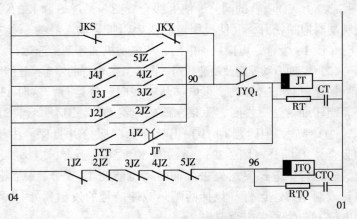

图 3-31 停车换速线路原理图

310

(3) 电梯的减速电路：

①当换速信号发出后，JQ_1 断开，切断 S（X）启动通路（图 3-32）。这时 S（X）由 JK_2、$\overline{S(X)}$、$\overline{X(S)}$ 第一条保持通路维持吸合。同时 JQ 释放使 K 释放，M 吸合，S（X）还由 $\overline{JMQ}$、M、$\overline{S(X)}$ 第二通路保持吸合。此时电动机定子慢车绕组已串入阻抗减速运行。当 M 吸合后，$\overline{ZCSJ}$ 延时使 2C 吸合，短路慢速绕组一段阻抗。

②电梯继续减速上升到 JK 延时一段时间开释后，这时 S（X）的第一条维持回路断开，只由第二条保持回路维持吸合。在减速时由于 2C 的吸合使 3CSJ 延时一段时间后，使 3C 吸合，短接掉全部慢速绕组中的阻抗值，使电梯进入慢速运行（250r/min）。当慢速爬行到轿顶上装的平层感应器插进装在井道中的隔磁板后，先使上（下）JSP（或 JXP）吸合，这时下（上）接触器 S（X）又有了第三条维持通路，即 $\overline{K}$、$\overline{JXP_2}$、$\overline{JQ_2}$、JSP_1、$\overline{X}$、S↑或 $\overline{K}$、$\overline{JSP_2}$、$\overline{JQ_2}$、JXP_1、$\overline{S}$、X↑。

③当电梯轿厢继续爬行到隔磁板插入 GM 感应继电器后，使 JMQ 吸合，将 S（X）的第二维持通路断开，这时 S（X）只有由第三条维持通路维护吸合。

④当轿厢又往上（下）爬行一段距离后，隔磁板插入 GX 感应器中，使 JXP 或 JSP 吸合，将 S（X）最后通路断开，这时电梯已完成平层、电机失电停转，同时电磁制动器断电在弹簧作用下抱闸，使电梯准确停位。

以上是信号控制电梯的一个运行过程，只要了解这一控制过程的原理，其他诸如 PC 控制的双速梯或微机控制的双速涡流制动梯以及 ACVV 梯的程序控制，基本上都是根据这个简单而又原始的控制原理演变而成的。

(4) 直流电梯的平层控制过程。如图 3-32（d）所示，直流梯的平层换速与交流梯略有不同，它的换速平层程序是快速→平快→平慢等多级速度切换，最后切断运行继电器，平层停靠。

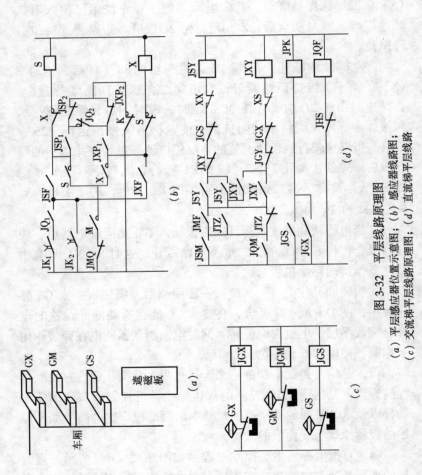

图 3-32 平层线路原理图
(a) 平层感应器位置示意图；(b) 感应器线路图；
(c) 交流梯平层线路原理图；(d) 直流梯平层线路

①启动运行：以上行为例说明平层停车过程。定向、关门选层后，JSF 上方向继电器吸合，门锁继电器吸合，快车启动继电器 JQF 吸合。

②平层：当电梯运行到换速点时，JHS 吸合，使 JQF 释放，电梯切换到平快速度。当电梯轿厢进入平层区时，隔磁板插入 GX 使 JGX 吸合，JPK（快速平层继电器）由平快切换到平慢运行，准备平层。

当电梯平慢运行，隔磁板插入 GM 时，JQM（提前开门继电器）吸合，提前开门，JSM 释放，此时形成 JQM→$\overline{JTZ}$→JSY→$\overline{JXY}$→$\overline{JGS}$→XX→JSY 通路，JSY 保持吸合。

当电梯继续平慢上升，隔磁板插入 GS 时，继电器 JGS 吸合，其接点断开 JSY 的通路，电梯停止运行。

四、电梯的开关门控制线路

1. 电梯开关门拖动电路

电梯开关门拖动分交流拖动和直流伺服电动机拖动，图 3-33 为直流开关门拖动回路原理图。伺服电动机额定电压为直流 110V，功率 127W，转速 1000r/min，它具有启动转矩大、调速性能好的特点。

改变电动机电枢两端电压极性可改变电机旋转方向，实现电梯门的开启与关闭。通过串联电阻分压线路改变电枢两端电压来

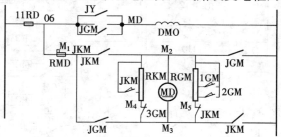

图 3-33 直流伺服电动机开关门拖动原理图
JGM—关门继电器；DMO—电机励磁绕组；JKM—开门继电器；
MD—门电动机；RGM—关门电阻；RMD—开关门调速电阻；
RKM—开门电阻；JY—安全继电器

改变电动机转速。还可以调整并联电阻大小来分流使开关门速度变慢，直至关闭或打开。

关门时，JGM吸合、JKM释放，由电阻RMD、RGM构成分压线路，电枢分压启动。当门关到2/3处，撞弓或打板压住1GM限位开关，使其触点闭合，RGM被短路2/3电阻，分流增大使门机转速变慢；当门关闭到3/4时，撞板又压住2GMK，将RGM阻值短接到3/4位置，电阻更小而通过关门电机的电流进一步减少，使其速度更慢直到慢慢将门关闭撞板压住3GMK，使JGM释放，切断关门电机电源，电动机产生能耗制动，迅速停转，关门结束。

开门过程也是如此，只不过开门至2/3时将RKM的1KM压合，只一级减速至门全打开压住$2KM_1$断电，开门结束。全过程基本上和关门一样。

开关门电动机在旋转过程中，通过连杆或链轮、皮带轮变速机构来驱动轿门的开启或关闭，由装在轿门上的门刀插入层门自动门锁滚轮内将厅门打开。厅、轿门同步动作。

2. 开关门控制线路

图3-34是交流双速客货两用电梯的开关门控制线路。

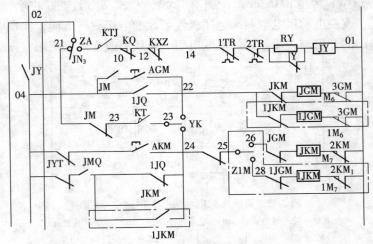

图3-34 开、关门控制原理图

(1) 启动与停站时的自动开关门。当电梯轿内指令登记后，按向上按钮 AYS，向上方向继电器 JFS 吸合，使启动关门继电器 1JQ 吸合，随之关门继电器 JGM 吸合，门关闭。

电梯换速减速到隔磁板插入开门区域永磁继电器 YMQ 时，开门控制继电器吸合，为到站开门作准备。当电梯平层结束停梯后，由于运行继电器 JYT 与启动关门继电器 1JQ 释放，使 JKM 吸合，门自动打开。

(2) 上、下班时的开关门。当轿厢停于基站时，轿厢内的电源开关 ZA 关闭，基站开关门限位开关 KT 闭合，接通了基站门开关电路。上班后，司机用钥匙转动基站厅门口设的召唤箱上的电源锁（YK）开关，使 23 号与 24 号线接通，JKM 吸合，门立即打开。

当要下班时，电梯返回基站，压合基站开关门限位 KT。这时司机关断轿内 ZA 电源开关和照明风扇开关后，走出轿厢，将钥匙插入基站电源锁开关 YK 内转动，使电源 23 号与 22 号接通，关门继电器 JGM 吸合，电梯门关闭。

五、电梯的检修运行线路

交流双速梯检修线路如图 3-35 所示。

各类电梯均设有检修线路，由装在轿厢内与轿顶操作箱上的检修开关来控制，这些开关只能点动，上、下按钮互锁。检修开关控制检修继电器，切断内指令与厅召唤、平层换速及快速运行回路，有的电梯还切断厅外指层回路电源或使其显示闪动。

检修线路工作过程：合上检修开关 JXK，检修继电器 JXJ 吸合，JXJ_1 接通检修电源。轿内运行时，轿顶开关置于 1 端（图 3-35b），按上、下按钮，点动使电梯慢速上、下运行。

轿顶操作时，轿顶开关置于 3 端，切断轿内慢车按钮电源，实现轿顶优先。在轿顶点动使电梯慢速上、下检修运行。运行电路中串接的 MSJ_1 为门锁继电器触点，是为了限制检修时开门运行。若检修时需要开门走车，有的电梯设应急按钮 MA

(图 3-35b)，按下 MA，MSJ 吸合，就可以开门走车了。

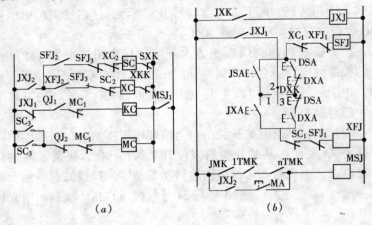

图 3-35　检修控制线路原理图
（a）检修时慢车运行；（b）检修时的方向选择

六、电梯的消防运行线路

有些电梯需要有消防功能，设置了消防线路，如图 3-36 所示。

1．对消防线路的要求

电梯在消防状态下有两种运行状态：

（1）消防返基站功能：

①消除内指令与厅召唤。

②断开门回路，使门关闭。

③电梯上行时，最近停靠不开门，立即返基站。

④下行时直返基站。

⑤正开门中的电梯立即关门，返基站。

⑥电梯若正好停在基站关门待命，应立即开门进入消防专用状态。

（2）消防员专用状态功能为：

①厅外召唤不起作用。

②开门待命。

③轿内指令按钮有效，供消防人员使用。
④关门按钮点动操作。
⑤消除自动返基站功能。
⑥轿内指令一次有效，包括选层、关门按钮指令，直流梯原动机不关闭。

2. 消防运行线路

图 3-36 为消防运行线路原理图，图中 XJ 为消防运行继电器、ZYJ 为消防专用继电器。在消防状态下，合上 XK 消防开关，XJ 吸合，XJ_1、XJ_2 分别断开内、厅指令线路，XJ_3 接通定向选层自动返基线路；XJ_4 使自动手动开门无效（安全触板有效）；XJ_5 使关门指令继电器 GLJ 吸合，GMJ 吸合强行关门。

在消防返基站过程中，由于内、外指令皆无效，上行中电梯处于无方向换速状态，便就近停靠，此时的手（自）动开门均不起作用，电梯在 XJ_3 返基站信号作用下返基站。当电梯返基站后，基站 JZJ 继电器吸合，门打开；MSJ 释放，消防员专用继电器 ZYJ 吸合自保。ZYJ_2 恢复轿内指令；ZYJ_3 断开返基站线路；ZYJ_4 恢复手（自）动开门功能；ZYJ_5 使自动关门不起作用，只能点动关门。当电梯运行后 GLJ 吸合，运行继电器 YXJ 吸合使 GMJ 保持在关门状态。

图 3-36（b）为内指令一次有效线路，供消防员专用。电梯停止时，运行继电器 YXJ 释放，YXJ_3 使内指令断路。当电梯运行后，YXJ 吸合，轿内指令才有自保，消防人员按 nA 不能松手直待电梯启动，如果在电梯运行中选了层，无论多少信号，当电梯停后，由于 YXJ_3 的释放而使所有内指令全部消除。

3. 电梯的安全保护系统

电梯的安全保护装置大都由机械、电气和机电一体安全装置组成，电梯的安全保护有多种，其中最主要的一种就是当电梯某一部位或某一部件有故障引起监视元件——电气开关动作时，使电梯切断电源或控制部分线路，从而使电梯停止运行。

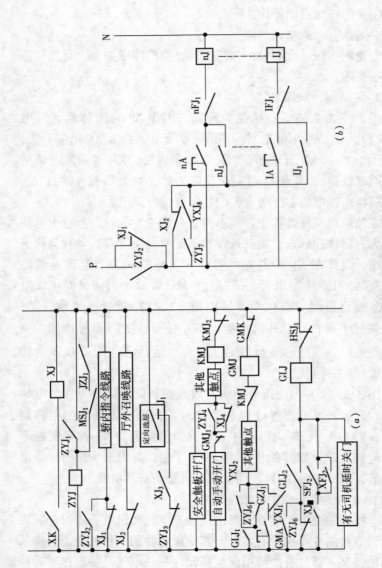

图 3-36 消防专用线路原理图
(a) 消防运行路线；(b) 内指令一次有效

图 3-37 为交流双速 PC 控制电梯的安全保护线路。

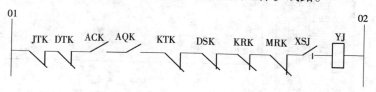

图 3-37 安全保护回路

JTK—轿内急停开关;DTK—轿顶急停开关;ACK—安全窗开关;
AQK—安全钳开关;KTK—底坑急停开关;DSK—断绳开关;
KRK—快车热继电器;MRK—慢车热继电器;XSJ—相位继电器;YJ—安全保护继电器

第三节 典型电梯控制电路

一、德国 DYNALIFT "DCL" 电梯电路

1. 拖动系统及控制电路

图 3-38 为该电梯的拖动控制系统电路。DJ 为 YTTD 型交流双速异步电动机,其中 DF 为它附带的散热风机。TG 为 CYS20 型永磁测速发电机,JVR、JVP 分别为 JS-2、JS-1 型速度继电器,JR 为 JTM 型热保护继电器。JGR、1JGR 为过流保护继电器。CC、CS、CX、CK、CM 为交流接触器。CT、1CT 为直流接触器。

交流双速电动机的 4 极绕组即高速绕组与 D41、D42、D43 相连,在快速运行中该绕组电压由调速装置控制,检修工作状态时该绕组不工作。它的 16 极绕组即低速绕组与 D51、D52、D53 相连。在电梯快速运行时,该绕组由调速装置的标有 +、- 极的电压控制。在检修工作状态时,该绕组不受调速装置控制,由三相交流电源供电,以恒定检修速度运行。

电梯快速运行时,检修接触器 CC、CM 失电,直流接触器 CT、1CT 吸合。如控制线路判定为高速运行,则运行继电器 JGS、JDS 吸合(如为中速运行则 JZS、JDS 吸合),调速装置根据控制信号选择相应的给定速度开始工作。从调速装置 A、B、C

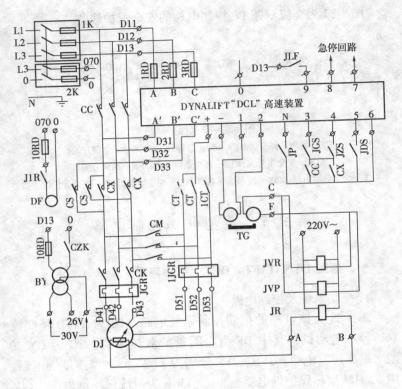

图 3-38 拖动控制电路

端输入的三相交流电压经装置调节后，从 A′、B′、C′ 端输出交流电压，经方向接触器 CS 或 CX、快速运行接触器 CK 进入电动机绕组（高速绕组）；装置从 +、- 端输出直流电压，经 CT、1CT 进入制动绕组（低速绕组）。测速发电机将电机转速信号转变为电压信号，送至调速装置，它根据控制信号不断调节 A′、B′、C′ 和 +、- 端的输出电压，交流旋转磁场和直流静止磁场的合成作用，使电机转速按给定速度要求变化，即调速装置根据电梯启动、加速、全速运行、减速、制动的要求控制电机转速。电机全速运行的额定转速为 1380r/min。

电梯处于检修状态时，接触器 CT、1CT、CK 失电，三相交流电压经接触器 CC 和 CM 进入低速绕组。由于控制系统保证运行继电器 JGS、JZS、JDS 失电,因此调速装置不起作用,电梯以检修速度运行。电机检修运行的额定速度为 320r/min。

2. 调速装置电路

图 3-39 为调速装置电路的总图。它是一个典型的晶闸管调压、能耗制动调速电路。

控制单元基本功能如下:

(1) 整流和相序检测单元 它称为 4 号板,由整流和相序检测两部分组成。三相交流电源经同步变压器 BT1、BT2 和 BT3 输入,整流后得到 +V_Z(24V)和 -V_Z(-24V)直流电压,为装置内部继电器提供电源,同时用作直流稳压电源的输入电源。

(2) 直流稳压电源和给定信号输入单元 它称为 3 号板,由直流稳压电源和给定信号输入隔离两部分组成。从 4 号板输出的 ±24V 电压经过稳压电路得到 ±U_W(±15V)作为运算放大器电源和速度给定电压。-U_W 还为光电耦合器提供电源。

给定信号输入隔离器由板上继电器完成控制系统高、中、低速运行指令到对应的阶跃给定电压之间的转换和隔离。同时完成速度计算和再平层的给定信号输入。

(3) 速度曲线给定和测速反馈信号处理单元 它称为 1 号板,由速度曲线给定和测速反馈信号衰减及绝对值电路组成。从 3 号板输入的阶跃给定电压经过求和、比较和滤波形成给定速度曲线,作为电梯正常运行、速度计算运行和再平层运行的基准。

测速反馈信号处理包括信号衰减和绝对值电路。它将测速发电机输出的高电压信号(70~80V)衰减成低电压信号(6~7V)。同时在再平层运行时改变其衰减系数,使测速反馈信号电压成比例增大,以适应再平层运行速度低于低速的要求。电梯的上、下行使测速发电机产生正、负电压信号,经取绝对值后成为负电压信号,用作 PI 调节器的输入信号。

(4) 自动调节速度和制动延时单元 它称为 2 号板,由 PI 调节器、速度差值电压检测保护和制动电流跟踪延时电路组成。

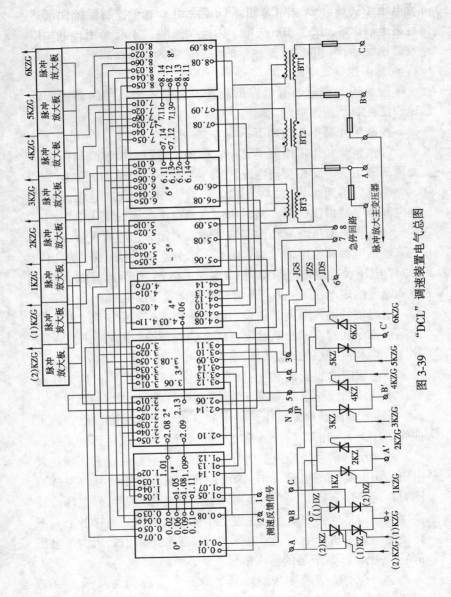

图 3-39 "DCL" 调速装置电气总图

PI 调节器完成拖动 PI 调节和制动 PI 调节。它根据 1 号板输出的速度给定电压和测速反馈电压进行比较和调节，分别控制拖动组（6 号、7 号、8 号板）和制动组（5 号板）的触发脉冲，完成速度自动调节。

速度差值检测保护电路在电梯运行时，实现由于某种原因（机械连接、电气连接、测速发电机本身故障和势能负载倒拉等）造成速度给定与速度反馈信号差值大于设定值时的保护功能。

制动电流跟踪延时电路，一方面在低速运行继电器 JDS 吸合后，为触发器放大板的光电耦合器提供电源 $-U_W$（$-15V$），保证控制和调速的同步。另一方面在 JDS 释放以后，电梯进入制动停车至抱闸动作之前，继续提供光电耦合器电源和制动电流给定 1~2s，使制动 PI 调节起作用，直至电机转速为零才进行抱闸，提高制动停车的舒适感。

(5) 触发脉冲发生单元 它称为 5 号、6 号、7 号、8 号板，有同步触发脉冲发生和分配电路组成。同步触发脉冲发生电路，将同步变压器输出的 50Hz 交流电压信号转换成间隔 20ms 的方波信号，经电子开关转换成与交流电压正、负半波对应的 2 个脉冲输出。5 号板输出前沿受制动 PI 调节控制，经脉冲放大板去触发能耗制动半控桥的 2 个晶闸管。6 号、7 号、8 号板输出脉冲前沿受拖动 PI 调节控制。它们相互连接成每个晶闸管对应 2 个相隔 60°的主、辅触发脉冲。它们经脉冲放大板去触发拖动组三相反并联的 6 个晶闸管。

(6) 脉冲放大单元 脉冲放大电路包括直流电源、光电隔离和功率放大电路。由脉冲放大主电源变压器输出的 220V 交流电压，经过降压整流形成功率放大电路直流电源。5 号~8 号板输出的触发脉冲经过光电耦合以后，再经过功率放大电路去控制对应的晶闸管。

(7) 速度计算和再平层单元 它称为 0 号板，由高速给定基准、速度计算和校正运行电路组成。由高速给定基准、速度计算和 3 号板给定继电器 JV2 结合，完成特殊层站运行和除上、下端站以外邻近层站的顺向截车运行的速度计算，借以提高特殊层站和邻近层站顺向截车运行效率。它在两层以上距离高速运行时失去速度计算作用。

再平层运行电路用于改变1号板测速反馈信号衰减系数。当电梯因平层误差超过设定值而进入再平层运行状态时，实现轿厢蠕动运行到准确平层位置。它在电梯正常运行和平层准确度满足要求时失去作用。

3. 直流电源和相序检测电路

直流电源和相序检测电路包括4号、3号板，它们提供内部继电器、运算放大器、光电耦合器和速度给定电源。同时它们还提供相序检测和配合0号板完成速度计算功能。

(1) 整流和相序检测电路　由于同步变压器的原边接成三角形，则A、B、C三相交流电路也接成三角形。副边中心抽头作为整个装置的公共参考点（地），副边各产生2组22V交流电压。这6组22V电压除进入4号板为整个装置提供电源外，还分别进入5号、6号、7号、8号板作为产生晶闸管触发脉冲的同步电压。4号板电路原理如图3-40所示。

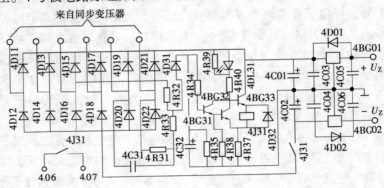

图3-40　4号板电路原理图

4D11~4D21和4D12~4D22二极管分别与副边左、右测绕组形成三相整流电路。它的输出电压滤波后，经三端稳压器4BG01、4BG02产生$+U_Z$与$-U_Z$，为装置内部继电器供电。

图 3-40 中右半部分为相序检测电路。在无断相和相序正确的情况下，从 4D15、4D19、4D21 阳极采集的信号经 4C31、4R31、4R32、4R33，在二极管 4D31 阳极处的合成电压几乎为零电平。因此不能使复合管 4BG31、4BG32 导通，+24V 电压经过电阻 4R39、4R40 在三极管 4BG33 基极形成一个工作电压，则 4BG33 导通。除去它的 c、e 极管压降和 4R37 压降外，+24V 几乎全加在 4J31 继电器线圈上。因此 4J31 吸合，其常开接点一组串在控制线路的急停回路中，另一组控制 -24V 输出。此时发光二极管 4DL31 因流过 4BG33 基极电流很小而熄灭。当任一相缺相或任两相错相时，因合成电压不为零而使复合三极管导通。4BG33 无论导通与否，由于 4BG32 的 c、e 极电压较小，不足以使 4J31 继电器吸合。因此其常开接点断开，使急停回路失电并切断内部继电器和直流稳压器的 -24V 电源，起到断相、错相保护作用。此时流过 4BG32 的 c、e 极电流较大，因此 4DL31 燃亮，指示故障。

（2）直流稳压电源和给定信号输入电路　从 4 号板输出的 ±24V 电压，经以 3BG01 和 3BG02 稳压组件为主的稳压电路稳压后，输出直流电压 $\pm U_W$（±15V）。它们不仅为内部集成运算放大器提供电源，而且为速度给定、制动电流给定和光电耦合器提供直流电压。3 号板电路图如图 3-41 所示。

给定继电器 JV0、JV1、JV2 受控制线路中运行继电器 JDS、JZS、JGS 的控制。若选定高速运行，JDS、JGS 均吸合，+24V 电压经 JDS、JGS 常开接点使 JV0、JV2 吸合。JV0、JV2 的常开接点

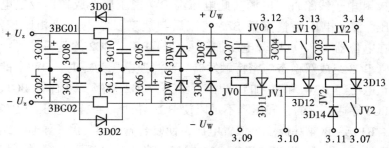

图 3-41　3 号板电路原理图

闭合，分别将+15V电压送到1号板。JV0的常开接点还经2J51间接提供制动电流给定和光电耦合器用的-15V电压。若选择中速运行，则JDS、JZS吸合并使JV0、JV1均吸合。这里JV0、JV1、JV2起到将控制线路信号与电子线路隔离作用，防止继电器动作和接点抖动对电子线路产生干扰。

4. 速度继电器电路

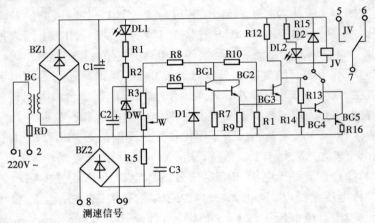

图3-42 速度继电器电路原理图

速度继电器电路原理如图3-42所示。它由直流电源、速度设定、双稳态施密特触发器和驱动电路组成。220V交流电源经降压变压器、整流桥和滤波电容后输出+24V电压，用作继电器JV和电子线路直流电源。此电压经DW稳压后形成速度设定电压。测速电压经整流桥BZ2整流后与速度设定电压值相比较，在电位器W中点取分电压加到复合管BG1、BG2的基极。复合管BG3组成双稳态施密特触发器。当测速电压为零时，DW上的正电压经R3W和W加到复合管BG1、BG2基极，复合管BG1、BG2导通。它的饱和压降不足以使BG3导通，+24V电压经R12~R14给BG4基极一个偏置电压，使复合管BG4、BG5导通，继电器JV吸合，发光二极管DL2燃亮。当测速电压不为零时，相对于公共参考点为负电压，W 中点的合成电压 BG1、BG2 导通与否。当测速电压值等于设定值时，复合管 BG1、BG2 截止，BG3 导通，BG3 集电极电压下降，使复合管 BG4、BG5 截止，继电器 JV 释放，发光二极管 DL2 熄灭。

BG1、BG2、BG3 组成双稳态施密特触发器，利用它的滞后特性，防止测速电压波动和继电器抖动引起的控制线路误动作。

5. 速度调节和制动延时电路

PI 调节器以 2BG11～2BG13 为主组成，完成电动组 PI 调节和制动组 PI 调节。速度差值保护电路由 2BG41～2BG43 等组成，完成速度给定与速度反馈信号差值大于设定值的保护。制动电流跟踪延时电路由 2BG51、2BG52 等组成，完成低速换速后继续维持制动作用 1～2s。速度调节和制动延时电路原理如图 3-43 所示。

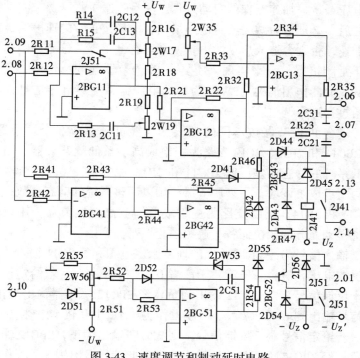

图 3-43　速度调节和制动延时电路

(1) PI 调节器　PI 调节器是调速装置的核心，在不同的运行阶段，它能分解成为以 2BG11、2W17 为主组成的给定增量比例放大器和以 2BG11、2R13 和 2C11 支路、2R14 和 2C12、2R15 和 2C 支路组成的复合 PI 调节器。

当电梯选择高速（或中速）运行时，JV2（或 JV1）、JV0 吸合，电梯从静止状态开始启动。JV0 吸合后，+15V 电压送到以 2BG51 为主组成的积分器，积分过程完成时继电器 2J51 吸合。从 JV0 吸合到 2J51 常闭接点断开之前这段时间约为几十毫秒。在这几十毫秒时间内，以 2BG11、2W17、2R18、2R12 组成给定增量比例放大器，此时速度给定电压经 2R12 输入，测速反馈电压为零。

由于 PI 调节器的积分输出信号滞后于输入信号，此时反相比例放大器的作用，相当于在原给定电压的基础上叠加一个给定电压增量，加速电梯的启动过程。一旦克服了静摩擦和制动力矩之后，必须适时减去给定电压增量，电梯按正常的速度给定曲线加速，否则会造成启动冲击，使乘客有上浮感。这个功能通过 2J51 常闭接点打开来实现，使复合 PI 调节器起调节作用，反相比例放大器作用消失。2W17 为启动电位器，给定电压增量大小可通过它进行调整。

复合 PI 调节器按不同的频段和功能可分解成 3 个调节器：以 2BG11 和 2R15、2C13 支路为主组成高增益低频调节器，用以降低系统的静态误差；以 2BG11 和 2R13、2C11、2W19、2R19 支路为主组成可调增益中频调节器，用以调整系统的动态参数；以 2BG11 和 2R14、2C12 支路为主组成低增益高频调节器，用以使系统得到充分的相位储备，避免系统振荡。

输入信号为经 2R12 输入的速度给定电压和经 2R11 输入的速度反馈电压，后者一般滞后于前者 0.2~0.3s 左右。若给定信号大于反馈信号，则 2BG11 输出为负，经 2BG12 反相器输出为正。此信号输出到 6 号、7 号、8 号板作为电动组的 PI 调节控制信号。若给定信号小于反馈信号，则 2BG11 输出为正，2BG12 输出为负，经 2BG13 反相加法器输出为正。此信号输出到 5 号板作为制动组的 PI 调节控制信号。即电、制动共用一个 PI 调节器。若给定信号等于反馈信号，调节过程结束。电容相当于开路，调节器变成开环状态。由于运算放大器的开环增益接近无穷大，因而系统静态误差几乎为零。究竟是电动组、制动组分别工作还是同时工作，取决于电梯的负载大小和运行方向。即取决于给定信号和反馈信号的比较和调节器的调节作用。2W19 为稳定电位器，当电梯运行出现振动时，调整 2W19，改变中频调节器的比例增益，以抑制曳引系统的振动。2W35 为静态偏置电位器。调整 2W35，改变 2BG13 的静态输出电压大小，使制动绕组在启动瞬间产生初始制动力矩，防止抱闸打开后因势能负载倒拉轿厢而造成的溜车。同时，2BG13 静态输出电压的大小决定了电、制动驱动的重叠角大小。

（2）速度保护电路　速度保护电路由以 2BG41 为主组成的反相加法比例放大器、以 2BG42 为主组成的绝对值电路和以 2BG43 为主组成的开关电路三部分电路组成。电梯未运行时，2BG41、2BG42 静态输出为零。由于 2R47 一端接 $-U_Z$，使 2BG43 基极电压比 $-0.7V$ 更负，2BG43 饱和导通。继电器 2J41 吸合，接通急停回路。

电梯正常运行时，给定和反馈信号差值较小，同时由于反相加法比例放大器比例增益较小，因此绝对值电路输出正电压较小，不足以使 2BG43 退出饱和状态，2J41 维持吸合状态。

由于机械连接、电气连接、测速发电机本身故障、势能负载倒拉等原因造成给定和反馈信号差值大于设定值（约为 5V）时，无论 2BG41 输出电压正负，绝对值电路输出的正电压信号加到 2BG43 基极，迫使它截止，2J41 释放，切断急停回路，起到速度差值保护作用。

（3）制动延时电路　制动延时电路由以 2BG51 为主的限幅积分器和以 2BG52 为主的开关电路，完成制动电流跟踪延时功能。电梯未运行时，由于 $-U_W$ 的作用使 2BG51 输出为正，其电压大小等于 2DW53 的正向压降（约为 0.7V）。2BG52 截止，继电器 2J51 释放。

当 JV0 吸合并产生低速给定信号时，+15V 电压经 2D51、2W56、2R52、2D52 输入到 2BG51 反相输入端，克服 $-U_W$ 的作用。经过 20~30ms 积分过程，2BG51 输出为负，其电压大小等于 2DW53 的稳压值（约为 10V）。2BG52 导通，2J51 吸合。它的常开接点闭合，为制动给定和脉冲放大板光电耦合器提供负电源，使给定和调节同步进行。它的常闭接点在加上低速给定几十毫秒（积分时间和继电器接点切换时间之和）后才断开，使 2BG11 在此期间作为给定增量比例放大器工作；常闭接点断开后，使 2BG11 作为 PI 调节器工作。

当 JV0 释放而进入低速换速时，+15V 电压消失。$-U_W$ 经 2R51、2W56、2R52、2R53 对积分器起作用，2BG51 输出从 $-10V$ 沿斜线上升到 $+0.7V$，其积分时间可通过 2W56 在 1~2s 范围内调整。因此 2BG52 延时 1~2s 截止，2J51 释放。2J51 的常开接点切断制动给定和脉冲放大板光电耦合器电源 $-U_W$；它的常闭接点延时闭合，维持 PI 调节器的调节作用，使电机从低速平稳制动到零速。2W56 必须与机械抱闸、时间继电器 JTS 配合调整，保证抱闸后，2J51 再释放，才能获得满意的舒适感。

二、德国 ZETADYN1 调速拖动电路

1. 调速装置电路

该电梯调速装置电路图如图 3-44 所示。图中省略晶闸管及整流二极管保护元件。它的主要组成元件为 100A、1200V 晶闸管 8 个；100A、1200V 整流二极管 3 个；0 号~8 号电子控制单元板 9 块；扼流圈 2 个。

交流调压电路由 6 个反并联的晶闸管（1KZ~6KZ）组成，通过方向控制接触器向电机高速绕组供电。直流调压电路由晶闸管（7KZ、8KZ）和整流二极管（1DZ、2DZ）组成，向电机的低速绕组提供制动电流。3DZ 为续流二极管。为了防止晶闸管过电压，采取压敏电阻和阻容元件吸收电路进行保护。为了限制制动电流和减少它的脉动，在半控桥的输入侧接入扼流线圈 L1、L2。

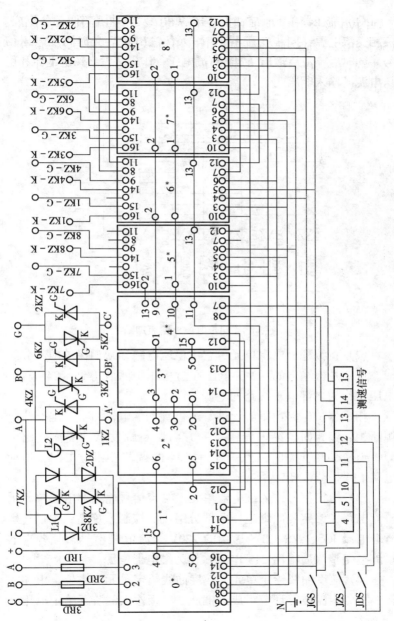

图 3-44 ZETADYN1 调速装置电气总图

(1) 变压器单元 它由同步电源和触发脉冲隔离两部分组成。三相交流电源经同步变压器 BT 输入，输出 55V 交流同步电压信号。同时经整流后输出 +24V 直流电压，作为装置内部继电器和稳压电源的输入电压。

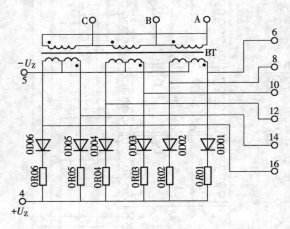

图 3-45 同步电源电路原理图

(2) 直流稳压电源单元 它由稳压电路和缺相保护两部分组成。从 0 号板输出的 +24V 电压经过稳压、滤波得到 +24V 直流电压，作为内部电子线路的电源。

相序保护电路由阻容元件、三极管和继电器组成。当交流电源断相、错相时，继电器接点一方面切断触发脉冲隔离电路电源，迫使晶闸管关断；另一方面控制 PI 调节器钳位电路，迫使电动 PI 调节器输出为零。

(3) 给定信号输入继电器单元 给定信号输入继电器单元由整流电路和给定隔离继电器两部分组成。控制系统高、中低速运行继电器 JGS、JZS、JDS 送入的 220V 交流电压信号，经各自的整流电路整流后输出 24V 电压，作为继电器电源。

(4) 速度曲线给定单元 速度曲线给定单元由钳位、求和比较、积分、滤波等环节组成，把从 2 号板输入的阶跃给定电压转换成首尾圆滑过渡的给定曲线，作为电梯正常运行的基准。

(5) 自动调节单元　自动调节单元由 PI 调节器和停车瞬间全压制动电路两部分组成。PI 调节器完成电动 PI 调节和制动 PI 调节。它根据 3 号板输出的速度给定电压和测速反馈电压进行比较和调节，分别控制电动组（6 号~8 号板）和制动组（5 号板）的触发冲列，去完成速度自动调节。当交流电源缺相时，PI 调节器进入置零状态。

停车瞬间全压制动电路会自动改变电、制动重叠角，进行全压制动，迫使轿厢迅速停止。

(6) 触发脉冲发生单元　触发脉冲发生单元它由同步触发脉冲发生和分配电路组成。同步触发脉冲发生电路将同步变压器输出的 50Hz 交流电压信号，经过波形变换而形成脉冲列信号。5 号板输出脉冲列前沿受制动 PI 调节器控制，经脉冲变压器去触发直流制动半控桥的 2 个晶闸管。6 号~8 号板输出脉冲列前沿受电动 PI 调节器控制，并且相互连接形成一个晶闸管对应两个相隔 60 度的主、辅触发脉冲。它们经过脉冲变压器去触发三相反并联的 6 个晶闸管。

2. 同步电源和稳压电源电路

(1) 同步电源　同步电源电路原理如图 3-45 所示。BT 为同步变压器，其原边 3 个绕组接成三角形。它 3 个副边的中心抽头接在一起，作为装置的直流电源的一端。原、副边感应电势的相位关系为 $\triangle/Y-11$ 和 $\triangle/Y-5$。如三相交流电源 A、B、C 从装置的端子 1、2、3 输入，则副边绕组引出端对应的电压为 55V，它们一方面输出到 5 号~8 号板作为触发电路的同步信号电压；另一方面作为整流电路的交流电源。

整流电路由二极管 0D01~0D06 和电阻 0R01~0R06 组成六相零式整流电路。电阻 0R01、0R06 在这里是作为 1 号板稳压电路的限流电阻。它的输出电压 U_Z 为 24V，作为稳压电路的输入电压。

(2) 稳压电源　稳压电源电路原理如图 3-46 所示。0 号板输出的整流电压经过电阻 0R01～0R06、二极管 1D01、电容 1C01 和 1C02、稳压管 1DW01 组成的稳压电路稳压后，输出 24V 电压。经 3 号、4 号板上的电容分压环节后，形成相对浮置公共参考点的 $\pm U_W$（$\pm 12V$）电压，作为电子控制单元的电源。

（3）相序保护 相序保护电路由图 3-46 中的三极管 1BG01～1BG03 和继电器 1J01 为主组成。在交流电源断相或错相时，它对拖动系统提供保护。

当控制系统选择中速或高速运行时，低速运行继电器 JDS 的吸合使继电器 2J02 吸合。2J02 的常开接点将继电器 1J01 与 24V 电源连接，使相序保护电路进入工作状态。

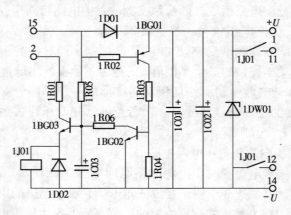

图 3-46 稳压电源电路原理图

3. 给定信号输入继电器电路

装置的给定信号输入继电器，完成继电器控制系统运行信号和电子线路对应的阶跃给定电压之间的转换和隔离，电路原理如图 3-47 所示。以二极管 2D31～2D34 和继电器 2J04 为主组成高速给定信号控制环节；以二极管 2D21～2S24 和继电器 2J03 为主组成中速给定信号控制环节；以二极管 2D11～2D14 和继电器 2J01 为主组成低速给定信号控制环节。这些控制环节将经运行继电器 JGS、JZS、JDS 接点输入的交流 220V 控制信号，进行降压、整流、滤波，为继电器 2J04、2J03、2J01 提供 24V 直流电源。这种方法简单可靠，板上继电器的吸合、释放不会引起整流电压 U_Z 的波动。它既保证了相序保护环节动作准确，又缩小了同步变压器的容量。

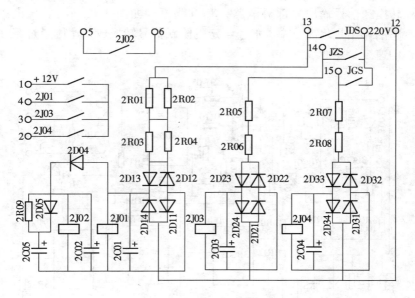

图 3-47　给定信号输入继电器电路

当电梯选择高速运行时，JGS、JDS 的吸合使 2J04、2J01 吸合。它们的常开接点分别将 +12V 电压送到 3 号板上的 3W01、3W03 支路。由于 2D04、2D05、2R09 和 2C05 组成的延时电路的作用，继电器 2J02 延时闭合。在给定电压稳定后，它的常开接点使 1J01 吸合而解除 PI 调节器的钳位作用和接通脉冲变压器电源，避免了启动瞬间由于继电器接点切换而产生的冲击。

当电梯进入平层制动时，JDS 的释放使 2J01 立即释放，电梯电机处于全压制动状态，迫使轿厢迅速停止。由于延时电路的作用，2J02 延时释放，并且延时长于吸合延时。在制动过程中，它的常开接点继续维持调节作用，保证了制动停车的舒适感。因为延时时间不可调节,因此必须调整停车延时继电器 JTS,以保证机械抱闸动作后 2J02 才释放。

4. 速度曲线给定电路

速度曲线给定电路包括给定阶跃信号产生、零位钳位、信号转换和信号输出 4 部分电路,其电路原理如图 3-48 所示。该电路的作用是将高、中、低速给定的阶跃信号转换成首尾圆滑过渡的速度给定曲线。

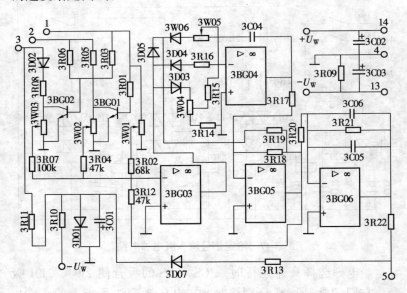

图 3-48 速度曲线给定电路

(1) 给定阶跃信号产生电路 给定阶跃信号产生电路以 3BG01～3BG03 为主组成。它有 3 个阶跃给定输入信号:经 2J04 常开接点输入的高速给定、经 2J03 常开接点输入的中速给定和经 2J01 常开接点输入的低速给定。

① 高速给定信号的产生:当电梯选择高速运行时,2J04 吸合。它的常开接点将 +12V 电压送到电位器 3W01。由于三极管 3BG01、3BG02 导通,分别将电位器 3W02、3W03 对地短接,使

中、低速给定信号为零。由于以 3BG03、3R02、3R12 组成比例放大器的衰减作用,所以高速给定输出电压最大值为 8.4V。它可在 6~8.4V 范围内调整,对应电机转速为 100~1400r/min。

②中速给定信号的产生:当电梯选择中速运行时,2J03 吸合。它的常开接点将 +12V 电压送到电位器 3W02 支路。由于三极管 3BG02 导通,将电位器 3W03 对地短接,使低速给定信号为零。由于以 3BG03、3R04、3R12 组成比例放大器增益为 1,所以中速给定输出电压最大值为 6V,它可在 3~6V 范围内调整,对应电机转速为 500~1000r/min。

③低速给定信号的产生:当电梯选择低速运行时,2J01 吸合。它的常开接点将 +12V 电压送到电位器 3W03 支路。由于以 3BG03、3R07、3R12 组成比例放大器的衰减作用,所以低速给定输出电压最大值为 5.3V。它可在 0~3V 范围内调整,对应电机转速为 0~500r/min。

(2)零位钳位电路 零位钳位电路由电阻 3R10、3R11、3R13,二极管 3D01、3D07、和电容 3C01 组成。它与电阻 3R22 使速度给定电压零位输出为负,并近似为 0V。

当电梯进入平层制动瞬间 2J01 的释放使 3D02 阳极的 +12V 电压消失,$-U_W$ 电源向 3C01 充电。此时 3D01、3D02 截止,3D07 导通。3BG03 构成零电平比较器,运算放大器接成开环形式。在零漂信号的作用下,它输出脉宽很窄的脉冲列。经 3BG04~3BG06 积分、反相、滤波环节的作用,3BG06 输出为零。此时速度给定输出电压被钳制为负并近似为零,这样有利于使电机转速迅速降到零。

当电梯处于正常运行状态时,由于 3D02 阳极被加入 +12V 电压,因此 3D01 导通使 3C01 放电,从而解除对速度给定输出电压的钳制。

(3)信号转换和输出电路 给定速度的阶跃信号经过比较、积分、反相、滤波环节转换成首尾圆滑过渡的速度给定曲线。

3BG03 为零电平比较器。经 3R02、3R04、3R07 输入的高、中、低速给定电压和经 3R12 输入的积分反馈电压,在 3BG03 的反相输入端相加。如反相端电压大于零,则输出为负极限值;如反相端电压小于零,则输出为正极限值。因而 3BG03 将阶跃输入信号转换成调制脉冲,其脉宽取决于反相端电压值的大小。

3BG04 为求和积分器。当 3BG03 输出为负信号时,二极管 3D03、3D05 截止,3D04 导通。负信号经 3R16 使积分器正向积分。3BG04 的积分输出信号经 3BG05 反相后,经 3R19 形成正反馈信号。此时 3D06 导通,正反馈信号经 3W05 也使积分器正向积分。调整电位器 3W05,可以改变正反馈信号和正向积分时间常数的大小。当 3BG03 输出为正信号时,二极管 3D03、3D05 导通,3D04、3D06 截止。正信号经 3R15、3W04、3R14 使积分器反向积分。调整电位器 3W04,可以改变反向积分常数大小。

3BG05 为反相器,3BG06 为一阶低通滤波器。利用低通滤波器产生 D 的衰减斜率,使 3BG05 输出信号反相,而且在拐点处更加圆滑。因此它们将积分信号形成首尾圆滑的速度给定曲线。

5. 速度调节电路

PI 调节器以 4BG01～4BG04 为主组成,完成电、制动 PI 调节和零速钳位作用。全压制动电路以 4BG01、4BG06 为主组成,完成电、制动重叠角的调节,实现停车瞬间全压制动功能。它的电路原理如图 3-49 所示。

(1) PI 调节器 PI 调节器电路包括零速钳位、速度反馈信号输入和复合 PI 调节器 3 部分电路。

零速钳位电路以 4BG01、4BG02 为主组成。它在电梯停止运行或交流电源缺相、错相时,使 PI 调节器输出为零。当电梯停止运行或交流电源缺相、错相时,1J01 的常开接点将 4BG01 基极的 $-U_W$ 电源切断。因而 $+U_W$ 经 4R19 向 4C05 充电,4BG01 导通。二极管 4D02 阴极电位为负,此时无论给定和反馈信号电压差值大小,4BG03 输出必为正。同时 4D02 阴极电位降低而使 4BG02 导通,因而 4BG03 处于深度反馈状态。它的输出电压被钳制在 0.7～1V 左右,晶闸管均被关断,系统处于零速钳位状态。

当电梯运行时,1J01 的常开接点将 $-U_W$ 电源送到 4BG01 基极,因而 4BG01 截止。二极管 4D02 因阴极电位升高而截止,同时

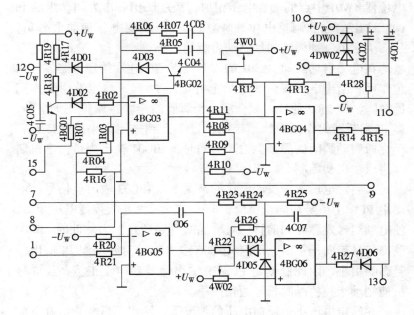

图 3-49 自动调节电路

4D01 因阴极电位升高而使 4BG02 截止。此时零速钳位作用消失，PI 调节器根据给定和反馈信号电压差值自动调节电梯运行速度。

速度反馈信号输入采取直接输入方法。测速发电机两个绕组中任一输出电压送到电阻 4R16 两端，再经 4R04、4R03 在 4BG03 反相输入端与给定电压相比较。因为给定电压总为正，所以必须利用上、下行反向接触器的辅助接点，按运行方向改变测速电压方向，才能保证系统的调节精度。

复合 PI 调节器可以分解为中低频段和高频段两个 PI 调节器。中低频调节器以 4BG03 和 4R06、4R07、4C03 支路为主组成，其增益高，有利于降低系统误差。高频调节器以 4BG03 和 4R05、4C04 支路为主组成，其增益低，有利于抑制系统的振荡。电阻 4R09 和 4R10 的连接点处电压作为电动组 PI 调节输出信号。4BG04 和 4R11～4R13 组成反相加法器。它将 4BG03 输出电压和电位器 4W01 中点的偏置电压相加，经过反相后作为制动组的 PI 调节输出信号。调整电位器 4W01，可以改变电、制动重叠角，从而决定了制动绕组初始制动力矩的大小。

在电梯启动瞬间，2J01 的常开接点解除速度给定电路零位钳位作用，给定电压按曲线开始上升。而 PI 调节器零速钳位作用的解除，因 2J02 的延时吸合滞后于解除给定零位钳位几十毫秒，即 PI 调节器起作用时，给定电压已上升到一定大小。这样有利于克服启动瞬间的静摩擦力矩。同时，4BG04 输出为负，电机制动绕组输出初始制动力矩。

在给定电压大于反馈电压的情况下，4BG03 输出负信号，电动组 PI 输出信号趋向于负值，6 号、7 号、8 号板控制电压变负，使电动组触发脉冲列前移，对应晶闸管导通角加大。此时 4BG04 输出信号趋向于正值，而且 4BG06 输出信号对制动组 PI 输出信号影响很小，因此制动组 PI 调节输出信号趋向于正值，经 5 号板使制动半控桥晶闸管导通角减小。

在给定电压小于反馈电压的情况下，输出信号变化恰好与前述过程相反。在制动停车瞬间，全压制动电路起主要作用。

(2) 全压制动电路　电梯正常运行时，2J01 的常开接点将 +12V 电压送到 4R21。此时以 4BG05 为主组成的求和积分器输出电压为 -12V，4D04 导通。以 4BG06 为主组成的求和积分器有 4 个输入信号：经 4R26 输入的电位器 4W02 中点的正偏置电压，经 4R25 输入的 $-U_W$ 偏置电压，经 4R23、4R24 输入的测速反馈电压，经 4R22、4D04 输入的 4BG05 输出电压。此时负输入信号起主要作用，4BG06 输出为正，4D06 截止，全压制动作用消失。

电梯进入停车制动瞬间，2J01 的常开接点将 4R21 的 +12V 电压切断。4BG05 输入逐渐趋向 +12V，4D04 截止。此时电机转速与低速给定相对应，测速发电机有输出电压。4BG06 输出电压由正逐渐变负，从 4D06 阳极输出的制动控制作用逐渐加强，电机速度逐步下降。当测速反馈电压低于 4W02 中点的偏置电压时，4BG06 输出电压最大可达 -12V。它经 4D06 输出，控制 5 号板触发脉冲列前沿，使半控桥 2 个晶闸管全导通。因而制动绕组实现全压制动，使电机转速迅速下降到零。

为了限制制动电流，半控桥交流输入端接入扼流线圈，使制动过程迅速而平稳。由于 2J02 在机械抱闸动作后释放，使 1J01 释放，因而切断脉冲变压器电源，使晶闸管关断。调整 4W02，可以改变加入全压制动时速度的大小。

6. 触发脉冲发生电路

触发脉冲发生电路由脉冲形成电路和脉冲输出电路两部分组成，电路原理如图 3-50 所示。

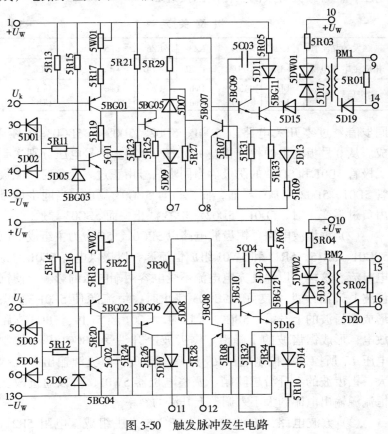

图 3-50　触发脉冲发生电路

脉冲形成电路由同步信号电路、锯齿波电路和方波电路三部分组成,用以实现触发号和主电源电压同步以及保证有足够的移相范围。

(1) 同步信号电路:从 0 号板输出的同步信号由相邻两相线电压叠加而成,因而被触发的晶闸管、相应的主电路电源与同步信号之间的相位关系见表 3-1。同步信号的选择考虑了调速系统对有效移相范围的要求及锯齿波有效的工作范围。由于触发电路要求负同步信号,因此锯齿波的起始点必须超前晶闸管交流电源电压,而且最大有效的工作范围接近 240°。

相 位 关 系　　　　　　表 3-1

被触发的晶闸管	KZ1	KZ4	KZ3	KZ6	KZ5	KZ2
相应主电路电源	+ U_A	– U_A	+ U_B	– U_B	+ U_C	– U_C
同步信号电压	U_{ba} U_{ca}	U_{ab} U_{ac}	U_{cb} U_{ab}	U_{bc} U_{ba}	U_{ac} U_{bc}	U_{ca} U_{cb}

同步信号过零开关电路以 5D01、5D02、5D05 和 5BG03 为主组成。从 0 号板输出的相位相差 180°的两个同步信号电压分别送到二极管 5D01 和 5D02 的阴极。当同步信号由正过零变负时,二极管 5D01、5D02、5D03 导通,而三极管 5BG03 截止;当同步信号由负过零变正时,5D01、5D02、5D03 截止,而 5BG03 导通。

(2) 锯齿波电路:锯齿波电路以 5BG01、5C01 为主组成。以 5BG01、5R15、5R17 和 5W01 组成恒流源,以提供电容 5C01 的充电电流。这样可以保证充电电流不受电容两端电压的影响,使锯齿波上升沿线性度良好。5BG03 截止时,恒流源使 5C01 充电,形成锯齿波的上升沿;5BG03 导通时,5C01 经 5R19、5BG3 支路放电,形成锯齿波的下降沿。锯齿波上升沿受 5BG01 基极控制电压 U_k 所控制。控制电压 U_k 越趋向于负,恒流源输出电流越大,锯齿波的上升沿越陡峭。调整电位器 5W01,可以通过改变恒流源输出电流的大小来调整上升沿的斜率。

(3) 方波电路:方波电路以 5BG05 为主组成。电阻 5R21、

5R23 的数值决定了 5BG05 基极电位。无控制电压 U_k 时，锯齿波波峰电压小于 5BG05 基极电位，因而无方波输出。

当有控制电压 U_k 时，锯齿波上升变陡。它的波峰电压大于 5BG05 基极电位时，5BG05 导通，因而在 5R25 上形成方波前沿。5C01 通过 5BG05 和 5R25 支路放电，同时 5BG01 的输出电流也流经 5BG05，在 5R25 上产生电压降。5C01 上的电压按指数曲线下降，同时 5BG05 基极电压也随之变化，使 5BG05 从饱和导通逐渐变为截止，因而形成方波后沿。

三、日本 YP 调速拖动电路

日本日立公司的 YP 调速装置的电路简单，利用磁放大器进行调节控制，使有源元件数量极少。同时，它巧妙地与继电逻辑控制系统配合，有效地解决了非对称调压谐波力矩所导致的振动问题。它适用于 11~18.5kW 交流调速电机，YP—90 额定运行速度为 1.5m/s，YP—150 额定运行速度为 1.75m/s，额定载重量为 750~1000kg。广州电梯工业公司的产品就是使用这种调速装置。

该装置不仅使用有源元件数量极少，而且元器件的参数选择比较合理，安全裕量大。例如采用了大功率碳膜电阻、功率型被轴线绕电阻器、高压电容器、带散热器功率晶体管、触发脉冲功率放大用晶闸管、交流测速发电机等等。同时该装置的控制单元布局合理，空间距离充裕，具有良好的防止电磁干扰措施，因此大大提高了装置热稳定性能和可靠性，降低了对使用环境条件的要求，特别适用于湿热带地区。

1. 拖动系统的结构

YP 调速器装置的拖动系统如图 3-51 所示。

主回路为两相调压，电流互感器 WCT 和 UCT 检测的电流信号用于抑制电机启、制动电流的突变。电流互感器 DCT 检测的电流信号，一方面用于抑制能耗制动电流的突变，另一方面用作主回路两相能耗制动电流反馈信号。电流互感器 90DCT 检测的电流信号用于制动电流保护。正是这些电流信号控制作用的结

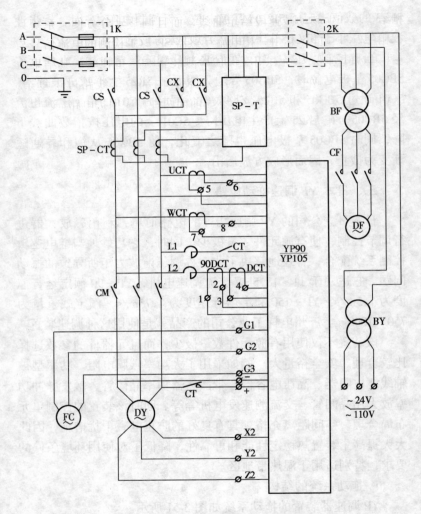

图 3-51 YP 调速器装置的拖动系统图

果,抑制了谐波力矩所导致的振动,改善了启动的舒适感。

选层器一般只产生继电器逻辑控制信号,而与调速装置的给定曲线无关。但在此系统中,选层器以巧妙的传动方式与感应器配合,将缩小比例放大。同时利用轿厢顶部的感应器与逻辑控制相结合，产生制动减速段给定曲线，而且调整十分方便，系统具有相序保护功能。它由三相电流互感器 SP—CT 检测的电流信号与三相电源电压信号经由相序保护检测装置 SP—T 比较，其结果由一组继电器转换接点输出。SP—T 装置内部电子线路过于复杂，使用的三极管和二极管较多，不如前面两种相序保护电路简洁。

2. 调速装置的结构

装置功能如图 3-52 所示，图中已省略回路和晶闸管的保护元件。装置的基本结构仍然是由同步电源、速度给定、速度调节、触发脉冲形成及放大等单元组成。交流调压电路由 4 个反并联的晶闸管（1KZ～4KZ）组成，通过方向控制接触器给电梯电机的高速绕组供电。直流调压电路由晶闸管（5KZ、6KZ）和整流二极管（1DZ、2DZ）组成，向电机低速绕组提供制动电流。同时，在半控桥的交流输入端接入扼流线圈 L1、L2。它们不仅限制了制动电流的大小，而且使它更加平滑。

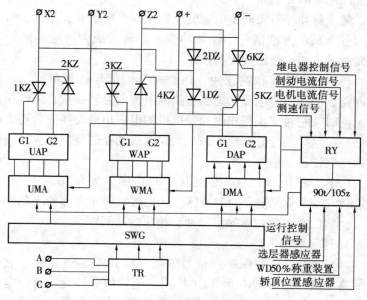

图 3-52　调速装置功能框图

(1) 速度给定　DB1—90S（或 DB1—105S）为速度给定单元。它根据装在轿厢底部的 50%负载称重装置和上、下行方向控制逻辑判断轻载或重载，在启动瞬间产生相应的给定增量，以补偿的变化和防止势能负载所产生的反向驱动，从而形成单、多层和轻、重载各种不同的启动、加速和稳速段速度给定曲线。它得利用轿厢顶部和选层器上的感应器与继电器相配合，产生单、多层运行不同的减速曲线。DB1—90S 与 DB1—105S 的区别在于稳速运行和减速度级数不同。

(2) 速度调节和触发脉冲形成　DB1—UMA 和 DB1—WMA 用于调节交流定子电压，DB1—DMA 用于调节能耗制动直流电压。三个单元的内部构成几乎完全相同，但交、直流调节器信号接法不同。

调节器由磁放大器为主组成，分别完成电机电流、能耗制动电流和速度信号的调节，经功率放大后控制触发移相电路，改变相应晶闸管的导通角。

触发脉冲环节将同步电源变压器和同步电子开关单元 DB1—SWG 所形成的方波信号，经脉冲变压器转变成为对应晶闸管的触发脉冲，相位受磁放大器控制。

(3) 信号处理和发脉冲　DB1—RY 为信号处理单元。它将主回路、制动回路电流互感器检测的电流信号转换成直流电压信号。同时，它将交流三相测速发电机的电压信号转换成为直流电压信号。这些信号分别送到磁放大器对应的控制绕组作为反馈信号和继电器控制信号。

UAP、WAP、和 DAP 为触发脉冲功率放大单元。从 UMA、WMA 和 DMA 单元输出的触发脉冲，先触发单元内部的小功率晶闸管，然后输出大功率触发脉冲到相应的晶闸管。

3．速度调节电路

(1) 信号处理与保护　信号处理电路如图 3-53 所示。它将主回路电流互感器 WCT 和 UCT 检测的电流信号转变成直流电压信号，分别作为对应相磁放大器的电流微分负反馈输入信号和电机过流保护继电器 J90M 的控制信号。它将能耗制动回路交流输入侧电流互感器 DCT 和 90DCT 检测的电流信号转变成直流信号，前者作为制动磁放大器的电流微分负反馈和电动磁放大器的能耗制动电流反馈的输入信号；后者作为制动过电流保护继电器 J90D 的控制信号。

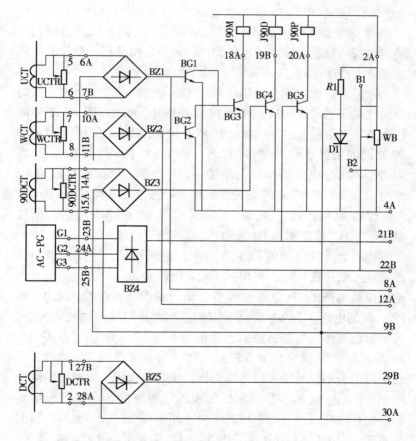

图 3-53 信号处理电路

交流测速发电机输出电压经整流后，一方面作为调节磁放大器的速度负反馈输入信号；另一方面作为速度保护继电器 J90P

的控制信号。

电位器 WB、电阻 R1 和二极管 D1 构成负偏置电压环节。调整电位器 WB，使检测点 B1 和 B2 之间的继电器 J90P 偏置电压 U_B 约为 1.3V。

(2) 速度调节　速度调节主要由 DB1-UMA、DB1-WMA 和 DB1-DMA 三个单元组成，单元之间的连接见图 3-54。UMA、WMA 为电动调节单元，DMA 为制动单元。它们分别通过控制电动组和制动组晶闸管的导通角大小，调节电机速度，使轿厢跟随给定速度曲线运行。

磁放大器的负偏置电压绕组为 C11-C12，但是 3 个放大器的负偏置电压不同。UMA 的 C11 接到 DB1-RY 的 22B 端，C12 经电位器 WU 支路接 +24V 电源。调整电位器 WU，使检测点 U1 和 U2 之间的偏置电压 U_U 约为 12.6V。WMA 的 C11 接到 DB1-RY 的 4A 端，C12 经电位器 WW 支路接 +24V 电源。调整电位器 WW，使检测点 W1 和 W2 之间的偏置电压 U_W 约为 13.2V。DMA 的 C11 经电位器 WD 接 +24V 电源，C12 经电阻 RD 接 24V 电源。调整电位器 WD，使检测点 D1 和 D2 之间的偏置电压 U_D 约为 2.1V。

速度负反馈电路如图 3-55 所示。由图可见，电动组和制动组速度反馈接法相反，但相对于给定电流来说，均为负反馈。调整电位器 WPSR，在电梯空载多层运行情况下，使检测点 P1 和 P2 之间的电压 U_P 约为 5.3V，以调整速度反馈绕组电流的大小。为了防止超速，反馈回路引入由电容 C1、二极管 D1、电阻 R3、R4 组成的比例-微分环节。根据比例-微分调节器的工作原理，它的输出信号不仅与输入信号成正比，也与输入信号对时间的微分成正比。同时输出信号的相位比输入信号超前，在低频段增益低，而在高频段增益高。因此，对于相位滞后过大的磁放大器调节系统，引入比例-微分校正环节，可以实现提高系统响应速度、减小超调量、提高系统相位储备和抑制系统振荡的目的。电梯制停后，运行继电器 JYX 常闭接点和电阻 R5 为 C1 提供放电回路，避免再次启动时电容两端电压造成的冲击。

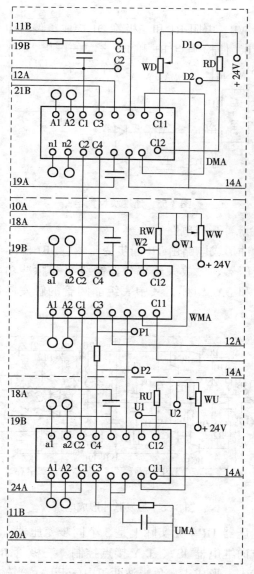

图 3-54 速度调节单元电路

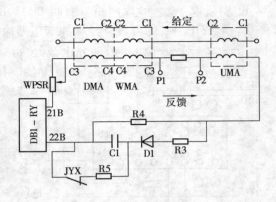

图 3-55 速度负反馈电路

4. 触发脉冲形成电路

触发脉冲形成电路由 TR 同步变压器、DB1-SWG 方波发生单元、脉冲变压器、磁放大器部分控制绕组和脉冲功率放大单元 UAP、WAP 和 DAP 组成,其中一组晶闸管的触发脉冲形成电路如图 3-56 所示。

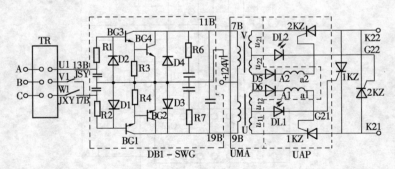

图 3-56 触发脉冲形成电路

同步变压器 TR 单元实际上是 3 个同步变压器,其输出端受上、下行方向继电器 JSY、JXY 接点控制。三极管 BG1～BG4 工作在开关状态,形成正、负半波两组电子开关。当输入电压处于正半波时,电流经 U1、电阻 R1、三极管 BG3、电阻 R3、二极管

D1、电阻 R2 和 V1（或 W1）形成回路，因而 BG3、BG4 导通，BG1、BG2 截止，形成正半波的方波，经脉冲变压器输出至磁放大器。同理，当输入电压处于负半波时，电流经 V1（或 W1）、R2、BG1、R4、D2、R1 和 U1 形成回路，因而 BG1、BG2 导通，BG3、BG4 截止，形成负半波的方波，经脉冲变压器输出至磁放大器。

当 BG3、BG4 导通时，+24V 电源在脉冲变压器 P-V 绕组产生方波，副边绕组 u_{21} 感应产生方波。副边绕组 u_{22} 则经二极管 D6、UMA 磁放大器的 A2-a2 绕组至 UAP 单元的正向脉冲功率放大晶闸管 2KZ′ 的控制极。在磁放大器给定绕组 C_1-C_2 的控制下，2KZ′ 导通后再触发正向晶闸管 2KZ，其导通角的大小取决于给定绕组电流的大小。同理，当 BG_1、BG_2 导通时，+24V 电源在 P-U 绕组产生方波，副边绕组 u_{11} 感应产生方波脉冲。副边绕组 u_{12} 则经 D_5、磁放大器 A1-a1 绕组至 1KZ 的控制极。经 1KZ′ 导通触发反向晶闸管 1KZ，2KZ、1KZ 控制极回路的发光二极管 DL_2、DL_1 在对应晶闸管导通时燃亮。

四、交流双速、轿内按钮 PLC 控制电梯电路

交流双速、轿内按钮 PLC 控制的电路图，如图 3-57 所示。

（1）司机下班关闭电梯的操作程序及下班关门电路。

①把电梯开到基站，固定在轿顶上的限位开关打板碰压固定在井道轿厢导轨上的厅外开关门控制开关 KGK，使 21 和 23 接通。

②扳动操纵箱下方暗盒内的照明灯开关 JZK_N 和控制开关 ZZK。扳动 JZK_N 使照明灯 JZD_N 熄灭。扳动 ZZK 使 01 和 07 断开、01 和 21 接通，01 和 07 断开 YJ 线圈失电，YJ↓→YJ 控制的电路失电。

③离开轿厢用专用钥匙扭动厅外召唤箱上的钥匙开关 TYK，使 23 和 25 接通，关门继电器线圈经相关电路得电，GMJ↑→MD↑……门关妥 1GMK↑→GMJ↓。实现下班关门关闭电梯。

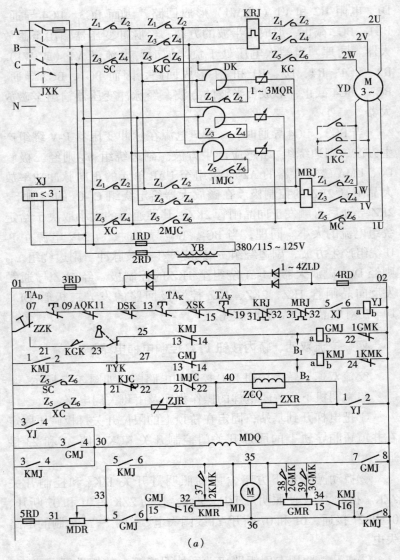

图 3-57 交流双速、轿内按钮 PLC 控制的电梯电路原理图（一）
(a) 主拖动、直流控制电源、开关门控制电路

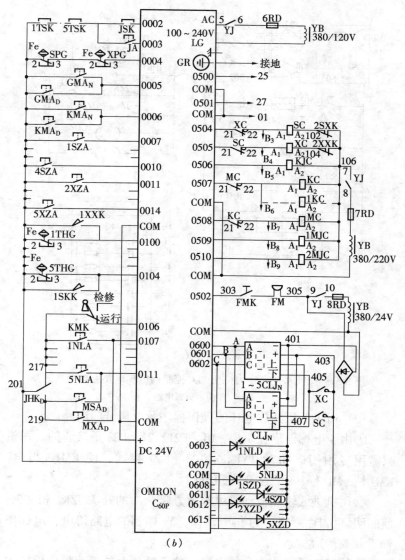

图 3-57 交流双速、轿内按钮 PLC 控制的电梯电路原理图（二）
(b) PC 控制电路

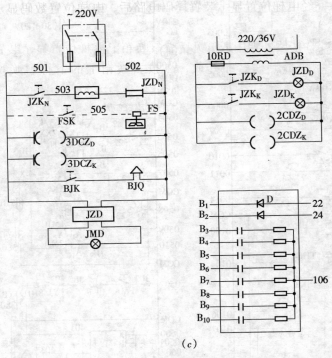

图 3-57 交流双速、轿内按钮 PLC 控制的电梯电路原理图（三）
(c) 照明、灭弧电路

(2) 司机上班开放电梯的操作程序及上班开门电路。

①由于电梯停靠在 1 楼，01 和 21、21 和 23 是接通的，司机只需用专用钥匙扭动 TYK，使 23 和 27 接通，使 $KMJ_{a,b}$ 得电，$KMJ\uparrow \to MD\uparrow \cdots\cdots$，实现上班开门。

②司机进入轿厢扳动操纵箱下方暗盒内的开关 JZK_N 和 ZZK，使照明灯 JZD_N 燃亮，YJ 得电动作，YJ 控制的电路得电，电梯便处于开放待命状态。

③处于 1 楼开放待命的电梯，位于轿顶上的换速隔磁板插入位于井道轿厢导轨上的换速传感器 1THG，1THG$\downarrow \to 1THG_{2,3}$闭合，梯形图中（以下省略）0100$\uparrow \to HR_{001}\uparrow$ 并保持动作状态$\to$

0600↑→经电梯位置显示装置译码电路后,电梯位置数码显示装置显示1字。

(3) 3楼厅外乘用人员见厅外召唤箱上电梯位置显示装置显示1字,获悉电梯已经开放,点按召唤箱上的下行召唤按钮3XZA,要求下行:

$$3XZA\uparrow \to 0012\uparrow \to \begin{cases} 0502\uparrow \to \begin{cases} FM\uparrow \to 发出蜂鸣声信号。 \\ TIM_{03}经0.8s(以下省略)\uparrow \to 0502\downarrow \to FM\downarrow。\end{cases} \\ 0613\uparrow 并锁存动作状态(以下省略)\to 3楼下行召唤信号被登记。\end{cases}$$

(4) 司机接受3楼厅外乘用人员召唤,开梯前往3楼接送乘用人员。

司机听到蜂铃信号,经查看,操纵箱上3XZD燃亮,司机开梯前往3楼接送乘用人员的操作及控制原理:

①点按操纵箱上对应3楼的主令按钮3NLA作主令登记:

$$3NLA\uparrow \to 0109\uparrow \to 0605\uparrow \to \begin{cases} 3NLD\uparrow,3楼主令信号被登记。 \\ 1401\uparrow \to TIM_{02}\uparrow \to 1402\uparrow,实现一次只能登记一个主令信号。 \\ 1501\uparrow \to 电梯定上行方向。\end{cases}$$

②按下关门按钮,$GMA_N\uparrow \to 0005\uparrow \to 0500\uparrow \to GMJ\uparrow \to MD\uparrow$……,门关妥$0002\uparrow \to TIM_{00}\uparrow$:

a. 电梯从1楼启动、加速、满速向3楼运行。

$$TIM_{00}\uparrow \begin{cases} 0504\uparrow \to SC\uparrow \begin{cases} SC_{Z5,6}\uparrow \to ZCQ\uparrow \\ SC_{Z1\sim Z4}\uparrow \end{cases} \\ KC、1KC_{Z1\sim Z6}\uparrow \\ 0507\uparrow \to TIM_{04}\uparrow \to 0506\uparrow \to KJC\uparrow,短接全部电抗,YD在全电压下加速至满速,电梯以满速向3楼运行。\end{cases}$$
YD经电抗器得电,电梯缓慢启动运行。

b. 电梯到达3楼的上行换速点,自动把快速运行切换为慢速运行。

电梯由1楼向3楼运行过程中,位于轿顶上的换速隔磁板,依次插入位于井道轿厢导轨上的换速传感器2THG和3THG:

插入 2 楼的换速传感器时，$2THG\downarrow \rightarrow 2THG_{2,3}$ 闭合 $\rightarrow 0101\uparrow$ $\rightarrow HR_{002}\uparrow \rightarrow 0600$、$HR_{001}\downarrow$、$0601\uparrow$，电梯位置显示装置显示 2 字。

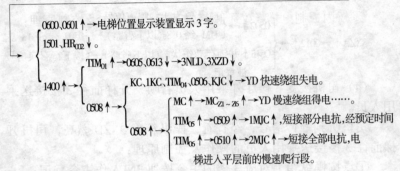

c. 电梯在 3 楼平层时施闸停靠开门。

电梯到达 3 楼平层位置时，位于轿顶上的上下平层传感器 SPG 和 XPG 分别插入位于井道轿厢导轨上的平层隔磁板，SPG 和 $XPG\downarrow$，$SPG_{2,3}$ 和 $XPG_{2,3}$ 闭合，$0004\uparrow \rightarrow$

$\quad\quad 1201\uparrow \begin{cases} 0501\uparrow \rightarrow KMJ\uparrow \rightarrow MD\uparrow \cdots\cdots，实现自动开门。\\ 0504、SC、ZCQ、0508、MC、TIM_{05}、0509、1MJC、\\ TIM_{06}、0510、2MJC 依次 \downarrow \rightarrow YD\downarrow，\\ 实现平层施闸停靠。\end{cases}$

（5）乘用人员进入轿厢，司机问明准备前往层楼，开梯送乘用人员。

若乘用人员准备前往 2 楼，司机先点按对应 2 楼的主令按钮 2NLA 作主令登记，然后按下关门按钮 GMA_N，门关妥电梯启动下行，下行的控制原理与上行时相仿。

（6）电梯机、电系统发生故障，检修人员或司机控制电梯上下慢速运行。

进入 20 世纪 70 年代后，国内生产的电梯均具有在轿内或轿顶点动控制电梯上下慢速运行的性能，以便检修人员安全方便地检修电梯。

由于电梯作检修慢速运行时，YD 的实用功率比快速运行时少得多，因此不能把检修慢速运行当正常运行使用，否则曳引电动机 YD 容易发热甚至烧毁。

①轿内控制电梯作上下检修慢速运行的操作及控制原理：

a. 按下关门按钮 GMA_N，先关好厅轿门，门关妥 $0002\uparrow \to TIM_{00}\uparrow$。

b. 按下最高或最低层楼的主令按钮：

（a）若准备慢速上行，按下对应最高层楼的主令按钮 5NLA；

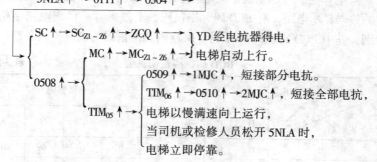

（b）若准备慢速下行，按下对应最低层楼的主令按钮 1NLA，其控制原理与上行时相仿。

②轿顶控制电梯作上下检修慢速运行的操作及控制原理：

a. 按下轿顶检修箱上的关门按钮 GMA_D，先关好厅轿门，门关妥 $0002\uparrow \to TIM_{00}\uparrow$。

b. 扳动轿顶检修箱上的运行、检修转换开关 JHK_D，使其处于检修状态，切断 201 和 217 电路并接通 201 和 219 电路。

c. 按下轿顶检修箱上的慢上按钮 MSA_D 或慢下按钮 MXA_D，准备上行按下 MSA_D，准备下行按 MXA_D，其控制原理与在轿内按 5NLA 或 1NLA 时相仿。

随着电梯控制技术的进步，电路原理图 3-57 中的内外指令按钮和信号显示也采用新器件。指令按钮采用微动按钮开关和发光二极管作登记记忆显示。电梯运行方向和所在位置显示装置分别与操纵箱和召唤箱合并成一体化的新型操纵、运行方向、所在位置显示操纵箱,以及召唤、运行方向、所在位置显示召唤箱等。电梯机械部分的大部分零部件也作了更新换代,但对电气部分的影响较少,电梯机电两大部分的进步,使电梯的整机性能发生跳跃式进步。

电梯运行方向和位置显示,分别采用发光二极管和数码管显示电子电路,使维修费用大大降低。9 层站及以下电梯用一只数码管,10 层站以上用两只数码管。

电梯电气控制系统中的电梯位置显示采用数码显示电路。常用的数码显示电路,有 BCD 码、格雷码、七段码等编译码电路结构之别,其中 BCD 码也称 8421 码。BCD 码和格雷码的真值见表 3-2。

BCD 码、格雷码真值　　　　　　表 3-2

真值＼输出	BCD 码				格雷码			
十进制数	D	C	B	A	D	C	B	A
0	0	0	0	0	0	0	0	0
1	0	0	0	1	0	0	0	1
2	0	0	1	0	0	0	1	1
3	0	0	1	1	0	0	1	0
4	0	1	0	0	0	1	1	0
5	0	1	0	1	0	1	1	1
6	0	1	1	0	0	1	0	1
7	0	1	1	1	0	1	0	0
8	1	0	0	0	1	1	0	0
9	1	0	0	1	1	1	0	1

电路原理图 3-57 的电梯电气控制系统采用 BCD 编译码电路结构,其电路原理结构框图如图 3-58 所示。

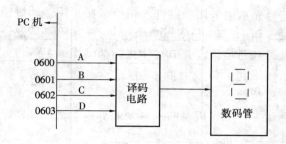

图 3-58　BCD 码、格雷码编译码电路结构框图

七段码的编译码电路比较简单直观，由 A、B、C、D、E、F、G 等七段组成的 8 字，分别组合点亮其中的某几段，就可显示所需数字，其电路结构原理框图与图 3-58 相仿。

采用 PLC 机取代中间过程继电器控制的电梯电气控制系统，必须有与其电路原理图相配套的梯形图程序。电路原理图的 PLC 机梯形图程序如图 3-59 所示。

梯形图程序是 PLC 机内的逻辑控制电路图，图中：

（1）每排梯形图中的竖线称为母线，它相当于继电器逻辑控制电路中的电源。母线最右端的圆圈或半圆圈为各种软、硬指令继电器的线圈。线圈与母线之间一般需一组以上逻辑控制接点，所有接点接通时，相当于线圈得电而动作。接点分常开和常闭两种，两竖线表示常开接点，两竖线之间加一斜线表示常闭接点。当线圈与母线接通时，线圈得电动作，所属的常开接点闭合，常闭接点断开，类似传统电磁式继电器。

（2）PLC 机的各种软硬继电器线圈和接点，以及输入和输出点也可当作继电器或接点使用。由于这些线圈或接点的使用次数不受限制，因此梯形图中的接点不能像传统电磁式继电器接点那样编号，如 $GMJ_{3,4}$、$KMJ_{5,6}$ 等。所以造成梯形图中的线圈和接点的编号，如 0100、0501、1101……是相同的。虽然接点的使用次数不受限制，但一般 PLC 机的指令语句和扫描时间确有限制。因此在实现同种功能的情况下，应该是指令语句越少越好，扫描周期越短越好。

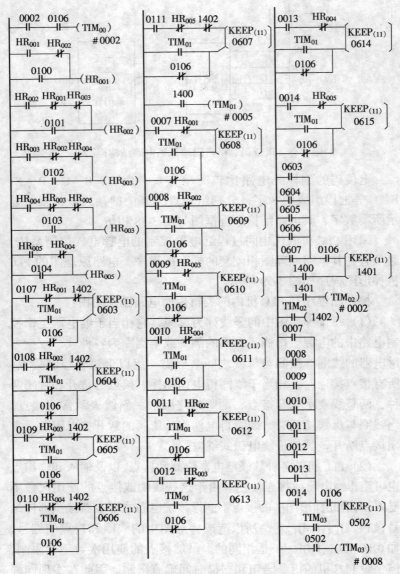

图 3-59 电路原理图的 PLC 机梯形图程序（一）

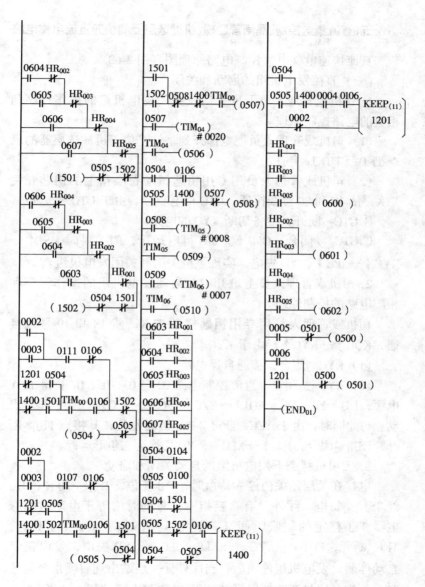

图 3-59 电路原理图的 PLC 机梯形图程序（二）

五、直流集选控制、晶闸管励磁、机械选层器的快速直流电梯电路

直流快速电梯电气控制电路原理图（图3-60）

（一）直流发电机组的启动和关闭

1. 司机或管理人员下班关门及关闭发电机组的操作程序和相应的电路控制原理。

（1）司机或管理人员把电梯开到基站，位于机械选层器的触点 TKD_d 和 TKJ_d 接通。

（2）司机或管理人员用专用钥匙扭动召唤箱上的钥匙开关 TYK，使 18 和 20 号线接通，GTC 得电吸合。由于 GTC↑，则：

①$GTC_{3,4}$ 断开，准备切断 KYC 的电路。

②GTC_{Z_1,Z_2} 闭合，GMJ↑，MD 得电运行，门关妥时 MSJ↑→KYC↓→JLC↓，YD 失电。实现下班关门和关闭发电机组。

2. 司机或管理人员上班开门及启动发电机组的操作程序和相应电路的控制原理

司机或管理人员用专用钥匙扭动 TYK，使 18 和 19 号线接通，KQC↑→KYC↑。由于 KYC↑，则：

（1）$KYC_{1,2}$ 闭合，接通自保电路。

（2）$KYC_{Z1~6}$ 闭合，直流控制电路 02 与 03、05、07 获得 110V 电源，DJJ、YC、FSJ、FQJ↑→YZC↑→CSJ↑→XLC↑，YD 星形启动。与此同时，由于 $YZC_{3,4}$ 断开，FSJ 延时复位，其接点 $FSJ_{1,2}$ 断开，$FSJ_{11,12}$ 闭合，JLC↑→XLC↓，YD 切换为三角形运行。

3. 无司机状态下发电机组的自动关闭和启动

电梯在某层站关门停靠待命时，TSJ 复位，$TSJ_{11,12}$ 闭合，TFJ 经 $TSJ_{11,12}$ 得电，厅外没有召唤指令信号的时间等于电动时间继电器 TFJ 整定的缓吸时间（一般为 3~15min）时，TFJ 吸合，$TFJ_{3,5}$ 断开，FQJ↓→YZC↓→XLC、JLC↓，YD 失电，发电机组自动停闭。发电机组停闭后，当厅外任一层站出现召唤指令信号时，若指令信号在电梯停靠站，BMJ↑→TSJ↑→TFJ↓→FQJ↑→YZC↑，YD 得电，则能实现自动启动发电机组。若召唤指令信

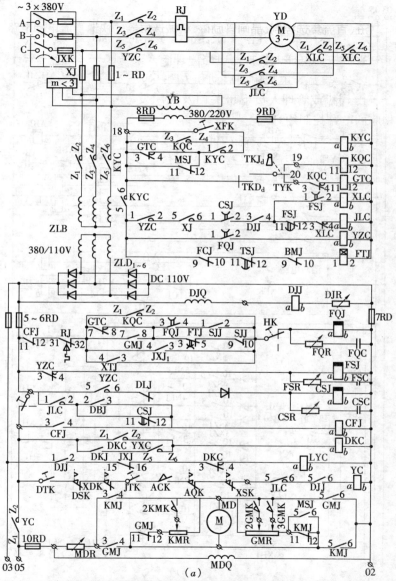

图 3-60 直流集选继电器控制、晶闸管励磁、机械选层器的快速电梯电路原理图(一)
(a)原动机、直流控制电源供给、开关门控制电路

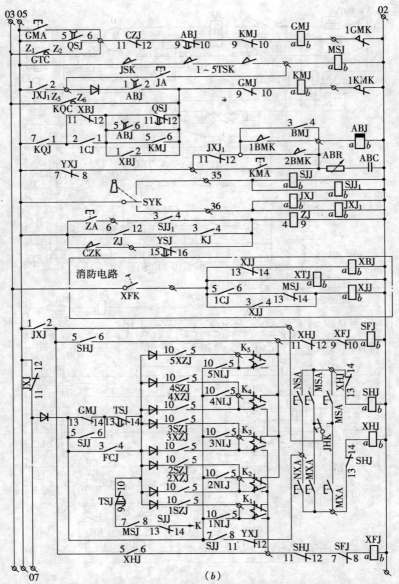

(b)

图 3-60 直流集选继电器控制、晶闸管励磁、机械选层器的快速电梯电路原理图(二)
(b)工作状态、自动定向控制电路

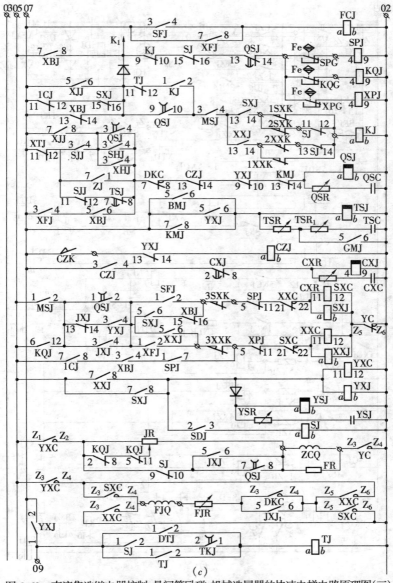

图 3-60 直流集选继电器控制、晶闸管励磁、机械选层器的快速电梯电路原理图(三)
(c)运行控制电路

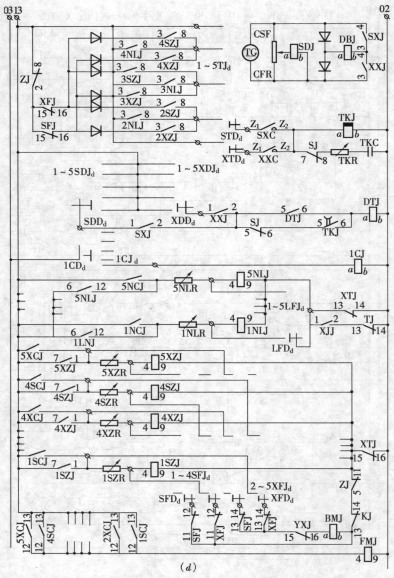

图 3-60 直流集选继电器控制、晶闸管励磁、机械选层器的快速电梯电路原理图(四)
(d)停截车、指令登记和消除控制电路

号不在电梯停靠站时，则由于 SFJ 或 XFJ↑→SXJ 或 XXJ↑→YXJ↑→TSJ↑→TFJ↓→FQJ↑→YZC↑，YD 得电，也能实现自动启动发电机组。

4. 在下列情况下发电机组连续运行

（1）在有司机状态下，05 和 35 号线接通，SJJ 得电吸合，$SJJ_{1、2}$ 闭合，FQJ↑→YZC↑，YD 得电，发电机组连续运行。

（2）在检修状态下 05 和 36 号线接通，JXJ 得电吸合，$JXJ_{3、4}$ 闭合，FQJ↑→YZC↑，YD 得电，发电机组连续运行。

（3）在消防状态下，XTJ 得电吸合，$XTJ_{3、4}$ 闭合，FQJ↑→YZC，YD 得电，发电机组连续运行。

5．出现下列情况之一时，自动关闭发电机组

（1）供给电梯 3×380V 交流电源发生断相或错相时，XJ↓→JLC↓，YD 失电，自动关闭发电机组。

（2）曳引电机励磁绕组开路时，励磁继电器 DJJ↓→JLC↓，YD 失电，自动关闭发电机组。

（3）原动机过载，热继电器 RJ 动作，$RJ_{31、32}$ 断开，FQJ↓→YZC↓，YD 失电，自动关闭发电机组。

（4）由于某种原因造成曳引电机电枢电流超过额定值，而且持续时间又超过预定时间时，过流继电器 DLJ↑→CSJ↓→$CSJ_{1、2}$ 断开，JLC↓，YD 失电，自动关闭发电机组。

（二）电梯的启动、加速、满速运行，到达预定停靠站提前自动换速，平层前提前一定距离自动开门，平层时自动停靠在有/无司机状态下启动电梯时，从电梯的启动、加速，到达预定停靠站时提前换速和提前开门，平层时停靠等环节及相应的控制电路基本相同。检修时司机或检修人员的操作程序及相应的控制电路，也基本相同。

（1）在无司机状态下，操纵箱上的钥匙开关 SYK 处于无司机位置上，SJJ 和 JXJ 处于复位状态。若在这种状态下电梯停靠在 1 楼待命，系统中 MSJ 是吸合的，TSJ 已经延时复位，QSJ 得电吸合，$QSJ_{9、10}$ 闭合。设这时 4 楼出现下行召唤信号，即 4XZJ

吸合，4XZJ$_{5、10}$闭合，SFJ↑→SXJ、SXC↑→YXJ、YXC↑。通过YXC$_{Z_1、Z_2}$接点制动器线圈ZCQ得电松闸。通过SXJ、YXJ、KJ的接点接通晶闸管励磁装置的给定输出电路。曳引电动机ZD跟随发电机ZF输出电压的升高启动加速向上运行。

（2）有司机状态下，操纵箱上的钥匙开关SYK处于有司机位置，SJJ和SJJ$_1$吸合，这时电梯的关门与启动由司机控制。通过司机点按GMJ电路中的关门按钮GMA实现自动关门。启动电梯时，司机先根据轿内外指令登记信号，确定电梯运行方向，然后通过点按操纵箱上的方向按钮NSA或NXA，实现控制电梯的关门和启动运行。

（3）加速和满速运行。电梯加速时，曳引电机ZD的电枢端电压跟随发电机ZF的电枢输出电压升高而升高，电梯的运行速度逐步加快。当电梯的运行速度达到额定速度的80%~90%时，与测速发电机输出端并接的继电器SDJ吸合，SJ吸合，电梯进入满速运行。

（4）到达预定的停靠站时，提高自动换速，平层前提前一定距离自动开门，平层时自动停靠；

假设电梯从1楼出发，预定在4楼停靠。电梯到达4楼的换速点时，选层器上的动触点STD$_d$碰触4楼的定触点4TJ$_d$。停站控制继电器TKJ经4SZJ$_{3、8}$、SXC$_{Z_1、Z_2}$、4TJ$_d$和STD$_d$等接点得电吸合，TKJ$_{1、2}$闭合，TJ得电吸合，TJ$_{11、12}$断开，KJ失电复位，励磁装置的给定输出电压降低到预定值，电梯由快速运行切换为换速后的平快运行，到达平层区时，由于SPJ或XPJ吸合，切换为平层前的慢速爬行，与此同时通过提前开门区域传感器KQG，接通提前开门区域继电器KQJ的电路，实现提前自动开门。

平层时，上平层传感器插入平层隔磁板，SPG↓→SPJ↑→SXJ、SXC、YXJ、YXC↓，ZCQ失电，电梯停靠。

乘用人员进入轿厢并向司机报明要求前往的层站。设乘用人员要求前往2楼，电梯启动下行的操作程序和电路的控制原理与上行时相仿。

（三）单层运行

为了提高电梯单层运行时的效率，几种设计采取的措施相仿。

（四）轿内外指令信号的自动消除

轿内指令信号的自动消除，依靠选层器上的动触头 LFD_d，在电梯到达停靠站时，碰触 $1\sim5LFJ_d$ 中相应的定触头，短接轿内指令继电器 $1\sim5NLJ$ 中相应的继电器，使其复位来实现。同样，轿外指令信号，在电梯到达停靠站时，依靠选层器的动触头 XFD_d 或 SFD_d，碰触 $1\sim4SFJ_d$ 或 $2\sim5XFJ_d$ 中相应的定触头，短接外指令继电器 $1\sim4SZJ$ 或 $2\sim5XZJ$ 中相应的继电器，使其复位来实现。

（五）电梯的消防工作状态

有的设计设有消防工作线路，可根据用户需要增减。当消防开关 XFK 闭合时，消防状态继电器 XTJ 和消防准备继电器 XBJ 得电吸合。

（1）若电梯正在向下运行，由于 $XTJ_{13,14}$ 和 $XTJ_{15,16}$ 断开，切断了轿内外指令继电器电路，全部轿内外指令继电器同时复位，电梯直驶基站换速、平层停靠开门。

（2）若电梯正在向上运行，除切断轿内外指令继电器的电路外，还由于 $XBJ_{13,14}$ 断开而切断了 KJ 的电路，电梯按急停的速度立即停靠（但不开门）。由于 SFJ 复位，$SFJ_{7,8}$ 闭合，XFJ 经 $SFJ_{7,8}$、$MSJ_{7,8}$ 得电吸合。与此同时，QSJ 经 $XFJ_{3,4}$、$XBJ_{5,6}$ 也得电吸合，电梯立即启动下行，并直驶基站换速，平层停靠开门。

（3）若电梯处于停站状态，而且原运行方向是上行方向时，则因 XTJ 和 XBJ 吸合，全部轿内外指令登记信号继电器复位，SFJ↓→XFJ↑。如原运行方向是下方向时，则 XFJ 维持吸合，并立即关门启动下行，直驶基站换速、平层时停靠开门。

（4）若电梯刚从底层发车，而轿厢又未离开平层区时，则立即停车，XXJ 和 XXC 经 $1CJ_{7,8}$、$XBJ_{3,4}$、$SPJ_{1,7}$ 得电吸合，电梯以平层前的爬行速度返回基站，平层时停靠开门。由于 $1CJ\uparrow \rightarrow MSJ\downarrow$，因而 $1CJ_{5、6}$ 和 $MSJ_{13、14}$ 闭合，消防员专用继电器 XJJ 得电吸合，并自保。由于 XJJ 吸合，$XJJ_{13、14}$ 断开，XBJ 复位，又由于 $XJJ_{1、2}$ 闭合，轿内指令信号登记电路接通，电梯直接由进入轿厢的消防人员进行控制，电梯只在有轿内指令信号的层站停靠，厅外指令信号登记不予答应。

第四章 电梯的安装和调试

电梯是一种比较复杂的机电综合设备。电梯产品具有零部件多而分散,并与安装电梯的建筑物紧密相关等特点。电梯的安装工作实质上是电梯的总装配,而且又在远离制造厂的使用现场进行,这就使得电梯的安装工作更具有复杂性和重要性,同时电梯又是一种对安全要求特别高的设备,所以在安装前对电梯的图纸要详细阅读和掌握,对电梯结构和工作原理深入了解。要有正确的施工方案,编制好进度计划,准备好各种工具和必要的安装设备、安装材料,组织专门班子分工负责、协调配合,核对和测量井道的各种相关尺寸,对机房、电源都必须事先核查等,要求安装人员熟悉安装工艺,具有较丰富的经验。这样,才能保障电梯的安装质量。

第一节 机房内机械设备的安装

一、承重梁的安装

承重钢梁大多采用槽钢或工字钢,安放于机房的楼面之上。过去也有放在楼板下面的布置方式,因这种方法要在土建施工时,由土建单位按施工图定位后再浇捣混凝土,成本高,故不宜采用。楼面上安装时,只要将钢梁运至机房内就位即可。承重梁安装时应注意到:

(1) 承重梁如需埋入承重墙内,其支承长度应超过墙厚中心20mm,且不应小于75mm。对于砖墙,梁下应垫以能承受其载荷的钢筋混凝土梁或金属梁。如图 4-1 所示。

（2）多根承重梁安装好后上平面水平度应不大于 0.5/1000，承重梁上平面相互间高差不大于 0.5mm，且相互间的平行度不大于 6mm。

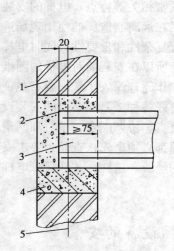

图 4-1 承重梁的埋设
1—砖墙；2—混凝土；3—承重梁；
4—钢筋混凝土过梁或金属过梁；
5—墙中心线

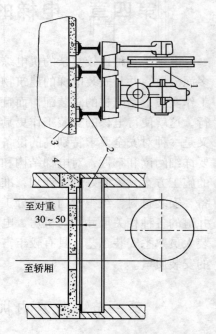

图 4-2 承重梁贴近楼面布置
1—曳引机；2—工字梁；
3—楼板；4—橡胶垫

二、曳引机安装

常见的曳引机安装方式如图 4-2、图 4-3 所示。前者承重梁固定在井道向机房延伸的水泥墩子或墙体上，用于客梯时，承重梁与水泥墩子间放置防震橡胶垫。用于货梯时则可不用橡胶垫而将钢梁与墩子浇牢。这种方式的钢梁与机房楼面间距只有 30～50mm。后者的承重梁两端支承在与井道向机房延伸的水泥墩子上，承重梁与机房楼面间距为 400~600mm，这种方式导向轮或复绕轮安装方便。

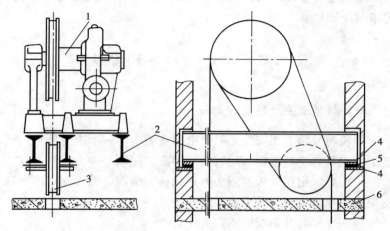

图 4-3　承重梁高位布置方式
1—曳引机；2—工字梁；3—导向轮；4—钢板；5—橡胶垫；6—楼板

曳引机可借助手拉葫芦进行吊装就位。安放到基座后，必须进行定位。可在曳引轮居中的绳槽前后放一根铅垂线直至井道样板上的绳轮中心位置，移动曳引机位置，直至铅垂线对准主导轨中心和对重导轨中心，然后将曳引机座与承重梁定位固定。

三、限速器的安装

限速器应装在井道顶部的楼板上，其具体位置可根据安装布置图要求定位。

为了保证限速器与张紧装置的相对位置，安装时在限速器轮绳槽中心挂一铅垂线至轿厢横梁处的安全钳拉杆的绳接头中心；再从这里另挂一根铅垂线到底坑中张紧轮绳槽中心，要求上下垂直重合，然后在限速器绳槽的另一侧中心到底坑中的张紧轮槽再拉一根线，如果限速器绳轮的直径与张紧轮直径相同，则这根线也是铅垂的。

限速器绳中的张力是通过增加或减少张紧装置中的配重来调整。采用悬臂重锤式的张紧装置时,其重锤是整体式的,只要按要求就位即可。

第二节 井道内设备的安装

一、导轨支架及导轨的安装

导轨与导轨支架安装是整个电梯安装中的一个重要环节,安装上的误差必将造成轿厢运行中的噪声、振动与冲击。

一般导轨用压导板、圆头方颈螺栓、垫圈、螺母固定在导轨支架上,导轨支架与井道墙固定。

导轨支架与井道墙的固定方法有:

1. 对穿螺栓固定法

当井道墙厚度小于 150mm 时可用冲击钻或手锤,在井道壁上钻出所需大小的孔,用螺栓通过穿孔将支架固定。如图 4-4(a)所示。固定时在井道壁背面放置一块厚钢板垫片。

2. 预埋螺栓法

采用这种方法,要求在土建时井道墙上留有预留孔,或者在安装时先凿孔,然后将预埋螺栓按要求位置固定好,埋入深度不小于 120mm,最后用较高标号的混凝土浇灌牢固。如图 4-4(b)所示。

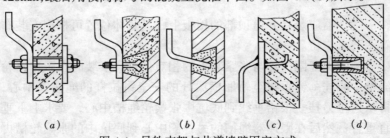

图 4-4 导轨支架与井道墙壁固定方式
(a)对穿螺栓固定法;(b)预埋螺栓法;
(c)预埋钢板焊接固定法;(d)膨胀螺栓固定法

3. 预埋钢板焊接固定法

这种方式适用于混凝土井道墙。在土建时按要求预埋入带有钢筋弯脚的钢板。安装时将导轨支架焊接在钢板上即可。如图4-4（c）所示。

4. 膨胀螺栓固定法

适用于混凝土或突心砖墙墙体的井道。安装时用冲击钻或墙冲在井道墙上钻一与膨胀螺栓规格相匹配的孔，放入膨胀螺栓将支架固定即可。如图4-4（d）所示。

导轨支架的间距应合理布置，一般每根导轨至少设两个支架，支架的间距应不大于 2.5m，导轨支架的水平度应不超过 5mm。

导轨安装前应清洗导轨工作表面及两端榫头，并检查导轨的直线度，不符要求的导轨应予以校正。导轨之间用连接板固定。

导轨由下向上逐根安装，导轨应用压板固定在导轨支架上，不应采用焊接或螺栓连接。

导轨吊装定位后，观测导轨端面、铅垂线是否在正确的位置上，校正时常用图4-5所示的导轨卡规（找导尺）定位，自上而下进行测量校正。当两列导轨侧面平行时，卡规两端的箭头应准

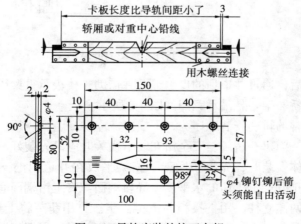

图4-5 导轨安装的校正卡规

确地指向卡规的中心线。

导轨的垂直度可用图 4-6 的方法进行校正。

二、轿厢、安全钳及导靴的安装

轿厢一般都在井道最高层内安装,在轿厢架进入井道前,首先将最高层的脚手架拆去,在端站层门地槛对面的墙上平行地凿两个 250mm×250mm 的两个洞,孔距与门口宽度相近。然后用两根截面不小于 200mm×200mm 的方木作支承梁,并将方木的上平面找平,最后加以固定。如图 4-7 所示。

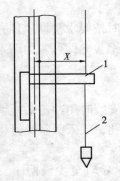

图 4-6 导轨直线度的校正
1—角尺;2—铅垂线

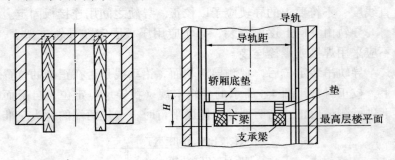

图 4-7 轿厢支承架的设置

然后,通过井道顶的曳引绳孔并借助于楼板承重梁用手拉葫芦悬吊轿厢架。悬吊示意图如图 4-8 所示。

通常的轿厢安装顺序为,下横梁→立柱→上梁→轿底→轿壁→轿顶→门机→轿门。安全钳在装下横梁时应事先装好。

具体安装时,先将轿厢架下横梁平放在井道内的支承横梁上,校正好梁上平面的水平度、导轨端面与安全钳端面间隙。其次吊起两侧立柱,用搭接板与下梁固定。再用葫芦将上梁吊起,然后将其与两立柱用螺栓固定好。轿底安装时,根据不同型式的轿底结构（有的是固定式，有的是带减震元件的活络轿底）特点确定安装工艺。轿底安装好后应保证水平。

轿底安装好后装轿壁。一般先装后壁，后装侧壁，再装前壁。

轿顶预先组装好，用吊索悬挂起来，待轿壁全部装好后再将轿顶放下，并按设计要求与轿壁固定。

轿厢架及厢体组装完后再进行轿内其他机件的安装。安装其他机件时，对表面已装饰好的零部件应倍加小心，切不可把装饰弄坏。对贴有粘纸保护的零部件，安装时应尽量不要撕去，以避免不必要的表面损伤。

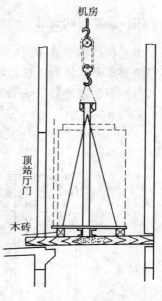

图4-8 轿厢悬吊示意图

导靴安装时，应使同一侧上下导靴保持在一个垂直平面内。导靴与导轨顶面应保留适当的间隙。固定式导靴，使其两侧间隙各为0.5~1mm左右。滚轮导靴外圈表面与导轨顶面应紧贴。弹性导靴与导轨顶面应无间隙。弹性导靴对导轨顶面的压力应按预定的设计值调定。过紧或过松均会影响电梯乘坐的舒适性。

三、对重的安装

安装对重时应先在底坑架设一个由方木构成的木台架，其高度为底坑地面到缓冲越程位置时的距离。然后先拆卸下对重架一侧上下两个导靴，在电梯的第2层左右吊挂一个手拉葫芦。用手拉葫芦将对重架由下端站口吊入井道地坑内的木台架上，再装上导靴。最后将对重块装入架内。在对重的重量调整到设计的平衡系数点后，必须用定位件将对重块固定。

四、缓冲器的安装

弹簧缓冲器和油压缓冲器虽然在结构和性能上有所不同,但其安装要求基本相同。这里以油压缓冲器为例说明其安装过程。

(1) 根据缓冲器安装的数量、位置尺寸要求浇筑混凝土柱基础,如图4-9所示。

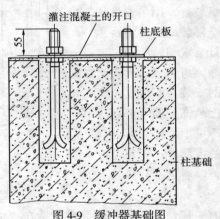

图4-9 缓冲器基础图

(2) 将缓冲器安装于基础后,用水平仪和铅垂线调节缓冲器,有必要使用垫片,使柱塞垂直度偏差不大于0.5mm。

(3) 对同一基础上的两个缓冲器,安装好后应满足,缓冲器顶部高度差不大于2mm。轿厢、对重装置的撞板中心与缓冲器中心的偏差不大于20mm。

(4) 安装上电气安全开关,并试动柱塞;观察安全开关动作的有效性。

(5) 灌注液压油至规定的油位刻度线。

(6) 用手动或重块压下柱塞,观察柱塞的复位时间。复位时间应不大于120s。

五、钢丝绳及补偿缆的安装

1. 钢丝绳安装

(1) 根据电梯布置方式、曳引比及加工绳头的余量,并结合现场实际测量长度来截取(应将钢丝绳展开测量后再截取)。为了避免截断处绳头松散,应用 0.5mm 的钢丝将其扎紧。

(2) 将曳引钢丝绳由机房绕过曳引轮悬垂至对重,用夹绳装置把钢丝绳固定在曳引轮上,另一端展开悬垂至轿厢。

(3) 根据不同的端接装置,使用不同的连接方法。

(4) 对绕绳比为 1:1 的,分别将绳头端接装置与轿厢上横梁及对重的绳头板连接。对绕绳比为 2:1 的,则两端绳头应分别与机房内的绳头板连接。

(5) 绳头端接装置连接好后,可用手拉葫芦吊起轿厢,拆除轿底托架,然后将轿厢缓缓放下,使曳引绳全部受力和张紧。这时应对轿厢的水平度,导轨与导靴的间隙,安全钳与导轨顶面的间隙等进行一次全面的检查和校正。

(6) 调节轿厢和对重侧的绳头螺栓,使各根曳引绳的张力基本相近,等到电梯能正常运行后,应再次调节曳引绳的张力,其张力差不应超过 5%。

2. 补偿装置的安装

使用钢丝绳作补偿装置时,其安装方法与曳引钢丝绳相仿,先截取规定长度,再做绳接头装置,并用绳头螺栓与轿底和对重底下的绳头板相互连接。在底坑中应设有补偿绳张紧装置,速度

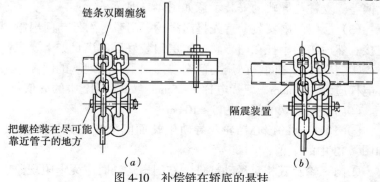

图 4-10 补偿链在轿底的悬挂
(a) 无隔振装置;(b) 带隔振装置

高时还应增设钢丝绳防跳装置。

采用补偿链或补偿缆时,主要考虑补偿装置的悬挂方式。图4-10是采用双环加螺栓固定的方法。补偿链(缆)安装时特别应注意到在悬挂后没有扭转。为了减小补偿链的运行噪声,可在链环上适当涂些润滑剂。

六、门系统安装

1. 层门安装

(1) 层门地坎安装　层门地坎埋设前,先按轿厢净开门宽度在每根地坎上做相应的标记,用于校正安装时的左右偏差。然后从样板架或轿厢上悬放两根与净开门宽度相同的放样线,作为地坎安装基准。在层门地坎下面装上开脚,与混凝土牢固地结合。同时在层门地坎两端装立柱的螺孔内拧上螺栓,以免埋地坎时螺孔堵没。然后将地坎埋设于牛腿上。地坎应高出地面 2~5mm,其水平度不大于 2/1000。

如土建时漏做牛腿,可补加钢牛腿。

(2) 层门导轨的安装　门导轨一般安装在层门两侧的立柱上,立柱与地坎、井道壁固定。门导轨与层门地坎槽在两端和中间三处距离的偏差均不大于 ±1mm。立柱与导轨调节达到要求后,应将门立柱外侧与井道间的空隙填实,防止受冲击后立柱产生偏差。立柱与导轨的安装示意如图 4-11 所示。

(3) 层门门扇安装　首先将门滑轮、门靴等附件与门扇牢固连接。然后将门扇挂在门导轨上。层门装好后应满足如下要求:

①层门门扇之间,门扇与门套,门扇下端与地坎的间隙,乘客电梯应为 1~6mm,载货电梯 1~8mm。如图 4-12 中的 c 值;

②门刀与地坎的间隙为 5~10mm;

③门扇挂架的偏心挡轮与导轨下端面间隙应不大于 0.5mm。如图 4-13 中的 c 值;

④门滚轮及其相对运动部件,在门扇运动时应无卡阻现象。

(4) 层门锁的安装　各种锁安装后主要应满足如下要求:

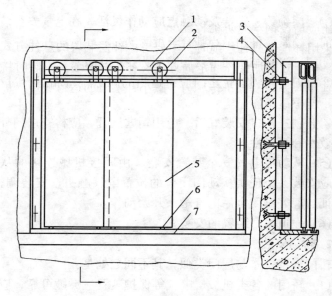

图 4-11 立柱与导轨安装示意图
1—门导轨；2—门滑轮；3—立柱；4—固定螺栓；
5—层门；6—门靴；7—地坎

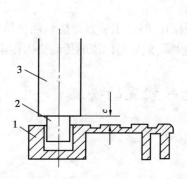

图 4-12 层门与地坎间隙
1—地坎；2—滑块；3—门扇

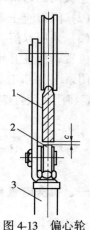

图 4-13 偏心轮与导轨间隙
1—门导轨；2—偏心轮；3—门扇

①层门锁钩、锁臂及动触点应动作灵活,在电气安全装置动作之前,锁紧元件的最小啮合长度为7mm;

②门锁滚轮与轿厢地坎间隙应为5~10mm;

③门刀与门锁滚轮之间应有适当的间隙,轿厢运行过程中,门刀不能擦碰滚轮;

④开锁三角口安装好后,应用钥匙试开,应检查层门外开锁的有效性和可靠性。

(5) 从动门电气安全装置安装 由间接机械连接的从动门扇,应安装一个证实从动门闭合的位置电气触头,安装调整后,应保证层门完全闭合后电气触头开始动作。

(6) 强迫关门装置的安装。

2. 轿门安装

轿门安装基本与层门类似,其不同之处是:

(1) 轿门的各类机械、电气等保护装置应灵敏可靠,应能满足安全规范要求。如关门力限制器应调节到,在关门行程1/3之后阻止关门的力应不超过150N。

(2) 门刀应正确定位固定。门刀与各层地坎的间隙应适当。

(3) 采用双门刀时,应注意以固定门刀为基准来调节活动门刀的位置,保证开锁的可靠性。

门系统中的门机装置,一般出厂时已组装好,待轿厢整体安装完后,将门机装置整体固定于轿顶。然后与门机的传动机构相连接。

第三节 电气装置的安装

一、机房电气装置安装

1. 控制柜

控制柜由制造厂组装调试后送至安装工地,在现场先作整体定位安装,然后按图纸规定的位置施工布线。如无规定,应按机房面积及型式作合理安排,且必须符合维修方便、巡视安全的原则。控制柜的安装位置应符合：

①控制柜、屏正面距门、窗不小于 600mm；

②控制柜、屏的维修侧距墙不小于 600mm；

③控制柜、屏距机械设备不小于 500mm；

④控制柜、屏安装后的垂直度应不大于 3/1000，并应有与机房地面固定的措施。

2. 机房布线

①电梯动力与控制线路应分离敷设，从进机房电源起零线和接地线应始终分开，接地线的颜色为黄绿双色绝缘电线。除 36V 及其以下安全电压外的电气设备金属罩壳均应设有易于识别的接地端，且应有良好的接地。接地线应分别直接接至地线柱上，不得互相串接后再接地。

②线管、线槽的敷设应平直、整齐、牢固，线槽内导线总面积不大于槽净面积的 60%；线管内导线总面积不大于管内净面积的 40%；软管固定间距不大于 1m。端头固定间距不大于 0.1m。

③电缆线可通过暗线槽，从各个方向把线引入控制柜；也可以通过明线槽，从控制柜的后面或前面的引线口把线引入控制柜。

3. 电源开关

电梯的供电电源应由专用开关单独控制供电。每台电梯分设动力开关和单相照明电源开关。控制轿厢电路电源的开关和控制机房、井道和底坑电路电源的开关应分别设置，各自具有独立保护。同一机房中有几台电梯时，各台电梯主电源开关应易于识别。其容量应能切断电梯正常使用情况下的最大电流，但该开关不应切断下列供电电路：

①轿厢照明和通风；

②机房和滑轮间照明；

③机房内电源插座；

④轿顶与底坑的电源插座；

⑤电梯井道照明；

⑥报警装置。

主开关应安装于机房进门处随手可操作的位置，但应避免雨水和长时间日照。

为便于线路维修，单相电源开关一般安装于动力开关旁。要求安装牢固，横平竖直。

二、井道电气装置安装

井道内的主要电气装置有电线管、接线盒、箱、电线槽、各种限位开关、井道传感器、底坑电梯停止开关、井道内固定照明等。

1. 减速开关、限位开关

根据电梯的运行速度可设一只或多只减速开关。限位开关只设一只。图4-14是速度为1m/s电梯的减速、限位、极限开关安

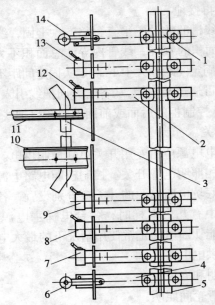

图4-14 减速、限位和极限开关安装示意图

1、2、4—开关支架；3—打板；5—导轨；6—下极限开关；7、8—下限位开关；9—下减速开关；10—轿厢下梁；11—轿厢上梁；12—上减速开关；13—上限位开关；14—上极限开关

装示意图。

2. 极限开关及联动机构安装

极限开关只在交流电梯上才使用。用机械方法直接切断电机回路电源的极限开关常见的有两种型式，一种为附墙式（与主开关联动）。另一种为着地式，直接安装于机房地坪上。如图 4-15 所示。

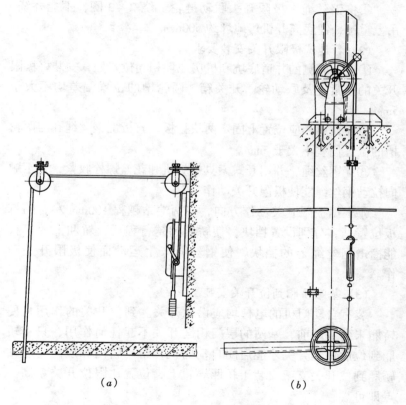

图 4-15 极限开关的安装形式
（a）附墙式；（b）着地式

（1）附墙式极限开关安装要求

①把装有碰轮的支架安装于限位开关支架以外 150mm 处的

轿厢导轨上。极限开关碰轮有上、下之分，不能装错。

②机房内的相应位置上安好导向滑轮（导向滑轮不得超过两个，其对应轮槽应成一直线，且转动灵活。

③穿钢丝绳，先固定下极限位置，将钢丝绳收紧后再固定在上极限支架上。注意下极限支架处应留适当长度的绳头，便于试车时调节极限开关动作高度。

④将钢丝绳在极限开头联动链轮上绕 2~3 圈，不能叠绕，吊上重锤，锤底离开机房地坪约 500mm。

(2) 着地式极限开关安装要求

①在轿厢侧的井道底坑和机房地坪相同位置处，安装好极限开关的张紧轮及联动轮、开关箱，两轮槽的位置偏差均不大于 5mm。

②在轿厢相应位置上固定两块打板，打板上钢丝绳孔与两轮槽的位置偏差不大于 5mm。

③穿钢丝绳，并用开式索具螺旋机和花篮螺栓收紧，直至顺向拉动钢丝绳能使极限开关动作。

④根据极限开关动作方向，在两端站越程 100mm 左右的打板位置处，分别设置挡块，使轿厢超越行程后，轿厢上的打板能撞击钢丝绳上的挡块，使钢丝绳产生运动而使极限开关动作。

(3) 基站轿厢到位开关安装

装有自动门机的电梯均应设此开关。到位开关的作用是使轿厢未到基站前，基站的层门钥匙开关不起任何作用，只有轿厢到位后钥匙开关才能启闭自动门机，带动轿门和层门。基站轿厢到位开关支架安装于轿厢导轨上，位置比限位开关略高一点即可。

(4) 底坑停止开关及井道照明设备安装

①为保证检修人员入底坑的安全，必须在底坑中设电梯停止开关。该开关应设非自动复位装置且有红色标记。安装的位置应是检修人员入底坑后能方便摸到的地方。

②封闭式井道内应设置永久性照明装置。井道最高处与最低处 0.5m 内各装一灯外，中间灯距不超过 7m。一般这部分照明装置可由用户负责。

（5）松绳及断绳开关安装

限速器钢丝绳或补偿绳长期使用后，可能伸长或断绳，在这种情况下断绳开关能自动切断控制回路使电梯停止。该开关是与张紧装置联动的。

三、轿厢电气装置安装

1. 轿顶电气装置

（1）自动门机安装。一般门电机、传动机构及控制箱在出厂时都已组合成一体，安装时只须将自动门机安装支架按规定位置固定好。

门电机调速有的是有级的，有的是无级的。有级调速的门机常采用与皮带轮同轴圆弧凸轮开关或门扇上的撞弓触及行程开关来达到切换电阻，降（升）压调速。

门机安装后应动作灵活，运行平稳，门扇运行至端点时应无撞击声。

（2）安装减速、平层感应装置（井道传感器）。图 4-16 和图 4-17 是两种常见的井道传感器。

对不同控制形式的电梯所装的感应器数量和作用也不相同。如采用永磁感应器，则一般手开自平电梯，每层装 2 只感应器，供上、下自动平层用；手开自平自开门电梯，装 3 只感应器，供上、下自动平层及自动开门用；信号控制电梯还须增加上、下减速感应器。

感应装置安装应牢固可靠，间隙、间距符合规定要求，感应器的支架应用水平仪校平。永磁感应器安装完后应将封闭磁板取下，否则感应器不起作用。

2. 轿内电气装置

（1）操纵箱。操纵箱中包括了指令选层、开关门、启动、停

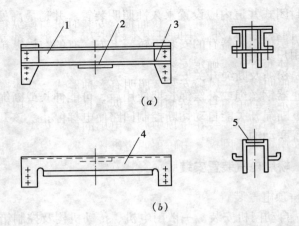

图 4-16 上梁
(a) 组合式；(b) 单体式
1—槽钢；2—绳头板；3—立柱连接板；4—梁体；5—绳头板

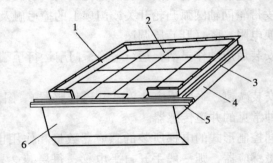

图 4-17 轿厢底
1—轿壁围裙；2—塑胶板与夹板；3—薄钢板；
4—框架；5—轿门地坎；6—护脚板

层、急停等控制装置。在轿厢壁板就位后，只要将操纵箱装入相应的位置，将全部电线接好后盖上面板即可，面板的固定方法有用小螺钉和搭扣夹住方式，不管采用何种方式，安装好的板面和壁板的高低差应保持在 0~0.5mm。

(2) 信号箱、轿内层楼指示器。信号箱是用来显示各层站呼梯情况的，常与操纵箱共用一块面板，安装时可与操纵箱一起完成。轿内层楼指示器有的安装于轿门上方，有的与操纵箱共用面板，按具体布置方式确定安装方法。

(3) 照明设备、风扇安装。照明有多种形式，具体按轿内装饰要求决定，简单的只在轿厢顶上装两盏日光灯。风扇也有多种形式，传统的都直接装在轿顶中心，电扇的风量集中，现代的电梯大多采用轴流式风机，由轿顶四边进风，风力均匀柔和，安装时按具体选用风扇的要求再确定安装方法。照明设备、风扇的安装应牢固、可靠。

3. 轿底电气装置

有的电梯在轿底设置照明灯，灯开关的位置应设于易触及的位置。装有活络轿底的，则还有几只微动开关，一般出厂时已安装好，只须按载重量调整其位置。轿底使用荷重传感器的，应按原设计位置固定好，传感器的输出线应连接牢固。

四、层站电气装置安装

层站电气装置主要有层楼指示器、按钮盒，基站有门电锁等。

层楼指示器的安装位置如图 4-18 所示。面板位于门框中心，离楼面高度约为 2350mm，安装后水平偏差不大于 3/1000。

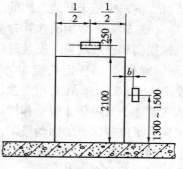

图 4-18 层楼指示器及按钮盒的安装位置

按钮盒由铁盒、灯座、按钮和面板组成。它的安装位置如图 4-18 所示。墙面与按钮盒的间隙应在 1.0mm 以内。

五、供电及控制线路安装

电源和控制线路通过电线管或电线槽及电缆线输送到控制柜、曳引机、井道和轿厢。

1. 管路、线槽敷设原则

电梯机房和井道内的电线管、槽盒与轿厢、对重、钢丝绳、软电缆的距离，在机房内不应小于 50mm，井道内不应小于 100mm。井道内严禁使用可燃性材料制成的电线管或电线槽。

(1) 电线管。在敷设电线管前应检查电线管外表，应无破裂、凹瘪和锈蚀，内部应畅通。暗管排设后宜用混凝土填平，排列可不考虑整齐，但不要重叠，敷设时尽可能走捷径，以减少弯头。当 90°弯头超过三只时应设接线盒，以便于穿电线。对于明管，应排列整齐美观，要求横平竖直，水平和垂直偏差均不大于 2/1000，全长最大偏差不大于 20mm。设立的固定支架，其水平管支承点间距约为 1.5m，竖直管支承间距为 2m。

(2) 电线槽。安装前应检查槽的平整性，内外应无锈蚀和毛刺。安装后应横平竖直，其水平和垂直偏差均不大于 2/1000，线槽之间接口应平直，槽盖应齐全，盖好后无翘曲。数槽并列安装时，槽盖应便于开启。槽的压板螺栓应稳固。

(3) 软管。常用的软管有金属的和塑料的。选用的软管应无机械损伤和松散现象。安装时应尽量平直，弯曲半径不应小于管子外径的 4 倍。固定点应均匀，间距不大于 1m。其自由端头长度不大于 100mm。在与箱、盒、设备连接处宜采用专用接头。安装在轿厢上时应防止振动和摆动。与机械配合的活动部分，其长度应满足机械部分的活动极限，两端应可靠固定。

(4) 接线盒。接线盒有总盒、中间接线盒、轿顶和轿底接线盒、层楼分线盒之分。

总接线盒可安装于机房，或隔声层内，或上端站地坎以上 3.5m 的井道壁上。

中间接线盒应装于电梯正常提升高度的 1/2 加 1.7m 的井道壁上，如图 4-19 所示。装于靠层门一侧时，水平位置宜在轿厢地坎与安全钳之间对应的井道壁上。但如电缆线直接进入控制屏时，可不设以上两接线盒。

轿底接线盒应装在轿底面向层门侧较近的型钢支架上。轿顶接线盒应装于靠近操纵箱一侧的金属支架上。层楼分线盒应安装于每层层门靠门锁较近侧的井道墙上。第一根线管与层楼显示器管道在同一高度。各接线盒安装后应平整、牢固和不变形。

2. 导线选用和敷设原则

电梯电气配线应使用额定电压不低于 500V 的铜芯导线。导线（除电缆外）不得直接敷设在建筑物和轿厢上，应使用电线管和电线槽保护。

电梯的动力和控制线应分别敷设，微信号及电子线路应按产品要求单独敷设或采用抗干扰措施。各种不同用途的线路尽可能采用不同颜色的导线或明显的标记加以区分。敷设于电线管内的导线总截面积（包括绝缘层）不应超过管子内净截面的 40%。

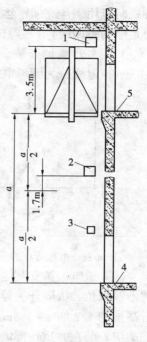

图 4-19 接线盒位置图

如敷设于线槽内，则不应超过槽内净面积的 60%。出入电线管或电线槽的导线，应使用专用护口，或其他保护措施。导线的两端应有清晰的接线编号或标记。安装人员应将此编号或标记的明确涵义记录在册，以备查。

放线时应采用放线架，以避免导线扭曲。如图 4-20 所示。

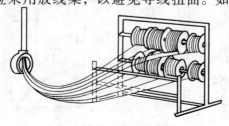

图 4-20 放线架

穿线时应用钢丝或细钢丝作导引,边接边送。线管和线槽内应留有足够的备用线。

3．悬挂电缆的安装

悬挂电缆分为圆形电缆和扁形电缆,现大多采用扁形电缆。

(1) 圆形电缆的安装

①以滚动方式展开电缆,切勿从卷盘的侧边或从电缆卷中将电缆拉出。

②为了防止电缆悬挂后的扭曲,圆电缆被安装在轿厢侧旁以前必须要悬挂数个小时,悬吊时,电缆下端形成图4-21所示的环状。

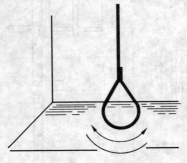

图4-21　电缆形状的复原

③井道电缆架安装时应注意避免与限速器钢丝绳、井道的传感器及限位、极限开关等交叉。井道电缆架一般装在电梯正常提升高度的1/2加1~1.5m的井道壁上,如电缆直接进机房时,电缆架应安装在井道顶部墙壁上,但在提升高度1/2加1~1.5m的井道壁上设置电缆中间固定架,以减少电缆运行中的摆动。图4-22是不同高度电缆固定方式。

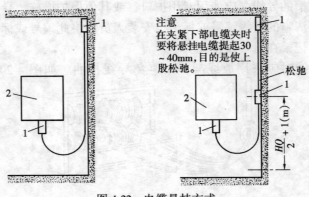

图4-22　电缆悬挂方式

1—电缆架；2—轿厢

④电缆的固定可如图 4-23、图 4-24 所示的绑扎示意图。绑扎应均匀、牢固、可靠;其绑扎长度为 30~70mm。

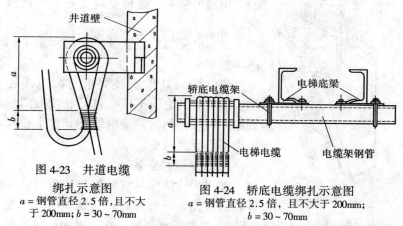

图 4-23 井道电缆
绑扎示意图
a = 钢管直径 2.5 倍,且不大
于 200mm;b = 30~70mm

图 4-24 轿底电缆绑扎示意图
a = 钢管直径 2.5 倍,且不大于 200mm;
b = 30~70mm

⑤当有数条电缆时,要保持电缆的活动间距,并沿高度错开约 30mm,如图 4-25 所示。

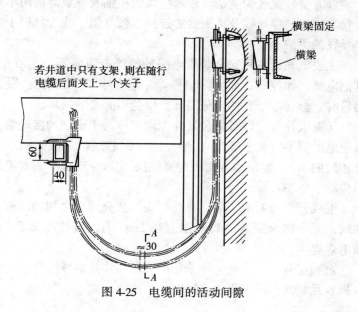

图 4-25 电缆间的活动间隙

(2) 扁形电缆的安装

①扁形电缆的固定可采用图 4-26 所示的专用扁电缆夹。这种电缆夹是一种楔形夹。

②扁电缆与井道壁及轿底的固定可如图 4-27 所示。

扁电缆的其他安装要求与圆电缆相同。安装后的电缆不应有打结和波浪曲扭现象。轿厢外侧的悬垂电缆在其整个长度内均平行于井道壁。

4. 管及线路安装

如采用线槽作导线的保护装置时，安装较为方便，只要在有相互联系的电气装

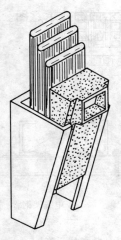

图 4-26　扁电缆夹

置之间敷设一段与其容量相符的电线槽即可。在井道内也只要设一根从上到下的总线槽，各分路从总线槽引出。而采用线管作保护装置时安装就较为复杂。根据导线的粗细及根数需选用不同的线管。线管的穿导线及接头处的连接也较麻烦。线管宜用于短距离导线的保护。

主要电气线路和安全装置电路的绝缘电阻应不小于 $0.5MΩ$，其他电路（如控制、照明、信号等）应在小于 $0.25MΩ$。做此项测量时，全部电子元件应分隔开，以免不必要的损坏。

所有电梯电气设备的金属外壳均应有易于识别的接地端，其接地电阻值不应大于 $4Ω$。接地线应用铜芯线，其截面积不应小于相线的 $1/3$，但最小截面积对裸铜线不应小于 $4mm^2$，对绝缘线不应小于 $1.5mm^2$。

电线管之间弯头、束结（外接头）和分线盒之间均应跨接接地线，并应在未穿入电线前用直径 5mm 的钢筋作接地跨接线，用电焊焊牢。

轿厢应有良好接地，如采用电缆芯线作接地线时，不得少于两根，且截面积应大于 $1.5mm^2$。

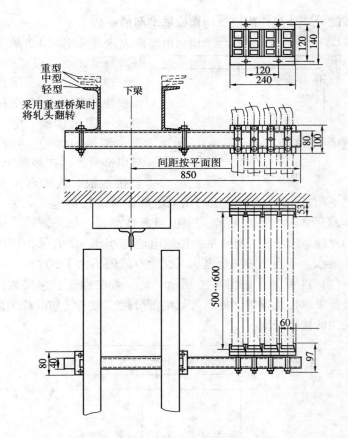

图 4-27 扁电缆与井道壁及轿底横梁的固定

接地线应可靠安全,且显而易见,用规定的黄/绿双色线。

所有接地系统连通后引至机房,接至电网引入的接地线上,切不可用中线当接地线。为此,安装人员应与当地主管的供电部门联系,需认真了解电网中实施的接地保护系统。

电梯安全规范规定的"零线和接地线始终分开"要求,这是对电梯接地保护系统的重要规定,也是电梯安装验收时应该检查的重要项目。因为这是漏电时涉及人身安全保护的关键措施。但由于各地区供电环境不同,不能简单地认为只有与接地装置直接连接的导体才算作接地线,而应区别对待。

下面介绍三种常见的接地保护系统。

(1) IT系统　这种系统供电电源中性点不接地或经一阻抗接地。电气设备采取接地保护,外露可导电部分通过接地线PE接至接地极,接地电阻一般

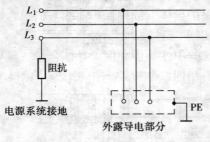

图4-28　IT系统

不大于4Ω,接地极的接地与供电电源系统的接地电气无关。如图4-28所示。IT系统特点是供电可靠性高,一般外露可导电部分的对地电压小于等于1A的接地电流与小于4Ω的保护接地电阻的乘积,不会超过安全电压(交流有效值不大于50V)。

(2) TT系统　如图4-29所示。电源端中性点直接接地,电气设备采取接地保护,外露可导电部分接至与电气和电源端接地点无关的接地极上。

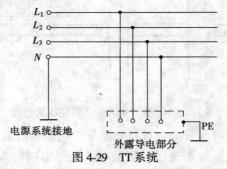

图4-29　TT系统

这种系统仅适用于被保护电气设备容量较小场合。对被保护电气设备容量较大的TT系统,电气设备外露可导电部份的接地电阻只能起到降低对地电压的作用,漏电设备外露可导电部份长期存在危险的对地电压,是不安全的。因此在仅采取接地保护的TT系统中,漏电保护器应作为主要保护方式。

(3) TN系统　电源系统有一点直接接地,电气设备外露可

导电部分通过中性导体或保护导体与电源接地点相连接。根据中性导体（或称工作零线）和保护导体（或称保护零线）的组合情况，TN系统的形式又可分为以下三种。

①TN—C系统。整个系统的中性导体和保护导体合在一根导体上。这是我国以往常用的三相四线制接零保护系统。如图4-30所示。

②TN—S系统。整个系统的中性导体和保护导体是分开的。这种系统即三相五线制供电系统。如图4-31所示。这种系统由于中性导体和保护导体是分开的，工作零线在电气设备处与地绝缘，也不与电气设备外露可导电部分连接，而保护零线与电气设备外露可导电部分相连接，它们之间正常时为零电位，不会对电子设备产生干扰。

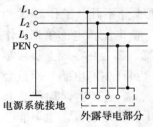 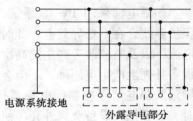

图4-30　TN—C系统　　　　　图4-31　TN—S系统

③TN—C—S系统。整个系统中一部分中性导体和保护导体是合一的，一部分是分开的。如图4-32。该系统中有一部分三相平衡负载，一部分三相不平衡负载。平衡负载采用TN—C系统，不平衡负载采用TN—S系统。

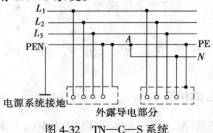

图4-32　TN—C—S系统

从前面介绍的几种系统看,要想实现"零线和接地线始终分开,就必须有工作零线和保护零线(接地线),电梯必须采用三相五线制供电系统,此时电梯的保护系统应为TN—S系统。从低压配电变压器开始,为电梯供电引出5根导线,其中一根为工作零线N,一根为专用保护零线(接地线)PE。工作零线引到电梯机房后不得接地,不得与电气设备所有外露可导电部分连接。与地是绝缘的。

如果采用TN—C—S保护系统,则图4-32中的接零点A需满足变压器处接地电阻不大于4Ω,且A点至变压器接地段的零线保证不发生意外断裂故障。为可靠起见,如果电梯距配电变压器较远时,可将电梯的PE或PEN做重复接地,重复接地电阻不得大于4Ω。电梯微机部分,按其说明要求单独处理。

如果电梯采用TN—C系统,则零地线分不开。工作零线和保护零线合在一根导线上。此时三相不平衡电流,电梯单相工作电流,以及整流装置产生的高次谐波电流,都会在零线上及接零设备外壳上产生电压降,不但会使工作人员产生麻电感,而且会导致微弱电信号控制的电梯运行不稳定,甚至产生误动作。此时,电梯控制设备金属外壳即使设置抗干扰接地装置,也不能消除零线以及接零设备外壳上的电压降。所以电梯安装中不宜采用TN—C保护系统。

按电梯所在地的供电系统的方式,再具体决定相应的接地保护系统。但不管怎样的供电配线,从进机房电源起,零线和地线应始终分开这个要求必须满足。在电源中线直接接地的TN系统中,严禁电梯的电气设备单独接地。

第四节 电梯的调试

一、通电前的检查工作

(1)检查安全钳、限速器是否已安装完毕,限速器钢丝绳是否已张紧且已调节好,经联动,其动作是否有效可靠。

(2)检查机房内所有电气线路的配置及接线工作是否均已完成,各电气设备的金属外壳是否均有良好的接地装置,且接地电阻不大于4Ω。

(3)检查轿厢的所有电气线路(轿顶、轿内操纵箱、轿底)的配置及接线工作是否均已完成。

(4)检查机房内的接线,是否正确无误,接线螺栓是否均已拧紧而无松动现象。

(5)检查控制屏与轿厢接线之间的接线是否正确无误。轿厢中的各电气装置的金属外壳是否均有良好的接地。

(6)检查控制屏、安全保护开关等与井道各层楼的召唤箱、门外指示灯、门锁触头等之间的接线是否正确无误,是否所有接线螺栓无松动现象。

(7)检查轿内各电气部件、井道层站电气设备是否均处于干燥无受潮或受水浸湿状态。

二、不挂曳引钢丝绳的通电动作试验

为确保安全,必须进行这一阶段的工作,其步骤如下:

(1)将原已挂好的曳引钢丝绳按顺序取下,并作顺序标记。

(2)暂时断开信号指示和开门机电源的熔断保险丝,取下各熔断器的熔断芯而用3A的熔断丝临时代替。

(3)在控制柜的接线端子上用临时线短接门锁电接点回路、限位开关回路及安全保护接线回路和底层(基站)的电梯运行开关接点。

(4)合上总电源开关,用万用表检查控制屏中大型接线端子上的三相电源端子的电压是否为380V,各相电压是否一致,如电压正常,则应观察相序继电器是否工作,若未工作,说明引入控制屏的三相电源线相序不对,应予以调换其中两根电源线的位置。

(5)用万用表的直流电压档检查整流器的直流输出电压是否

正常，与控制屏上的原已设定的极性是否一致，不然应予以更正。

（6）检查和观察安全回路继电器是否已吸合，直至令其吸合。

（7）用临时线短接控制屏上的检修开关接线端子，而断开由轿厢部分来的有司机或自动运行的接线，这样控制屏上的检修状态继电器应予以吸合，使电梯处于检修状态。

（8）手按上行方向继电器，此时电磁制动器松闸张开，曳引电机慢速旋转，如其转向不是电梯的上行方向，应调换引入曳引电机的电源线顺序。再用手按下行方向开车继电器，再次检查曳引电动机转向。

（9）按（8）的操纵方法，初步调整制动器闸瓦与制动轮的间隙，使其均匀。并保持在不大于 0.7mm 范围内，且闸瓦不擦制动轮。然后测量制动器松开初的电压与维持松开的电压，并调整其维持松开的电阻值，使其维持电压为电源电压的 60%～70%。

（10）拆除（7）中用的临时线，恢复断开的线路，仍接上至轿厢内操纵箱（或轿顶检修箱）上的检修开关，控制屏上的检修继电器应吸合，如不吸合，应仔细检查直至吸合。

（11）操作轿内操作箱上的急停按钮（如果有的话）或轿顶检修箱上的急停开关。控制屏上的安全回路继电器应释放，如不起作用，应检查控制屏接线端子上的临时短接线是否短接得正确。

（12）在轿内操纵箱（或轿顶检修箱）上，操作上向和下向运行按钮，曳引机应转动，如曳引机不转，则说明控制屏内的方向辅助继电器未吸合，应仔细检查，直至动作正确为止。

三、悬挂曳引钢丝绳后的慢车运行调试

（1）按序将曳引钢丝绳放入曳引轮槽内。

（2）自上而下拆除井道内的脚手架，并进行井道和导轨的清扫工作。

（3）用原吊挂轿厢的手动葫芦，再把轿厢升高些，拆除原搁

住轿厢的枕木,然后再用手拉葫芦使轿厢下行一段距离,约低于最高层的层楼平面 300~400mm,至井道底坑拆除对重下的垫土。

(4) 检查和关闭好各个层楼的层门。这一点务必注意。

(5) 拨动轿顶上的检修开关,使电梯处于检修操作状态。揿按轿厢检修箱上的向下运行按钮,电梯即以慢车下行,手松开后,电梯应立即停车。继续慢速向下,清扫井道(主要是导轨撑架上、各层门上坎和地坎的垃圾)和清洗轿厢和对重导轨上的灰沙及油污。同时应仔细观察和检查轿厢是否与井道内其他固定部件或建筑上的凸起物碰撞,这个工作直至轿厢运行至底层。

然后在慢速上运行数次,进一步清扫轿厢和对重导轨,并用油润滑之(若用滚轮导靴的电梯,则不必润滑,清洗干净即可)。

(6) 以检修速度由上而下逐层安装井道内各层的永磁感应器、各层的平层停车隔磁板(或各层相应的双稳态磁开关的永久圆磁体)及上、下端站的强迫减速开关、方向限位开关和极限开关。然后拆除控制屏接线端子上的临时短接线,使检修运行也处于安全保护之下。

(7) 不带层门的自动门机调试:

①仍令电梯处于检修状态,并使电梯停于最高层楼平面以下 1.5m 左右处。

②把控制屏中的开关门电机回路的熔断器暂用低于原定容量一档的熔丝钩上,然后拆下门电机皮带轮上的皮带。

③在轿厢内操纵箱上按下关门和开门按钮,门电机应转动,且方向应与开关门方向一致。若不一致,应调换门电机的极性(或相序)。

④在采取③步骤后,手按关门、开门减速开关、限位开关,当门电机应有明显的减速直至停止转动后,用手转动第二级皮带轮,依靠其上的弧形开关打板顺序碰触减速开关和停止限位开关,门电机应减速直至停止。

⑤挂上皮带,再按开关门按钮,即可使轿门启闭。根据开关速度调节门电机回路中调速元件和减速开关的位置,使轿厢门启

闭平稳而无撞击声。并调整关门时间约为 3s，而开门时间小于 2.5s 左右。

(8) 带层门的自动门调试：

①装上轿门上的开关门门刀，然后令电梯关好轿厢门后慢速向上运行，使门刀插入外层门锁的两个橡胶（或尼龙）轮中间，然后指令电梯开、关门，进一步调整开关门电机的速度，直至平稳运行而无撞击声。

②由钳工进一步调整层门运行状态下层门与门立柱间、门扇间的间隙，以及各层机械钩子锁的锁紧程度与电触点的闭合状况，使机械钩子的啮合长度不小于 7mm 之后才使电触点可靠接通。待全部调整完毕后，即可拆除控制屏接线端子上的门锁接点勾线，使门锁起保护作用。

四、电梯的快速运行及整机性能调试

当完成了上述调试检查项目后，即可使电梯投入快速运行和整机性能调试。因为这时电梯的快速运行已在所有安全保护起作用的情况下进行。

在令电梯快速运行试验之前，首先要将电梯慢速运行至整个行程的中间层楼，以防止电梯运行方向错误时，有时间可采取紧急停车措施；将操纵钥匙置于有司机状态，轿厢内装有额定负载的一半重量，轿内没有司机及其他人员。并在机房内将电梯门关闭后，拆除开门继电器的吸引线圈接线端子，这样在电梯到站后不能开门，以防在快车调试过程中各个层楼的人员进入电梯。

1. 在机房内进行快速运行的调试工作

（1）手按上向或下向的开车继电器，电梯应启动加速至稳速运行。如运行方向与要求方向不一致，就立即切断电源，使电梯紧急停车，然后更换曳引电动机进线端的快速运行绕组的相序（对于交流电梯）。

（2）当电梯快速启动至稳速后，即可人为地发出减速信号的继电器动作，则电梯立即进入制动减速状态，当进入低速运行状

态并进入某层的平层区域内,电梯自动平层。

(3) 人为地使轿内某层的指令继电器吸合,电梯即自动定出运行方向,再手按方向开车继电器,电梯又可快速运行,当运行至有指令信号的某层楼减速制动点时,电梯自动减速制动。这样重复运行多次,使电梯的所有各层指令信号的出现均能令电梯正常运行停车。

2. 在轿厢内进行快速运行的调试工作

机房内人员把开门继电器的吸引圈端子线接入,电梯即可开门,司机或调试人员进入轿厢内。

(1) 在轿厢内揿按操纵箱上的指令按钮,电梯即可自动定出运行方向,然后揿按已定向的开车按钮,电梯自动关门,待门全部闭合,电梯自动启动加速至稳速运行。在即将接近指令层时,电梯自动减速平层、开门。这样连续多次运行,使所有层楼均能正常启动、停车、开门。

(2) 在上述运行过程中如发现启动、减速、停车的三个阶段有不舒适感觉时,应在机房内将控制屏上的启动、减速环节进行调节,以达到满意为止。停车的舒适感除了减低停车前的速度(一般可适当增加制动减速距离)外,还可适当调整电磁制动器的动作间隙和减少其制动力(制动器的压缩弹簧可稍放松些,但又不能太松,否则平层精度不能保证)。

(3) 在上述运行过程中,应对其平层停车的准确度进行检查,如配以平衡载荷,其平层精度就会较为理想。如发现只有某层的平层精度不好,其他均好的话,则可调整某层的隔磁铁板(或永久磁体)的位置;如发现所有层楼的平层精度均相差同一数值或接近同一数值,则应调整永磁感应器的位置。

(4) 令电梯在空载和满载情况下,上、下运行于各层楼,如其起制动性能和各层的平层精度均在标准要求范围内,即可认为电梯的快速运行调试工作已全部完成。

3. 电梯的整机性能调试

当快、慢速运行调试正常后,就进入整机性能调试。

(1) 静载试验 一般,静载荷为150%的额定载荷。试验时,电梯停于最低层站,切断动力电源,将试验载荷平稳而均匀地加至轿厢内。电梯在静载作用下,除了曳引钢丝绳的弹性伸长外,曳引机不应转动。若转动,则说明电磁制动器的弹簧制动力矩不够,应旋紧弹簧的固定螺栓,增大弹簧压力。若曳引钢丝绳在绳槽中有滑移现象,则应检查曳引钢丝绳的油性大否,若油性不大,则应检查绳槽的加工形状。如果现场不能检查出原因,则应根据轿厢自重及实际的对重,验算曳引条件,然后再作出解决措施。

(2) 超载试验 对于有/无司机两用集选控制电梯,首先应检查超载装置的有效性。一般在110%额定载荷时,超载装置动作,蜂鸣器响,电梯不能关门,更不能启动。如不起作用,则调整轿底机械式称量装置的秤砣位置和开关位置,对电子式称重装置则调节相应的电位器。

超载试验的另一重要内容是125%额定载荷的动态运行试验。在试验中,电梯应可靠制停,曳引钢丝绳应无滑移。应特别注意观察轿厢在最低层站时的起、制动状态。

在进行超载试验之前,先将超载装置的控制开关或接点予以短接,使其不起作用。

(3) 测定电梯平衡系数 如平衡系数不在0.4~0.5范围内,应调整(增加或减少)对重块数量。

(4) 测定电梯空载、满载情况下的平层精度 电梯作向上、向下运行时,记录各层站的平层精度。若超出规定值则按上述方式进行调整。

(5) 两端站减速开关和方向限位开关及极限开关动作位置的调整 此时电梯空载向上,调整上端站的强迫减速限位开关和方向限位开关及极限开关的动作位置,使其符合标准。轿厢满载向下运行调整其下端站强迫减速限位开关、方向限位开关及极限开关的动作位置,并使其符合标准。

(6) 机械安全保护系统的试验及其调整 主要是指限速器和安全钳的联动试验。限速器的动作速度在出厂时已调整好。试验时令轿厢满载由最高层向下以额定速度运行,人为地推动限速器的止停机构,此时联动机构拨动安全开关(切断控制回路),并提拉起安全钳锲块卡住导轨,使轿厢制停。如若安全钳虽动作,但不能卡住导轨,或卡住导轨后的滑行距离超出标准范围,则应调整轿厢顶上安全钳楔块、拉条的弹簧及拉条上下的距离。

第五节　电梯的竣工检查和验收

电梯在安装、施工竣工后,检查和验收的内容,可分为三个方面:

(1) 安装质量检查;
(2) 安全性检查;
(3) 性能检查。

一、安装质量检查

安装质量检查,一般可分机房、轿厢、厅门、轿顶及井道、底坑等五个部分进行。

(一) 机房部分

机房部分的检查项目和内容,见表 4-1。

机房部分的检查项目和内容　　　　表 4-1

对象	项　目	内　　容
1. 机房	(1) 机房使用	①机房内不应放置与机房无关的设备及杂物 ②机房内不应存放易燃性液体 ③机房内应有灭火设备 ④机房的门应有锁紧装置
	(2) 机房照明	①机房应有固定式照明设施,地板表面上的照度应不小于 200lx ②照明开关应设于机房入口处
	(3) 机房通风	①机房应有良好通风,能保证室内最高温度不超过 40℃ ②当使用排风扇通风时,如安装高度较低,应设防护网

续表

对象	项 目	内 容
1.机房	(4) 设备安装位置	①电源总开关应装在机房人口处距地面高 1.3~1.5m 的墙上 ②各机械设备离墙不应过近，应在 300mm 以上，其中限速器可在 100mm 以上 ③屏、柜与门、窗正面的距离不少于 600mm；其封闭侧离墙不少于 50mm，维修侧不少于 600mm，群控、集选电梯不少于 700mm ④屏、柜与机械设备的距离不宜小于 500mm
	(5) 楼板孔	①曳引绳、限速器钢丝绳、选层器钢带等，在穿过楼板孔时，均不应碰到孔边。曳引绳周边间隙应为 25~50mm ②楼板孔均应在四周筑有台阶，防止油、水浸入井道，台阶高应在 75mm 以上
2.控制屏	(1) 安装	①控制屏应牢固地固定于机房地面 ②屏体应与地面垂直，其倾斜在任何方向均应在全高的 5/1000 以内 ③屏体应可靠接地，接地电阻不应大于 4Ω
	(2) 工作状况	各开关及电器元件的工作应良好，无任何不正常现象
3.曳引机	(1) 安装	①承重梁应梁在井道壁上，其两端均应超过壁中心 20mm，且架入深度不应小于 75mm（对于砖墙、梁下应垫以能承受其重量的钢筋混凝土过梁或金属过梁） ②曳引机应可靠固定，在任何情况下均不应发生位移 ③曳引轮应垂直于地面，按表 4-1 图测量时，a 值不应大于 1.5mm ④所有曳引绳均应位于曳引槽的中心，不应有明显偏斜 曳引轮的倾斜

续表

对象	项目	内容
3. 曳引机	(2) 润滑	①减速箱中润滑油的加入量应符合要求，油的规格也应符合规定 ②在用润滑脂润滑的部位，应已注入了润滑脂；设有油杯时，油杯中应充满油脂 ③轴的伸出处不应有漏油现象；对于采用盘根密封的机种，只允许有少量渗油
	(3) 运转	①运转时不应有异常振动和不正常声响 ②在电梯空载或满载运行，制动及换向启动时，曳引绳不应有明显打滑
	(4) 电磁制动器	①制动器的动作应灵活可靠，不应出现明显的松闸滞后现象及电磁铁吸合冲击现象 ②制动瓦与制动轮应抱合密贴，松闸时两侧闸瓦应同时离开制动轮表面 ③制动瓦与制动轮的间隙两侧应一致，间隙应不大于 0.7mm
	(5) 曳引电机	①运转良好，电刷不应出现电火花及电刷杂音 ②机座应可靠接地，接地电阻应不大于 4Ω
4. 导向轮	(1) 与楼板孔的间隙	两侧与楼板孔应有足够间隙，一般不应小于 20mm
	(2) 与曳引轮的位置	①导向轮侧面应平行于曳引轮侧面，按表 4-1 图测量，$b-a$ 的值不应超过 ±1mm ②导向轮应垂直于地面，按表 4-1 图测量，a 不应大于 0.5mm 导向轮与曳引轮的平行

续表

对象	项目	内容
5. 限速器	(1) 安装	①限速器绳轮应垂直于地面,以表4-1图方法测量时 a 不应大于0.5mm ②限速器应牢固地固定在地面或托架上 ③限速器的铝封不应有破损 ④对于没有超速开关的限速器,应可靠接地,接地电阻不应大于4Ω
	(2) 运转	①绳轮的转动应平稳,无不正常声响 ②抛块或抛球的抛开量应能随电梯速度变化灵敏 ③限速器钢丝绳在绳槽中应无明显打滑
6. 选层器	(1) 安装	①选层器箱体应垂直于地面,不应有明显的歪斜 ②选层器箱体应牢固地固定在地面 ③箱体应可靠接地,接地电阻不应大于4Ω
	(2) 运转	①运转时,传动链条与链轮,钢带与钢带轮的啮合应良好,不应有明显跳动、脱链、卡齿等现象 ②触头动作、接触应可靠,接触后应略有压缩余量

(二) 轿厢部分

轿厢部分的检查项目和内容,见表4-2。

轿厢部分的检查项目和内容　　　　表4-2

对象	项目	内容
1. 轿壁	(1) 安装	①轿壁的固定应牢固 ②壁板与壁板之间的拼接应平整 ③轿厢应可靠接地,接地电阻不应大于4Ω
	(2) 强度	当轿壁任何位置,施加一个均匀分布于 $5cm^2$ 面积上300N(约30.6kg)的力时,其弹性变形不大于15mm,且无永久变形
2. 轿底	(1) 底板平面的水平度	底板平面应水平,不水平度不应超过2/1000
	(2) 轿门地坎与厅门地坎的位置	①轿门地坎与厅门地坎间的间隙不大于35mm ②轿门地坎与各层厅门地坎的间隙应一致,偏差不应超过±1mm

续表

对象	项　目	内　　　　容
3. 照明及风扇	(1) 照明	①全部照明灯应工作正常 ②具有应急照明装置时,应急照明能随时应用
	(2) 风扇（或抽风机）	①工作时应平稳,不应有异常振动和噪声 ②对于具有自动控制设计的风扇,应能在基站与电梯同时启动；当轿厢停止 3min 左右,能自动停止
4. 操纵箱	(1) 安装	操纵箱在轿壁上的安装应平贴,周边应无明显缝隙
	(2) 工作情况	①各开关的动作应良好 ②电话、对讲机、警铃等均应使用良好
5. 安全窗	使用安全性	当安全窗打开时,电梯控制回路应被切断,电梯不能启动
6. 轿厢门	(1) 门的吊装	①门扇的正面和侧面,均应与地面垂直,不应有明显倾斜 ②门扇下端与地坎间的间隙应在 6±2mm,在采用板条型直线导轨时,门滑轮架上的偏心挡轮与导轨下端面的间隙不应大于 0.5mm
	(2) 门的位置关系	门扇与门套间的间隙 a,门扇与门扇间的间隙 c（对旁开门）,均应符合要求,一般应为 6±2mm,见表 4-2 图 门扇的间隙
	(3) 门的开度	门在全开后,门扇不应凸出轿厢门套,并应有适当的缩入量 e（5mm 左右）,见表 4-2 图 门扇的缩入量
	(4) 手动开门力	①门应能在轿厢内用人力打开 ②手动开门力也不宜过小,在未与厅门系合时,98N 以下的力不能打开；在与厅门系合后,245N 以下的力不能打
	(5) 安全触板	①安全触板的凸出量应上下一致,凸出量应大于触板的工作行程 ②安全触板应有良好的灵敏度,触板动作的碰撞力不大于 4.9N ③安全触板一经碰触,作关门动作的门扇应立即转为开门动作 ④安全触板在动作时,应无异常声响

续表

对象	项目	内容
6. 轿厢门	(6) 门的开与关	①按下操纵箱上的关门按钮，门应立即启动，且应运动平稳，在接近关闭时，应有明显的减速，闭合时应无撞击现象 ②按下开门按钮，门应迅速打开，且运动开稳，在接近全开时，应有明显的减速

（三）厅门部分

厅门部分的检查项目和内容，见表4-3。

厅门部分的检查项目和内容　　　　表4-3

对象	项目	内容
1. 厅门套及厅门地坎	(1) 外观	①门套表面不应有划痕、修补痕等明显可见缺陷 ②各接缝处应密实，不应有可见空隙
	(2) 安装	门套立柱应垂直于地面；横梁应水平，立柱的不垂直度和横梁的不水平度均不超过1/1000
	(3) 门口宽	门套立柱间的最小间距，应等于电梯的开门宽
	(4) 门地坎	①地坎应安装牢固，用脚踩压时，不应有松动现象 ②地坎应水平，不水平度不超过1/1000 ③地坎应略高于地面，但不应有使人绊倒的危险，其高出 5~10mm，并抹成 1/1000~1/50 的过渡斜坡
2. 厅门	(1) 门的吊装	①门扇的正面和侧面，均应与地面垂直，不应有明显倾斜 ②门扇下端与地坎间的间隙应为 6±2mm，两门扇的间隙的间隙差 $K - K'$ 不应过大，其值一般不应大于2mm，见表4-3图 门扇下端间隙差 ③当门导轨是板条型直线轨时，门滑轮架上的偏心挡轮与导轨下端面的间隙均不大于 0.5mm

续表

对象	项目	内　　容
2. 厅门	(2) 强度	当门在锁住位置时，将300N（约30.6kg）的力，均匀作用于门扇任何位置5cm² 的面积上，门应无永久变形，弹性变形不大于15mm，尔后应动作良好
	(3) 门的位置关系	①门扇与门套间的间隙 a，门扇与门扇间的间隙 b（对旁开式门），均应为 6±2mm，见表4-2图 ②门扇与门套的重合量和旁开式门扇间的重合量，应保证门闭合密实，b 和 d 一般均不应小于14mm，见表4-3图 门扇的重合量 b 和 d ③中分式门在门扇对口处应平整，两扇门的不平度不应大于 1mm ④中分式门在门扇对口处的门缝不应过大，在整个可见高度上均不应大于 2mm
	(4) 门的开和关	①门在开、关过程中，应平稳，不应有跳动、抖动等现象 ②门在全关后，在厅外应不能以人力打开，对中分式门，当用手扒开门缝时，强迫锁紧装置或自闭机均应使之闭合严密
3. 门锁	(1) 门锁开关	当门打开时，按下轿厢内的运行开关，电梯应不能启动
	(2) 锁合与解脱	①门锁在锁合时应灵活轻巧，不应有太大的撞击声 ②门锁在锁合后，锁钩与锁臂之间应有一定的松动间隙，用手扒门时，应能使门扇稍有移动 ③门锁在解脱时，对于固定式门刀，两个滚轮应能迅速将门刀夹住，在整个开关门运动中，两滚轮均应贴住门刀
4. 厅门指层灯和召唤按钮箱	(1) 指层灯	①指层灯箱的安装应平整，周边应紧贴墙面，不应有可见缝隙，灯面板不应有明显歪斜 ②数字灯应明亮清晰，反应准确
	(2) 按钮箱	①按钮箱的安装应平整，周边应紧贴墙面，不应有可见缝隙；箱面不应有明显歪斜 ②按钮的动作应灵活，指示灯明亮

续表

对象	项目	内容
5. 厅门钥匙	动作可靠性	将钥匙插入厅门钥匙孔,应能灵活地将门锁解脱
6. 基站钥匙开关	动作可靠性	将钥匙插入召唤箱上的钥匙孔,应能接通电源,电梯门自动打开

(四) 轿顶及井道部分

轿顶及井道部分的检查项目和内容,见表4-4。

轿顶及井道部分的检查项目和内容 表4-4

对象	项目	内容
1. 轿顶轮	(1) 安装位置	①轿顶轮应位于轿厢上梁的中心位置,见表4-4图 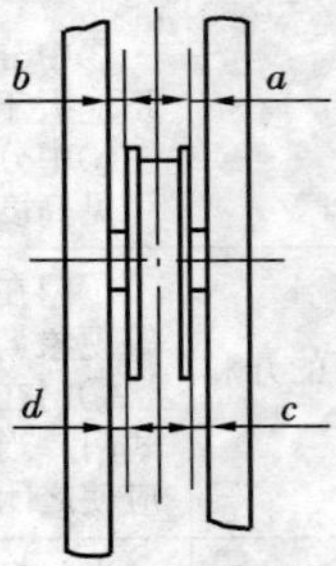 轿顶轮位置 其与上梁的间隙 a、b、c、d 应一致,其差值要求不大于1mm
	(2) 铅垂度	轿顶轮的铅垂度,以表4-1图方法测量时,a 值不应超过0.5mm
	(3) 安全盖板及钢索防脱棒	①安全盖应固定牢固 ②当装有钢索防脱棒时,其与绳轮的间隙应适当(一般为3mm)
2. 导靴	(1) 固定滑动导靴	靴衬与导轨端面的间隙应均匀,间隙不应大于1mm,两侧之和不大于2mm
	(2) 弹性滑动导靴	①靴衬与导轨端面无间隙,导靴的三个调整尺寸 a、b、c 应调整合理,符合规定要求 ②导靴应有润滑装置,并已加足润滑油,工作良好

续表

对象	项 目	内　　　容
2. 导靴	(3) 滚轮导靴	①滚轮对导轨不应歪斜，在整个轮缘宽度上与导轨工作面应均匀接触 ②在电梯运行时，全部滚轮应顺着导轨面作滚动，不应有明显滑动现象 ③导轨工作面上不应加涂润滑油或润滑脂
3. 钢丝绳锥套与钢丝绳	(1) 钢丝绳锥套	①巴氏合金的浇筑应高出锥面 10~15mm，最好能明显看到钢丝的弯曲情况 ②钢丝绳在锥套出口处不应有松股，扭曲等现象 ③绳头弹簧支承螺母应为双重结构，两个螺母应对顶拧紧自锁，并已在锥套尾装上开口销
	(2) 曳引钢丝绳	①全部钢丝绳在全长上均不应有扭曲、松股、断股、断丝、表面锈斑等情况 ②钢丝绳表面应清洁，不应粘满尘沙、油渍等 ③钢丝绳表面不应涂加润滑油或润滑脂 ④全部曳引绳的张紧力应相近，其相互差值不应超过 5%
4. 平层感应器与遮磁板	(1) 安装	安装应垂直、固定牢固。遮磁板应能上下、左右调节
	(2) 位置	①遮磁板插入感应器时，两侧间隙应尽量一致，感应器插口底部与遮磁板间隙为 10mm，偏差不大于 2mm ②电梯平层时，上下感应器与遮磁板中间位置应一致，偏差不大于 3mm
5. 安全钳连杆系统	(1) 安装状态	①楔块拉杆端的锁紧螺母应已锁紧，见表4-4 图 拉杆锁紧螺母 ②限速器钢丝绳与连杆系统的连接可靠

续表

对象	项 目	内 容
5. 安全钳连杆系统	(2) 动作	①用手提拉限速器钢丝绳，连杆系统应能动作迅速，两侧拉杆应同时被提起，安全钳开关应被断开，松开时，整个系统应能迅速回复、但安全钳开关不能自动复位 ②安全钳楔块与导轨侧面应有合适间隙，反映到拉杆的提起，应有一定的提升高度。一般电梯的楔块间隙应为 2～3mm，当楔块斜度为 5°时，反映到提升高度应为 23～24mm ③拉杆的提升拉力应符合有关规定要求，一般，采用瞬时安全钳时，提拉力为 147～294N
6. 门刀	安装位置	门刀与各层厅门地坎及各层门锁滚轮的间隙为 5～8mm
7. 轿顶检修箱	功能	①检修箱上的检修开关对电梯的操纵只能以检修速度点动。且此时轿厢内的检修开关不起作用 ②检修箱上应有非自动复位的急停开关 ③检修箱应具有安全电压检视电灯和插座，其电压不超过 36V，还应设有明显标志的 220V 三线插座
8. 导轨	(1) 导轨接头状态	①接头处不应在全长上存在连续缝隙。局部缝隙不大于 0.5mm ②接头处的台阶不应大于 0.05mm，且应按规定的长度修光
	(2) 导轨铅垂直度相互偏差	两条导轨侧工作面应铅垂于地面，当用铅垂线检查时，其偏差每 5m 不应大于 0.7mm，相互的偏差在整个高度上不应大于 1mm
	(3) 工作状况	电梯以额定速度运行时，不应有来自导轨的明显振动、摇晃与不正常声响
9. 导轨架	(1) 固定情况	①导轨架在井道壁上的固定应牢固可靠。导轨架或地脚螺栓的埋入深度，不应小于 120mm；当采用焊接固定时，应双面焊牢 ②在地脚螺栓固定方式，当用金属垫板调整导轨架高度时，垫板厚度大于 10mm 时，应与导轨架焊接

续表

对象	项 目	内　　容
9.导轨架	(2)安装水平度	导轨架的安装应水平，其不水平度 a 不应大于5mm，见表4-4图 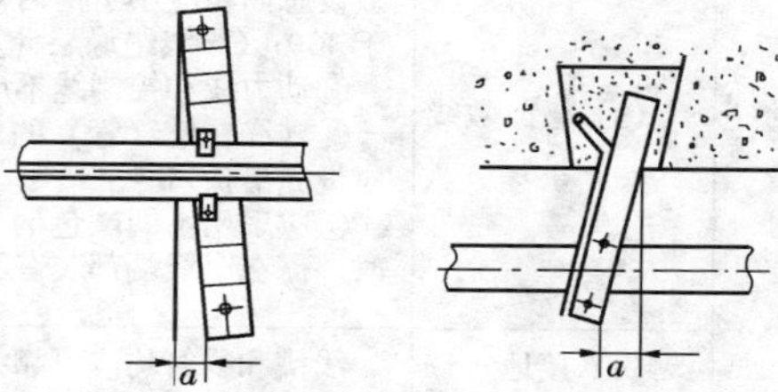 导轨架的水平度要求
10.对重	(1)导靴	和轿厢导靴相同
	(2)绳头锥套	和轿厢绳头锥套相同
	(3)对重块	对重块在对重架中，其上部应用压板定位
11.线槽及线管	(1)线槽	①线槽内外面均应作防锈处理，里面应光滑 ②每根线槽在井道壁上至少应有2个固定点，固定点的间距一般为2~2.5m（横向1.5m） ③线槽的固定应牢固可靠 ④导线在槽内每隔2m左右，应用压线板固定，压线板与导线接触处应有绝缘措施
	(2)软线管	①其在井道壁上的固定情况，见表4-4图 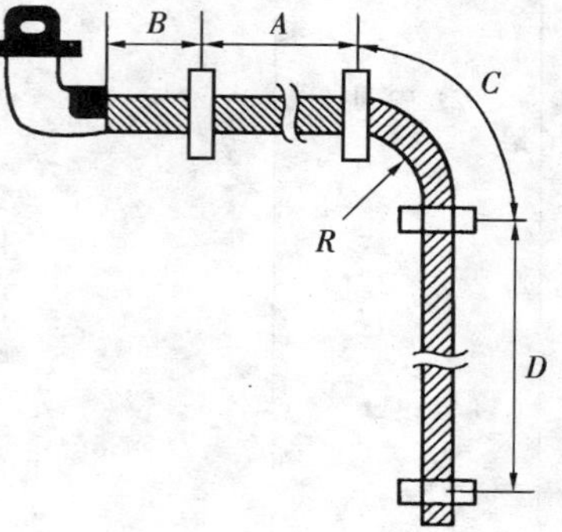 软管的固定 在图中：A 应为1m以下；B 应为0.3m以下；C 应为0.3m以下；D 应为1m以下 软管不应埋入混凝土中 ②线管的弯曲半径应为管外径的4倍以上 ③管子在相互连接处应使用管接头

续表

对象	项 目	内 容
11. 线槽及线管	(3) 管内敷线	①导线不应充满线槽（或管）的全部空间，对线槽，敷设总面积应小于槽内总面积的60%；对线管不应大于40%（导线绝缘层计算在内） ②动力线和控制线不应敷于同一线槽（或管）内 ③导线在槽（管）的出入口处应加强绝缘，且孔口应设光滑护口 ④应采用不同颜色的导线以区别线路；使用单色线时，需在电线端部装有不同标志
	(4) 接地	线槽和线管均应可靠接地，接地电阻不应大于4Ω
12. 中间接线箱、中间挂线架与电缆	(1) 中间接线箱	①应装于电梯正常提升高度1/2加高1.7m的井壁上 ②箱的固定应牢固可靠，箱体应作防锈处理 ③箱体应接地，接地电阻不应大于4Ω
	(2) 中间挂线架	①应位于中间接线箱下方0.2m处 ②架的固定应牢固可靠 ③电缆在架上的绑扎应牢固可靠，见表4-4图 中间接线箱与中间挂线架
	(3) 电缆	①电缆应自然下垂，在移动时不应出现扭曲。多根电缆长度应一致 ②电缆下垂末端的移动弯曲半径：8芯电缆不小于250mm；16~24芯电缆不小于400mm ③电缆不运动部分（提升高度1/2高1.5m以上）应用卡子固定

续表

对象	项 目	内 容
13. 限位装置	(1) 碰铁与开关碰轮的相互位置	①碰铁的安装应垂直于地面，其偏差不应大于长度的 1/1000，最大偏差不大于 3mm ②碰铁应能与各限位开关的碰轮可靠接触，在接触碰压全过程中，碰轮不应从碰铁侧边滑出，碰轮边距碰铁边在任何情况均不应小于 5mm ③碰铁与各限位开关碰轮接触后，开关接点应可靠动作，碰轮沿碰铁全程移动时，不应有卡阻，且碰轮稍有压缩余量
	(2) 端站保护开关的安装位置	①强迫换速开关，应在电梯在上、下端站相应于正常换速位置处起作用 ②限位开关应在电梯超越正常平层位置约 50mm 处起作用 ③极限开关应在电梯超越正常平层位置 200mm 以内起作用 ④直流高、快速电梯强迫缓速开关的安装位置、应按电梯的额定速度、减速时间及制停距离选定；但其安装位置不得使电梯制停距离小于电梯允许的最小制停距离
14. 顶部间隙	电梯在顶层正常平层位置，轿厢上梁距井道顶面的距离	顶部间隙的计算：$$h > e + e' + m + J$$ 式中 h——顶部间隙（mm）； e——对重越程（mm）； e'——对重缓冲器缓冲行程（mm）； m——取 600mm； J——轿厢惯性上弹量，$$J = \frac{v_1^2}{4g} \text{ (mm)}$$
15. 井道卫生	(1) 井道壁	井道的四壁及顶板，均不应积有浮尘、泥砂
	(2) 井道件	井道中的所有构件，均不应积满尘沙、油污等

(五) 底坑部分

底坑部分的检查项目和内容，见表 4-5。

底坑部分的检查项目和内容　　　　表 4-5

对象	项目	内容
1. 井道底坑	(1) 深度	①底坑的需要深度，按下式进行核算： $H_1 = s + e' + s' + n$ 式中　s——轿厢和对重的越程（mm）； 　　　e——缓冲器缓冲行程（mm）； 　　　s'——轿厢底部空隙（mm）； 　　　n——轿厢地坎至轿底缓冲板尺寸（mm） ②一般底坑深度为 1.4～3m，电梯额定速度越高，底坑深度越大。如 1.5m/s 的电梯底坑深度为 1.8m；3m/s 的电梯为 3m
	(2) 防水与清洁	①底坑内不应有水渗入和积水，应保持干燥 ②底坑内不应有杂物、泥砂、油污等，应保持清洁
	(3) 底坑检修箱	①箱上应有监视用的灯和插座，其电压不应超过 36V，还应设有明显标志的 220V 三线插座 ②箱上应设有非自动复位的急停开关
2. 缓冲器	(1) 对轿厢和对重的越程	①越程应保证：当电梯越出正常平层位置，在碰到缓冲器前能被限位装置强制停止（使用油压缓冲器的特殊情况除外）。当缓冲器被完全压缩时，轿厢或对重不会碰到进道顶 ②电梯越程的要求如下： 　对 0.5～1.0m/s 的额定速度的电梯，弹簧缓冲器越程为 200～350mm 　对 1.5～3.0m/s 的额定速度的电梯，油压缓冲器越程为 150～400mm
	(2) 安装质量	①缓冲器应牢固地固定在底坑 ②弹簧缓冲器无锈蚀和机械损伤；油压缓冲器的油量和油的规格应符合要求 ③缓冲器安装应垂直，油压缓冲器柱塞的不铅垂度不应大于 0.5mm；弹簧缓冲器的顶面不水平度不应大于 4/1000 ④两个轿厢缓冲器的高度应一致，其顶面相对高度差不应大于 2mm ⑤缓冲器的中心应与轿厢或对重架上相应碰板中心对中，其偏移量不应大于 20mm

续表

对象	项 目	内 容
3. 限速器张紧装置	(1) 张紧力	①所产生的张紧力，应足以使限速器钢丝绳可靠驱动限速器绳轮 ②一般，张紧装置对绳索每分支的拉力应不小于147N
	(2) 安装质量	①张紧装置应自然下坠，在托架上应能自由上下浮动 ②限速器绳至导轨距离 a、b 在整个高度上应一致，其偏差不应大于5mm，见表4-5图 绳索偏差
	(3) 离底坑高度	张紧装置必须离底坑有一定高度，其规定： 高速梯：高度为 750±50（mm）； 快速梯：高度为 550±50（mm）； 慢速梯：高度为 400±50（mm）
	(4) 断绳开关	断绳开关的位置应正确，当张紧装置下滑或下跌时，能被可靠动作
4. 选层器钢带	(1) 安装位置	钢带轮应与机房钢带轮对正，钢带应无明显偏斜现象
	(2) 运转情况	运转时轮与钢带的啮合应良好，无异常声音及钢带扭曲
	(3) 断带开关	开关的安装位置应保证当钢带断裂时，能被可靠动作

续表

对象	项目	内 容
5. 电缆与补偿装置	(1) 电缆	①当轿厢位于最底层时，电缆不应碰到底坑、但在压缩缓冲器后应略有余量 ②电缆与轿厢的间隙不应过小，应大于80mm
	(2) 补偿装置	①对于补偿链，在轿厢位于底层时，链不应碰到底坑，应有150~250mm的间隙 ②对于补偿绳，其张紧轮应能被张紧导轨平顺导向，其导轨全高的不铅垂度不应大于1mm；导靴与导轨端面的间隙应为1~2mm

二、安全可靠性检查

电梯的安全可靠性检查，包括电气线路绝缘强度检查、超速保护检查、载重可靠性检查、终端超越保护检查等四个方面。

（一）电气线路绝缘强度

电气线路绝缘强度的检查项目和内容，见表4-6。

电气线路绝缘强度的检查项目和内容　　　表 4-6

项 目	内 容
1. 主电路	绝缘电阻不应小于 $0.5M\Omega$
2. 控制电路	绝缘电阻不应小于 $0.25M\Omega$
3. 信号电路	绝缘电阻不应小于 $0.25M\Omega$
4. 照明电路	绝缘电阻不应小于 $0.25M\Omega$
5. 门机电路	绝缘电阻不应小于 $0.25M\Omega$
6. 整流电路	绝缘电阻不应小于 $0.25M\Omega$

注：采用500V 100MΩ绝缘电阻计测量。

（二）超速保护

超速保护的检查项目和内容，见表4-7。

超速保护的检查项目和内容　　　　　　表 4-7

项　目	内　容
1. 限速器与安全钳动作可靠性	电梯在空载情况下,以检查速度下降: (1) 对于设有超速开关的限速器,人为动作超速开关,此时电梯应能立即被曳引机上的电磁制动器制动 (2) 人为动作限速器夹绳钳、钳块应能迅速夹持绳索,安全钳随即动作,将轿厢制停在导轨上,并同时动断控制电路
2. 轿内急停按钮动作可靠性	在电梯正常运行时,按下轿内急停按钮,电梯应立即制动;手离开按钮后,电梯应不会自动恢复运行

(三) 载重可靠性

载重可靠性的检查项目和内容,见表 4-8。

载重可靠性的检查项目和内容　　　　　　表 4-8

项　目	内　容
1. 静载试验	电梯的静载试验应符合下列要求: (1) 将轿厢位于底层,陆续平稳地加入载荷;客梯、医用梯和起重量不大于 2000kg 的货梯,载以额定起重量的 200%,其余各类电梯载以额定起重量的 150%,历时 10min; (2) 试验中各承重构件应无损坏,曳引绳在槽内应无滑移,制动器应能可靠地刹紧
2. 运行试验	电梯的运行试验应符合下列要求: (1) 轿厢内分别载以空载、额定起重量的 50%、100%,在通电持续率 40% 的情况下,往复升降,各自历时 1.5h; (2) 电梯启动、运行和停止时,轿厢内应无剧烈的振动和冲击,制动器的动作应可靠。运行时制动器闸瓦不应与制动轮摩擦,制动器线圈温升不应大于 60℃;减速器油的温升不应大于 60℃,且温度不应高于 85℃
3. 超载试验	电梯的超载试验应符合下列要求: (1) 轿厢应载以额定起重量的 110%,在通电持续率 40% 的情况下,历时 30min (2) 电梯应能安全地启动运行,制动器作用应可靠,曳引机工作正常

续表

项　目	内　容
4. 轿厢超载装置动作的可靠性	（1）当在轿厢内载有电梯额定起重量的110%的载荷时，厢内的超载灯应点亮，蜂鸣器应响，电梯不能关门 （2）当卸去70～100kg重量后，立即恢复正常 （3）当轿厢内载荷达到电梯额定起重量80%时，对于信号和集选控制电梯，顺向截停功能应消失（当具有此功能时）

（四）终端超越保护

终端超越保护的检查项目和内容，见表4-9。

终端超越保护检查的项目和内容　　　表 4-9

项　目	内　容
1. 终端换速开关和限位开关动作可靠性	将正常端站换速和停止电路跨接，电梯停靠在尽量接近上、下端站楼层，在机房操纵电梯向端站运行，电梯应在预定位置被强迫换速和停止
2. 终端极限开关	将终端限位开关短接，电梯尽量接近上、下终端站的楼层以慢车向端站运行，电梯应在缓冲器作用前被制停（除使用弹簧变位式油压缓冲器的特殊情况，极限开关在缓冲器被压缩后动作。此时压缩量不应超过缓冲器行程的25%）
3. 油压缓冲器试验	油压缓冲器的试验应符合下列要求： （1）复位试验：在轿厢空载的情况下进行，以检修速度下降，将缓冲器全部压缩，从轿厢开始离开缓冲器一瞬间起，直到缓冲器回复到原状止，所属时间应小于90s （2）负载试验：在轿厢以额定起重量和额定速度下，对重以轿厢空载和额定速度下分别进行，碰撞缓冲器，缓冲应平稳，零件应无损伤和明显变形

三、技术性能检查

电梯的技术性能检查，包括速度特性、工作噪声、平层准确度、控制电路的功能等四个方面。

（一）速度特性

速度特性的检查项目和内容，见表4-10。

速度特性的检查项目和内容　　　　　表 4-10

项　目	内　容
1. 启动振动	电梯在启动时的瞬时加速度不应大于规定值,启动振动应小于电梯的加速度最大值
2. 制动振动	电梯在制动时的瞬时减速度不应大于规定值,对交流双速梯,允许略大于电梯的减速度最大值;对于交流调速及直流梯,均应小于减速度最大值
3. 加速度最大值	电梯加速运行过程中的最大加速度不应超过规定值,规定不大于 1.5m/s^2
4. 减速度最大值	电梯在减速运行过程中的最大减速度不应大于规定值,规定不大于 1.5m/s^2
5. 加、减速时的垂直振动	电梯在加、减运行过程中,发生在垂直方向上的最大振动加速度不应超过规定值
6. 运行中垂直振动	电梯在稳定运行过程中,发生在垂直方向上的最大振动加速度不应超过规定值
7. 运行中的水平振动	电梯在稳定运行过程中,发生在水平方向上的最大振动加速度不应大于规定值,要求不大于 15cm/s^2

(二) 工作噪声

工作噪声检查的项目和内容,见表 4-11。

工作噪声检查的项目和内容　　　　　表 4-11

项　目	内　容
1. 机房噪声	电梯工作时,机房内的噪声级不应大于规定值(除接触器的吸合声等峰值外)规定噪声计在机房中离地面 1.5m,选测 5 点,其平均值不应大于 80dB–A
2. 轿厢内噪声	电梯在运行中,轿厢内的噪声级不应超过规定值,规定噪声计按放轿厢内部平面中央,离地 1.5m,其测量值不大于 55dB–A
3. 门开闭噪声	电梯开关门过程中的噪声级,不应大于规定值,规定噪声计放在楼层面上,离地 1.5m,在门宽度中央距门 0.24m 处,其测量值不应大于 65dB–A

注:货梯的噪声无要求

(三) 平层准确度

平层准确度的检查的项目和内容，见表 4-12。

平层准确度检查的项目和内容　　　　　　表 4-12

项　目	内　容
电梯在额定载重范围内，以正常速度升降时的停靠位置准确度	(1) 交流双速梯，规定，速度 0.25、0.5m/s，不大于 ±15mm；速度 0.75、1m/s 不大于 ±30mm (2) 交、直流快速电梯，规定不大于 ±15mm (3) 直流高速电梯，规定不大于 ±5mm

注：规定在作平层准确度测试时，电梯应分别以空载、满载，作上、下运行，到达同一层站，测量平层误差取其最大值。

(四) 控制电路功能

控制电路功能，包括信号控制电路基本功能、集选控制电路基本功能、并联集选控制电路基本功能、消防运行控制电路基本功能、检修运行控制电路基本功能等五个部分。

1. 信号控制电路基本功能

信号控制电路基本功能的检查项目和内容，见表 4-13。

信号控制电路基本功能的检查项目和内容　　　　表 4-13

项　目	内　容
(1) 轿内指令记忆	当按下轿厢内操纵箱上多个选层按钮时，电梯应能按顺序逐一自动平层开门（此时司机只需操纵门的关闭）
(2) 呼梯登记与顺向截停	电梯在轿厢内应能显示和登记厅外的呼梯信号，并对符合运行方向的信号，自动停靠应答

2. 集选控制电路基本功能

集选控制电路基本功能的检查项目和内容，见表 4-14。

集选控制电路基本功能检查的项目和内容　　　　表 4-14

项　目	内　容
(1) 待客站自动开门	当电梯在某层停梯待客时，按下厅门召唤按钮，应能自动开门迎客

续表

项 目	内 容
(2) 自动关门	当门开至调定时间（常为 3~4s），应能自动关闭
(3) 轿内指令记忆	当轿内操纵箱上有多个选层指令时，电梯应能按顺序逐一自动停靠开门，并能至调定时间，自动关闭运行
(4) 自动选向	当轿内操纵箱上的选层指令相对于电梯位置具有不同方向时，电梯应能按先入为主的原则，自动确定运行方向
(5) 呼梯记忆与顺向截停	电梯在运行中，应能记忆厅外的呼梯信号，对符合运行方向的召唤，应能自动逐一停靠应答
(6) 自动换向	当电梯在完成全部顺向指令后，应能自动换向，应答相反方向上的呼梯信号
(7) 自动关门待客	当完成全部轿内指令，又无厅外呼梯信号时，电梯应自动关门，在关门至调定时间（常为 3min），自动关闭机组和照明
(8) 自动返基站	当电梯设有基站时，电梯在完成全部指令后，自动回驶基站，停机待客

3. 并联集选控制电路基本功能

并联集选控制电路基本功能检查的项目和内容，见表 4-15。

并联集选控制电路基本功能检查的项目和内容 表 4-15

项 目	内 容
(1) 分层待客	当无工作指令时，一台电梯应在基站待客，另一台应在中间层站待客
(2) 自动补位	当电梯驶离基站，而自由梯尚无工作指令时，应能自动驶到基站，充任基梯
(3) 分工应答呼梯信号	当两台梯均处于待客状态时，对高于基站的呼梯信号，应由自由梯前往应答；而在自由梯运行时，出现与其运行方向相反的呼梯信号时，基梯应能自动前往应答
(4) 自动返基站	两台电梯中，先完成工作的电梯、应能自动返基站待客
(5) 援助运行	对于呼梯信号，应前往应接的电梯未能前往时，在超过调定时间（常为 60s），另一台电梯应能自动前往应答
(6) 其他集选基本功能	应与集选控制相同

4. 消防运行控制电路基本功能

消防运行控制电路基本功能检查的项目和内容,见表4-16。

消防运行控制电路基本功能检查的项目和内容　　表4-16

项　目	内　容
(1) 轿内指令及厅外呼梯信号处理	当电梯转入消防控制电路时,轿内指令及厅外召唤信号全部消失
(2) 返呼回层	当转入消防电路时,电梯如正在作与呼回层相反方向运行时,应能在最近站停靠,然后转变运行方向,直驶呼回层
(3) 待命	到呼回层后,电梯应自动停层,开门待命
(4) 消防运行操纵	电梯进入消防运行后,自动关门功能消失,电梯只能用关门按钮或启动按钮关门,并应只能用轿内选层按钮操纵电梯

5. 检修运行控制电路基本功能

检修运行控制电路基本功能检查的项目和内容,见表4-17。

检修运行控制电路基本功能检查的项目和内容　　表4-17

项　目	内　容
(1) 检修运行转入	当按下轿厢内有关按钮(如按下"应急"按钮和"慢车"按钮),电梯应转入检修运行,原电路功能消失
(2) 运行操纵	检修运行应只能由专门按钮点动,手离开按钮,电梯应即停止
(3) 轿顶操纵	当由轿顶检修箱专门按钮操纵时,轿厢内应不能同时操纵
(4) 速度	规定检修运行速度不应大于 0.63m/s

第五章　电梯的运行和维护

第一节　电梯事故原因的分析

电梯在设计、制造时，已从多方面考虑到保证人身安全的问题，但每年仍有电梯人身伤亡事故发生。发生事故的原因主要有：电梯的安装不合格，留下事故隐患；电梯的管理、使用、维护规章制度不健全或不落实，电梯失保失修，有的"带病"运行；电梯司机、维护人员素质差，有的无证上岗，有的违章作业等原因造成的。

电梯易发生人身伤亡事故的部位主要在层门、轿厢及轿顶、底坑、机房等处。因此必须引起注意，分析其产生事故的原因，加强安全教育、提高安全意识，采用安全措施，消除不安全的隐患，防止事故的产生。

一、事故分析

事故的分析详见表 5-1。

电梯易发生人身伤亡事故的部位、原因及其预防　　表 5-1

事故部位	事故形成及其原因	预防方法、措施
一、层门事故	事故总体的原因是电梯司机、维修人员违章作业，而使层门敞开，造成人员入层门而坠落到井道底下。 （1）层门敞开着，电梯用检修或应急方式运行到其他层，敞开的层门处又无人把守和遮栏、标示牌。乘客误以为层门开着轿厢就在该层而误踏入井道，跌落到井道底坑而造成事故。与此类似，载货电梯有推车人与载货车辆一起坠入底坑而造成事故；	（1）严禁层门敞开着，以撤按应急按钮使电梯作为正常运行。检修运行时，只要轿厢驶出开锁区，就应关闭层门。必须层门敞开检修时，应设专人把守，设置防护遮栏并悬挂醒目的标示牌；

续表

事故部位	事故形成及其原因	预防方法、措施
一、层门事故	（2）层门敞开着，司机揿应急（门锁短接）按钮运行，剪切、碰撞由层门外伸头到井道内观看、呼叫电梯的人，而造成事故； （3）层门门锁坏后未及时修复，层门被扒开后跌入井道而造成事故； （4）打开层门后，未确认轿厢确在本层就进入造成踏空坠落事故； （5）贯通门轿厢的电梯，平时违章当作过道使用，门锁坏后未及时修复而敞开层门运行，人误踏入造成坠落事故； （6）门锁坏后无备件修复而用导线将门锁短路，选层后电梯自动运行，正在进出轿厢的人被剪切而造成事故； （7）电梯发生故障，维修人员在机房用导线封线，强行操纵电梯运行，将正进出轿厢的人剪切而造成事故； （8）层、轿门都敞开着揿应急按钮运行，有人从轿内探身到轿厢外被剪切、碰撞而造成事故； （9）用钢丝或层门锁匙私自捅开层门，而从层门口跌落到井道底坑； （10）检修电梯时，未在层门口设置防护围栏或警告牌，而误入层门口跌落到井道内	（2）层门门锁坏后要及时修复，不得有从外面扒启的可能，不得用导线短路门锁开关； （3）贯通门轿厢平时不得当作通道使用； （4）司机打开层门进入轿厢前必须确认轿厢确在该层，方可进入； （5）在机房检修电梯或排除故障时，必须采取措施，不得使任何人乘坐及进、出轿厢

续表

事故部位	事故形成及其原因	预防方法、措施
二、轿厢及轿顶事故	(1) 层门关闭而轿厢未关闭，电梯运行时，轿厢内人员身体伸出轿厢与井道内壁物体相撞而造成事故； (2) 制动器制动不良、曳引绳打滑、电梯调试时对重过轻、电梯超载等原因，造成轿厢运行平层后溜车，人从轿内向轿外跳被剪切而造成事故； (3) 维修人员在轿顶检修电梯，与司机配合不好，未站稳而电梯突然启动，造成坠落井底事故。与此类似，轿厢向上运行，维修人员头部与顶层楼板下凸出构件相撞而造成事故； (4) 维修人员在轿顶检修电梯，身体探出轿厢垂线之外，轿厢运行时与导轨架、对重装置相撞而造成事故； (5) 轿厢与对重平齐，维护人员一只脚站在轿顶，一只脚站在对重上，电梯突然启动把人打入井道而造成事故； (6) 轿厢顶上因未装有防护栏，不慎而跌入井道	(1) 轿厢门锁坏后应及时修复，不允许敞开轿门运行，检修运行时，轿内人员不得将身体任何部位探出轿厢地坎之外； (2) 电梯的失保失修，是造成轿厢事故的重要原因，应加强预检预修工作； (3) 轿厢溜车时，司机应劝阻乘客切勿企图跳出轿厢，应等待电梯其他安全装置发生作用； (4) 在轿顶检修时，司机要和维修人员配合好，上下呼应后才能启动电梯。维护人员应尽量利用轿顶检修箱按钮使电梯检修运行，不需要轿厢运行时，应随手切断检修急停开关或安全钳开关； (5) 轿顶应装设防护栏杆，轿厢检修运行时，维护人员不得将身体任何部位探出轿厢垂线之外； (6) 不得将两只脚分别站在可能对运动的部位进行检修工作，以免轿厢突然启动而造成危险
三、机房事故	(1) 不遵守电气安全操作规程而造成触电事故； (2) 电梯盘车使轿厢短程升降，未切断电源开关，而电梯突然启动； (3) 调试、检修电梯时，有人乘坐电梯而造成事故；	(1) 在机房进行检修工作，应切断电源主开关。需要带电作业时，要严格遵守电气安全操作规程； (2) 电梯盘车使轿厢短程升降，必须切断电源主开关，防止电梯突然启动； (3) 调试、检修电梯时，禁止乘客或载货；

续表

事故部位	事故形成及其原因	预防方法、措施
三、机房事故	（4）接触转动机械部分，手或衣物卷入而造成事故	（4）不得过分接触转动机械部分，电梯转动部位的任何工作，如清洁、注油应使电梯停驶，切断控制电源后再进行
四、底坑事故	（1）维护人员在底坑工作，司机与维护人员配合不好，电梯向下运行将维护人员撞伤。与此类似，底坑有人工作，因急于用电梯而违章指挥司机开电梯，而将下方人员撞伤； （2）底坑、轿顶、机房同时进行检修，工具、物品失手坠落将下方人员砸伤。与此类似，机房调整制动器，因松闸使轿厢溜车，将底坑人员撞伤	（1）在底坑检修时，司机与维修人员要配合好，上下呼应才能启动电梯。不需要电梯检修运行时，要随手切断底坑检修箱急停开关； （2）检修底坑设施时，必须停止上部的一切作业； （3）维护人员在底坑工作，要随时注上方的轿厢，当轿厢意外的向下运行时，关闭检修箱急停开关、趴到底坑或用较长的木方竖起支撑住轿厢等

二、常见电梯出入口坠落事故分析及对策

随着现代化建设的发展以及高层建筑物的逐渐增多，电梯（客梯和货梯）的使用也越来越普遍，每年电梯的安装量大幅度增加。

在正常情况下电梯作为一种垂直方向的运输工具是比较安全的，据世界有关先进国家某一年的统计，电梯在运行相当于33亿km的行程中才出现一起事故。但目前我国国内尚有相当部分的电梯，不符合国家的安全要求，事故频频发生；还有不少使用电梯的部门单位，忽视了安全管理和正常的维护制度，虽然使用的都是质量较好的电梯，也常发生一些事故。

为了加强电梯安全管理，防止发生意外事故，国家有关部门发布了一系列的法规和管理规定，但在具体执行中还存在不少的问题，因此必须引起高度的重视。例如某市11年间，由于电梯

的事故死亡人数达 71 人。又某市电梯（客梯、货梯、升降机）的事故也断续发生过。

以下选择了一些典型事故案例并进行分析，期望从中明了造成事故的原因，吸取教训，引以为戒，提高电梯驾驶、维护管理人员的安全意识和安全操作的自觉性，健全安全管理制度，防止或减少事故的发生。

（一）事故案例及其分析

[事故案例 1]

某大宾馆的一部电梯，其 7 楼的层（厅）门开着，按电梯正常运行情况，轿厢必到位在 7 楼停靠，可是这天的此时，并非人们所想像的那样，由于这一期间没有专职的电梯驾驶和维修管理人员，再加上宾馆尚未正式对外营业，电梯的层门锁已在使用中损坏，当日不知何时，其层门被人扒开后不能自动关门，也就是说不论轿厢有无在七楼层站停靠着，该层门总是处于开启着的失常状况。这时有 3 位女服务员要从 7 楼乘电梯到二楼餐厅用膳，其中 1 名服务员先行，见层门开着就边走边谈而进层门（轿厢并无停靠在此层），当一跨入后的瞬间就坠落底坑造成死亡。

△事故分析：

造成事故的主要原因是安全管理不善，对安全不重视，致使层门锁损坏、层门打开未能及时发现和检修。没有指定专职人员进行管理监护。

[事故案例 2]

某电机厂办公大楼有一台手开门电梯，有一天大楼办公室内部进行调整，使用该电梯搬运办公用具。由于无专职驾驶员，电梯在运行时大家相互传递使用同一把专用的"△"钥匙。当某部门领导拿到"△"钥匙后，即去打开基站层门，一脚跨入，由于轿厢不在基站，使他坠落底坑，造成股骨骨折。

△事故分析：

造成事故的主要原因是对电梯安全的重要性不重视，无专职人员管理，钥匙无专人负责；对门联锁的安全装置也没装上。

[事故案例 3]

某宾馆一部电梯,由于层门门锁损坏,没及时进行检修,致使2层层门打开后没按时恢复关闭,轿厢不到2层位置,层门仍敞开。有一天一个宾客从2层层门进入电梯,当脚一跨入层门后,整个人就坠落入井道,摔倒于停在底层的轿厢顶上,幸好只是轻伤。

△事故分析:

造成事故的主要原因是安全管理制度不严,管理人员没及时检查报修电梯运行中的不正常情况。

[事故案例 4]

某工厂一部4层楼使用的货梯,由于2层的层门锁失灵,维修人员没及时修复,有一天不知何人把原关闭的层门搬开后就此不能自行关闭,此时有一名电梯维修工从2层进入轿厢,实际上轿厢未在2层站停靠,思想麻痹误入了层门,当他发现无轿厢时,人的重心已下井道坠落底坑,胸部撞在缓冲器上,肋骨断裂6根而致重伤。

△事故分析:

造成事故的主要原因是维修人员对货梯的层门锁失灵的后果不加重视,思想麻痹,没及时加以修复。

[事故案例 5]

某玻璃厂的玻壳仓库电梯驾驶员把电梯开到3楼,擅自离岗去休息室。此时仓库2名职工经过见电梯层门大开,驾驶员又不在,擅自进入轿厢将电梯开向底楼。但电梯下行到3、2楼之间时,突然停止不动。驾驶员听到电梯运行声后急忙从休息室出来,见电梯被他人开走,并从显示屏上知道电梯已到2楼,立即赶到2楼,只见2楼层门已被打开,轿厢停在距2楼层站高1.5m左右地方,驾驶员要爬上轿厢去排除故障,就将一方凳放在2楼层门口,人站立方凳上,手扒在轿厢底准备爬上,当一只脚向上翘的瞬时,另一只脚因重心不正,方凳和人一起翻入底坑,当场死亡。

△事故分析：

造成事故的主要原因是驾驶员擅自离岗，后发现电梯轿厢未到层站时又违反（或不知）安全操作规程而去攀爬轿厢。

[**事故案例6**]

某家具厂有一台自动门电梯，有一天驾驶员有事外出，请一位同事（无操作证）代开电梯，该人开了一段时间后，离开电梯上卫生间，回来时见电梯层门关闭，自认为有人捣乱（其实是原驾驶员出去办事完回来后上了电梯开到4楼去），即用力把手伸进层门的门缝扒开机械锁打开层门，然后眼不看底下就一脚跨入造成坠入底坑，多处骨折致伤。

△事故分析：

造成事故的主要原因是安全管理不严，驾驶员擅自离岗找人代班（无证者）；另外层门锁已经损坏也无及时检修，以致用手即可扒开层门。

[**事故案例7**]

某游乐厅于一天夜里，从6楼的游乐厅出来一批游客，乘坐该楼进口电梯下到一楼，由于人数和重量超过了电梯的额定载重量，再加上轿厢内无司机。在轿厢门关闭的瞬间，轿厢就以超快速度降落，幸好在三二层之间夹持在导轨上（安全钳起作用），电梯管理人员进不去，游客也出不来，最后电梯管理人员通过井道爬到轿厢顶打开安全窗后，才把游客一个个拉救出来。

△事故分析：

造成事故的主要原因是管理不善，特别是公共对外的娱乐场所，应当设有专职管理人员监护电梯的运行，即使是进口的自动电梯，在某种情况下某些机构或开关也会出现失灵状态。

[**事故案例8**]

某饮料厂利用厂休日加班，安装新购置的机床。当机床和搬运工人进入电梯轿厢时，驾驶员见机床较重，就向主管人员提出怕运行超载。可是主管人员认为作为起重设备的电梯，安全系数都比较大，不会出什么问题，可以运送。因此驾驶员就启动按钮从一楼上行到四楼，轿门打开，一随乘工人就先跨出轿厢，当一只脚刚踏上层站的瞬间，轿厢突然下坠，此工人的脚在轿厢与楼面之间被轧住，直至安全钳起作用后轿厢才掣停住，结果该工人当场死亡。

△事故分析：

造成事故的主要原因是主管人员安全意识太差，违反操作规程，明知可能超载也不作科学的估算，指使驾驶员冒超载之危险而运行。同时驾驶员虽知可能超载，但没有坚持原则，违反"十不开"要求。再者该电梯是客梯，客货混载而造成事故。

[事故案例9]

某机关大楼有一台手柄操作开门的电梯，载重量为1000kg。某日会议结束，电梯驾驶员将8楼与会人员分批运送下楼，前几批尚能严格控制额定人数（13人），但到最后发现还余下17人，驾驶员认为没必要再把17人分两次运送，而一次运送只多载4人没关系。当电梯向下运行时，速度就开始加快，驾驶员也不在意，也没采取措施，致使电梯轿厢更加快速向下沉底，与缓冲器相撞后再反弹起来，轿厢剧烈震动，轿顶的装饰物也脱落掉下，使轿厢内多名乘客受伤。

△事故分析：

造成事故的主要原因是驾驶员没有严格按"十不开"要求安全操作而超载运行；同时当发觉电梯行驶速度有加快情况时也无及时采取应急的安全措施。

[事故案例10]

郊区某建筑工地，使用建筑简易升降机（井架），有一天升降机的吊栏升停在建筑物的6楼，有一装卸工从建筑物内拉双轮载货斗车通过空中走道把车推入吊栏，就在这尚未把斗车停妥、人完全退出的瞬时，底下的井架司机（女）就揿下按钮，致使吊栏带着未放妥的斗车下行并触撞装卸工摔下造成死亡。

△事故分析：

造成事故的主要原因是当班的井架司机在岗操作时思想开小

差，违反安全操作，井架司机应负事故的主要责任。

[事故案例 11]

某建筑工地的一部简易升降机（井架），由于在使用中缺乏日常检查维护，致使井架上的顶端滑轮轴承塞死，滑轮不转动，只靠（承受吊栏重物的）钢丝绳在轮槽上拖动滑磨，钢丝绳经受不起长时间的磨损而断裂。钢丝绳断后，一端随吊栏重物向下冲栽，而另一端的钢丝绳断头受到另一边吊栏的重量拖拉，以很大的抽拉力和极快的速度向上抽，不幸的是在这瞬间，钢丝绳的断头刮到站在上面楼层边的工人脖子而当场死亡。

△事故分析：

造成事故的主要原因是主管人员不重视安全，对井架没有进行正常的管理、检查和维护，以致升降机的主要滑轮等零部件损坏，钢丝绳受严重磨损而没发现。

[事故案例 12]

某食品厂有一台 AZ 型电梯，3 楼的层门电锁坏后未及时修理，而维修人员却贪图方便就用导线将电锁短接，这样电梯虽能运行，但极不安全。某日一名女电梯司机（无操作证）与男友约定后同去购物，当下班铃响她将轿厢开到 3 楼，匆忙去更衣室一下，马上再回轿厢。想不到就在这短时间里，另一职工在层、轿门都开启的情况下进入轿厢将电梯开到 4 楼去，开走后 3 楼的层门仍不关闭（因为层门电锁失效），该女电梯司机从更衣室出来后就一脚踏进层门而入井道坠落底坑身亡。

△事故分析：

造成事故的主要原因是维修人员违反安全维修操作规程，把已损坏的层门电锁短接，使它失去了安全保护作用。同时电梯女司机（无操作证）缺乏安全操作基本知识，也没及时报修并停止使用。

[事故案例 13]

某宾馆有一天电梯在运行中突然停电，且不能一时复电，使轿厢停在五六层楼之间，有十余个乘客被困在轿厢里，想出来也出不来，外面人也进不去。后来电梯管理人员通过安全操作法分别把五楼层门和轿厢门打开，管理人员懂得安全操作和营救方法，他站在5楼层门口面对高出五楼层面约1.5米的轿厢底面，不慌不忙地把每个乘客从轿厢内扶抱到层站地面。但轮到其中一位小姐时，她坚持不要他人扶抱执意要自己从轿厢上跳下（到层站地面高度约1.5米），遗憾的是当她弯腰朝外一跳，在着地的一瞬间因重心不稳，向后一坐，重心向后翻落底坑而死亡。

△事故分析：

造成事故的主要原因是乘客小姐不懂得安全脱离方法，执意要自己跳下；同时电梯管理人员没有坚决地阻止这种极不安全的行为，没有再采取其他的方式营救。

[事故案例14]

某玻璃制品厂有一台手开门电梯，由于工作任务紧迫，经常带病运行。一天，二楼生产组长欲将产品送往一楼，遂多次按钮召唤，电梯仍没上来，观看层楼显示电梯是停靠在一楼，因此他叫来一工人，将电梯专用钥匙给他，托他下楼将电梯开到二楼装货。此工人到一楼后用专用钥匙打开层门，未看清楚就一脚踏入，结果由于信号故障实际电梯不在楼下而在三楼而使工人摔入底抗，造成头盖骨骨裂。

△事故分析：

造成事故的主要原因是对电梯安全不重视，无维护保养和管理制度，致使电梯信号混乱还仍在使用。并无专人管理使用电梯，专用钥匙任意传用的结果。

[事故案例15]

某大厦的一部载客电梯在有一名女工在做完她班后的工作之后，从8楼乘电梯到一楼回家，当一进入轿厢后，轿厢突然以超快速度降落下去直到在一楼上方2m左右处才掣停住，使女工心惊肉跳。

△事故分析：

本次事故是出于意料之外，经事后查明是由于一只大老鼠爬到限速器的钢丝绳上,后来死在底坑限速器的张紧轮槽上,致使钢丝绳脱离轮子后造成的事故。当然也说明电梯的维护还要坚持经常性的检查维修制度,不可粗心大意。

(二)从事故案例中吸取教训

从以上列举的部分案例看,有些是令人震惊的。电梯在使用中的安全作业问题不能不引起我们的深思和高度的重视,并从中吸取教训。只有加强安全管理和提高安全技术水平,才能减少或避免事故的发生。

通过以上的案例分析,有必要从以下有关问题(八项注意)吸取教训,引以为戒。

(1)使用电梯的各单位主管人员要十分重视电梯在运行中的安全问题。

电梯的作业属于特种性质作业,在使用过程中容易发生事故,对操作者本人,尤其对他人和周围设施的安全会带来重大危害因素。因此必须建立严格的安全管理制度和安全操作规程,设专职人员进行驾驶、维护和管理。

(2)必须制止无证者驾驶电梯。

由于无证人员未经专业培训,往往不了解电梯的结构、性能及操作规程,不懂安全装置的作用,出现紧急情况时也不会处理,往往由此造成事故。

(3)电梯司机、维护管理人员在当班时不允许擅自离岗。

有些人上班不遵守劳动纪律,经常擅离岗位,给电梯的正常运行带来隐患,而恰恰在这个时候,一些非电梯驾驶人员却闯进轿厢开走电梯,由此而引起事故的产生。

(4)严禁电梯超载运行。

由于某些电梯驾驶员责任心不强,没有严格控制轿厢的载重量,有的往往认为电梯的安全系数比较大,对超载运行认为无关紧要或抱有侥幸心理。可是往往就在此时事故却偏偏发生了。

(5)切不可违章作业。

由于一些司机安全意识不强或疏忽大意或贪图省事省力,甚至明知而故犯，不按规程操作，有章不循，从而引起事故的产生。在电梯事故中因违章操作而引起的占有相当大的比例数。这种教训切不可忘记。

(6) 决不能对电梯只用不管。

有些单位对电梯的安全使用缺乏严格的管理，没有行之有效的规章制度可循。如任何人都可驾驶电梯，也可多人同用电梯的钥匙等。平时只知道有电梯可供使用，图方便，而不花力气去管理、维护电梯，当然其事故也就不可避免。

(7) 要特别注意层门锁的安全可靠。

电梯的层门必须安装上有效、可靠的锁紧、闭合的联锁装置，并经常检查维护，防止层站上的人任意开启层门发生坠落事故。但是有些电梯驾驶、维修人员认为只要电梯开得动就能用，而忽视对门锁的安全检查及损坏后的报修，为贪图方便甚至故意短接层门电气联锁触头，隐藏着危险因素而强制运行，往往由此而造成重大伤亡事故。

(8) 千万不可让电梯带病运行。

由于电梯在运行中管理不严，又无定期进行维修保养，加上部分电梯安装质量不高，因此在使用中经常发生故障。而有些电梯驾驶员对有故障的电梯也不及时报修，只图使用而电梯带病运行，一定要防止这种情况的发生。

第二节　电梯的维护与保养

维修保养的目的是为了使电梯始终保持良好的工作状态。这是一项长期细致的工作，此项工作做好，就能减少或预防故障的发生，延长电梯的使用寿命。

一、机械部分的保养

(一) 牵引机的保养

1. 减速箱

（1）箱内的油量应保持在油针或油镜的标准范围；油的规格应符合要求。

（2）润滑油脂润滑的部位，应定期拧紧油盅盖。一般一个月应挤加一次。

（3）应保证箱体内润滑油的清洁，当发现杂质明显时，应换新油。一般对新使用的减速箱，半年应更换新油。

（4）应使蜗轮、蜗杆的轴承保持合理的轴向游隙，当电梯在换向时，发现蜗杆轴出现明显窜动时，应采取措施，减小轴承的轴向游隙。

（5）应使轴承的温升不高于60℃；箱体内的油温不超过85℃，否则应停机检查原因。

（6）当轴承在工作中出现撞击、磨切等不正常噪声，虽经调整亦无法排除时，应考虑更换轴承。

（7）当减速箱使用年久，蜗轮、蜗杆的齿磨损过大，在工作中出现很大换向冲击时，应进行大修。内容是调整中心距或换掉蜗轮蜗杆。

2. 制动器

（1）应保证制动器的动作灵活可靠。各活动关节部位应保持清洁，并用润滑油定期润滑。对电磁铁，必要时可加石墨粉润滑。

（2）制动瓦在松开时，与制动轮的轴向间隙应均匀，且最大不超过0.7mm。当间隙过大时，应调整。

（3）制动器应保持足够的制动力矩，当发现有打滑现象时，应调整制动弹簧。

（4）当发现制动带磨损，导致铆钉头外露时，应更换制动带。

3. 牵引轮

（1）应保证牵引绳槽的清洁，不允许在绳槽中加油润滑。

（2）应使各绳槽的磨损一致。当发现槽间的磨损深度差距最大达到牵引绳直径的1/10以上时，要修至深度一致，或更换轮缘。

(3) 对于带切口半圆槽,当绳槽磨损至切口深度少于 2mm 时,应重车绳槽,但经修车后切口下面的轮缘厚度不应小于牵引绳直径。

4. 牵引电动机及速度反馈装置

(1) 应保证电动机各部分的清洁,不应让水或油浸入电动机内部。应经常吹净电动机内部和换向器、电刷的灰尘。

(2) 对使用滑动轴承的电动机,应注意槽内的油量是否达到油线,同时应保持油的清洁。

(3) 当电动机使用年久,转子轴承磨损过大,出现电动机运转不平稳、噪声增大时,应更换轴承。

(4) 应保证电动机的良好绝缘,一般在季度检查中应检查绕组对机壳的绝缘电阻,如降至允许值以下(主极线圈 $0.5M\Omega$),应采取措施。

(5) 每季度应检查一次直流测速发电机,如炭刷磨损严重,应予更换,并清除电机内炭屑,在轴承处加注润滑脂。

(二) 牵引绳与绳头组合的保养

(1) 应使全部牵引绳的张力保持一致,当发现松紧不一致时,应通过绳头弹簧加以调整(相互拉力差应在 5% 以内)。

(2) 牵引绳使用年久,绳芯中的含油耗尽,导致绳的表面干燥,甚至出现锈斑,此时可在绳的表面薄薄地涂一层润滑油。

(3) 应经常注意牵引绳是否有机械损伤、是否有断丝爆股情况,锈蚀及磨损程度等如已达到更换标准,应立即停止使用,更换新绳。

(4) 应保持牵引绳的表面清洁,当发现表面粘有砂尘等异物时,应用煤油擦干净。

(5) 在截短或更换牵引绳,需要重新对绳头锥套浇筑巴氏合金时,应严格工艺。

(6) 应保证电梯在顶层端站平层时,对重与缓冲器间有足够间隙。当由于牵引绳伸长,使间隙过小甚至碰到缓冲器时,可将对重下面的调整垫摘掉（如有的话）。如不能解决问题，则应截短牵引绳，重新浇筑绳头。

（三）限速器与安全钳的保养

（1）应保证限速器的转动灵活，对速度变化的反应灵敏。其旋转部分润滑应保持良好，一般一周应加油一次。当发现限速器内部积有污物时，应加以清洗（注意不要损坏弹簧上的铅封）。

（2）应使限速器张紧装置转动灵活，一般每周应加油一次，每年清洗一次。

（3）应保证安全钳动作灵活，提拉力及提升高度应符合要求，在季检中应加以检查。

（四）导轨和导靴的保养

（1）对配用滑动导靴的导轨，应保持良好润滑。要定期在油匣中添加润滑油，并调整油毛毡的伸出量及保持清洁。

（2）滑动导靴靴衬工作面磨损过大，会影响电梯的运行平稳性。一般对侧工作面，磨损量不应超过1mm（双侧），内端面不超过2mm，超过时应更换。

（3）应保证弹性滑动靴对导轨的压紧力，当因靴衬磨损而引起松弛时，应加以调整。

（4）应使滚动导靴滚动轮滚动良好，当出现磨损不均，应加以修车；当出现脱圈、过分磨损时，应更换。

（5）在年检中，应详细检查导轨连接板和导轨压板处螺栓的紧固情况，并应对全部压板螺栓进行依次重复拧紧。

（6）当安全钳动作后，应及时修光钳块夹紧处的导轨工作面。

（五）轿门厅门和自动门锁的保养

（1）当门滚轮的磨损导致门扇下坠及歪斜时，应调整门滚轮的安装高度或更换滚轮，并同时调整挡轮位置，保证合理的间隙。

（2）应经常检查厅门联动装置的工作情况，对于摆杆式和撑臂式联动机构，应使各转动关节处转动灵活，各固定处不应发生松动,当出现厅门与轿门动作不一致时,应对机构进行检查调整。

(3) 应保持自动门锁的清洁,在季检中应检查保养。对于必须作润滑保养的门锁,应定期加润滑油。

(4) 应保证门锁开关的工作可靠性,应注意触头的工作状况,防止出现虚接、假接及粘连现象。

(六) 自动门机构的保养

(1) 应保持调定的调速规律,当门在开关时的速度变化异常时,应即作检查调整。

(2) 对于皮带传动的开门机构,应使皮带有合理的张紧力,当发现松弛时应加以张紧。对于链传递的开门机,同样应保证链条合理的张紧力。

(3) 自动门机构各转动部分,应保持有良好的润滑,对于要求人工润滑的部分,应定期加油。

(七) 缓冲器的保养

(1) 对于弹簧缓冲器,应保护其表面不出现锈斑,随着使用年久,应视需要加涂防锈油漆。

(2) 对油压缓冲器,应保证油在油缸中的高度,一般每季度应检查一次,当发现低于油位线时,应及时添加黏度相同的油。

(3) 油压缓冲器柱塞外露部分应保持清洁,并涂抹防锈油脂。

(4) 每年以轿厢检修速度,进行一次油压缓冲器的复位试验。

(八) 重量补偿装置的保养

(1) 当发现补偿链在运行时产生较大噪声时,应检查消声绳是否折断。

(2) 对于补偿绳,其设于低坑的张紧装置应转动灵活,上下浮动灵活。对需要人工润滑部位,应定期添加润滑油。

(九) 导向轮及反绳轮的保养

(1) 应保证转动灵活,其轴承部分应每月挤加一次润滑油。

(2) 当发现绳槽磨损严重,且各槽的磨损深度相差 1/10 绳径时,应拆下修车或更换。

(十) 机房和井道的保养

(1) 机房禁止无关人员进入,在维修人员离开时,应关门闭锁。

(2) 应注意不让雨水浸入机房。平时保持良好通风,并注意机房的温度调节。

(3) 机房不准放置易燃、易爆物品;同时保证机房中灭火设备的可靠性。

(4) 底坑应保持干燥、清洁,发现有积水时及时排除。

二、电气装置的保养

(一) 控制屏的保养

(1) 应经常用软刷和吹风清除屏体及全部器件上的积尘,保持清洁。

(2) 应经常检查接触器、继电器触头的工作情况,保证其接触良好可靠。导线和接线柱应无松动现象,动触头连接的导线接头应无断裂现象。

(3) 应保持接触器、继电器的触头清洁、平滑,发现有烧蚀时,应用细齿锉刀修整平滑(忌用砂布),并将屑末擦净。

(4) 更换控制屏内熔断器时,应保证熔丝的额定电流与回路电源额定电流相一致。对电动机回路,熔丝的额定电流应为电动机额定电流的 2.5~3 倍。

(二) 安全保护开关的保养

(1) 每月应对各安全保护开关进行一次检查、拭去表面尘垢,核实触头接触的可靠性、触头的压力及压缩裕度,清除触头表面的积尘,烧蚀处应挫平,严重时应更换。

(2) 极限开关应灵敏可靠,每年进行依次越程检查,视其能否可靠地断开主电源。

(三) 三相桥式硒整流器的保养

(1) 为保证整流堆不发生超负荷和短路，应注意应用正确的熔断丝。

(2) 整流堆工作一定时期后，会产生老化，输出功率有所降低时，可提高变压器次级电压而得到补偿。

(3) 整流堆存放不用，也会产生老化，使本身功率损耗增大。当存放超过三个月以上时，在投入使用前，应进行"成形试验"，一般可按如下步骤进行：

① 先加 50% 额定电压，历时 15min；

② 再加 75% 额定电压，历时 15min；

③ 最后加 100% 额定电压。

(四) 选层器的保养

(1) 应经常检查传动钢带，如发现断齿或有裂痕时，应及时修复或更换。

(2) 应保持动触头盘（杆）运动灵活，适量添加润滑油；减速器及各传动部位均应保证足够润滑，注意添加润滑油。

(3) 应经常检查动、静触头的接触可靠性及压紧力，并予适当调整。当过度磨损时应及时更换。

(4) 应保持触头的清洁，视需清除表面积垢，烧蚀处应用细锉刀修平。

(5) 注意保持传动链条的适度张紧力，出现松弛时，应予张紧。

第三节　电梯常见故障的排除

电梯常见故障和排除方法见表 5-2。

电梯的结构有多种多样，不同制造厂生产的电梯在机械结构、电气线路都有不同程度的差异，因此故障产生的原因及排除方法各有不同。

电梯常见故障和排除方法　　　　表 5-2

故障现象	原因	排除方法
1. 在基站将钥匙开关闭合后，电梯不开门（直流电梯钥匙开关闭合后，发电机不启动）	1. 控制电路的保险丝断开	更换保险丝，并查找原因
	2. 钥匙开关接点接触不良或折断	如接触不良，可用无水酒精清洗，并调整接点弹簧片；如接点折断，则更换
	3. 基站钥匙开关继电器线圈损坏或继电器触点接触不良	如线圈损坏，则更换；如触点接触不良，清洗修复
	4. 有关线路出了问题	在机房人为使基站开关继电器吸合，视其以下线路接触器或继电器是否动作，如仍不能启动，则应进一步检查，直至找出故障，并加以排除
2. 按下选层按钮后没有信号（灯不亮）	1. 按钮接触不良或折断	修复和调整
	2. 信号灯接触不良或烧坏	排除接触不良或更换灯泡
	3. 选层继电器失灵或自锁接点接触不良	更换或修理
	4. 有关线路断开或接线松开	用万用表检查并排除
	5. 选层器上信号灯活动触点接触不良，使选层继电器不能吸合	调整动触头弹簧，或修复清理触头
3. 有选层信号，但方向箭头灯不亮	1. 信号灯接触不良或烧坏	排除接触不良或更换灯泡
	2. 选层器上自动定向触点接触不良，使方向继电器不能吸合	用万用表检测，并调整修复
	3. 选层继电器常开触点接触不良，使方向继电器不能吸合	修复及调整
	4. 上、下行方向继电器回路中的二极管损坏	用万用表找出损坏的二极管，并更换

续表

故障现象	原　因	排　除　方　法
4. 按下关门按钮后，门不关	1. 关门按钮接点接触不良或损坏	用导线短接法检查确定，然后修复
	2. 轿厢顶关门限位开关常闭接点和关门按钮的常闭接点闭合不好，从而导致整个关门控制回路有断点，使关门继电器不能吸合	用导线短接法将门控制回路中的断点找到，然后修复
	3. 关门继电器出现故障或损坏	排除或更换
	4. 门电动机损坏或有关线路有断点	用万用表检查电机及有关线路，并进行修复或更换
	5. 门机构传动皮带打滑	张紧皮带或更换
5. 电梯已接受选层信号，但门关闭后不能启动	1. 门未关闭到位，门锁开关未能接通	重新开关门，如不奏效，应调整门速
	2. 门锁开关出现故障	排除或更换
	3. 轿门闭合到位开关未接通	调整和排除
	4. 运行继电器回路有断点或运行继电器出现故障	用万用表检查断点，并排除、修复、更换继电器
6. 门未关，电梯能选层启动	1. 门锁开关触点黏连（对使用微动开关的门锁）	排除或更换
	2. 门锁控制回路短路	检查并排除
7. 到站平层后，电梯门不开	1. 开门电机回路中的保险丝过松或熔断	拧紧或更换
	2. 轿厢顶开门限位开关闭合不好或触点折断，使开门继电器不能吸合	排除或更换
	3. 开门电气回路出故障或开门继电器损坏	排除或更换
	4. 开门继电器损坏	更换
8. 平层误差大	1. 选层器上的换速接点与固定接点位置不合适	调整
	2. 平层感应器与隔磁板位置不当	调整
	3. 制动器弹簧过松	调整

续表

故障现象	原　因	排　除　方　法
9. 开门速度变慢	1. 开关门速度控制电路出现故障	检查低速开关门行程开关，排除故障
	2. 开门皮带打滑	张紧皮带
10. 电梯在行驶中突然停车	1. 外电网停电或倒闸换电	如停电时间过长，应通知维修人员采取营救措施
	2. 由于某种原因引起电流过大，总开关保险丝熔断，或自动空气开关跳闸	找出原因，更换保险丝或重新合上空气开关
	3. 门刀碰撞刀轮，使锁臂脱开，门锁开关断开	调整门锁滚轮与门刀位置
	4. 安全钳动作	在机房断开总电源，将制动器松开，人为地将轿厢上移，使安全钳楔块脱离导轨，并使轿厢停靠在层门口，放出乘客。然后合上总电源开关，站在轿厢顶上，以检修速度检查各部分有无异常，并用锉刀将导轨上的制动痕修光
11. 电梯平层后又自动溜车	1. 制动器弹簧松动，或制动器出现故障	收紧制动弹簧或修复调整制动器
	2. 曳引绳打滑	修复曳引轮绳槽或更换
12. 电梯冲顶撞底	1. 由于控制部分例如选层器换速触点、选层继电器、井道换速开关、极限开关等失灵，或选层器链条脱落等	查明原因后，酌情修复或更换元件
	2. 快速运行继电器接点粘住，使电梯保持快速运行直至冲顶或撞底	冲顶时，由于轿厢惯性冲力很大，当对重被缓冲器撑住，轿厢会产生急抖动下降，可能会使安全钳动作。此时应首先拉开总电源，用木柱支撑对重。用3t手动葫芦吊升轿厢，直至安全钳复位

续表

故障现象	原　因	排　除　方　法
13. 电梯启动和运行速度有明显下降	1. 制动器抱闸未完全打开或局部未打开	调整
	2. 三相电源中有一相接触不良	检查线路，紧固各接点
	3. 行车上、下接触器触点接触不良	检修或更换
	4. 电源电压过低	调整三个电压，电压值不超过规定值的±10%
14. 预选层站不停车	1. 轿内选层继电器失灵	修复或更换
	2. 选层器上减速动触点与预选静触点接触不良	调整与修复
15. 未选层站停车	1. 快速保持回路接触不良	检查调整快速回路中的继电器与接触器触点，使其接触良好
	2. 选层器上层间信号隔离二极管击穿	更换二极管
16. 电梯在运行中抖动或晃动	1. 曳引机减速箱蜗轮、蜗杆磨损，齿间隙过大	调整减速箱中心距或更换蜗轮、蜗杆
	2. 曳引机固定处松动	检查地脚螺栓、挡板、压板等，如有松动拧紧
	3. 个别导轨架或导轨松动	慢速行车，在轿顶上检查并拧紧
	4. 滑动导靴的靴衬磨损过大，滚轮也严重磨损	更换滑动导靴的靴衬；更换滚轮导靴或修复滚轮
	5. 曳引绳松紧差异大	调整绳头套螺母，使各条曳引绳拉力一致
17. 局部保险丝经常烧断	1. 该回路导线有接地或电气元件有接地	检查接地点，加强绝缘
	2. 继电器绝缘垫片击穿	加绝缘垫片或更换继电器
18. 主保险丝片经常烧断	1. 保险丝片容量选的小，或接触不良	按额定电流更换保险丝片，并压接紧固
	2. 接触器接触不良或被卡阻	检查调整接触器，排除卡阻或更换接触器
	3. 电梯启、制动时间过长	调整启、制动时间

续表

故障现象	原　因	排　除　方　法
19. 电梯运行时，在轿厢内听到摩擦声	1. 滑动导靴靴衬磨损严重，使两端金属板与导轨发生摩擦	更换靴衬
	2. 滑动导靴中卡入异物	清除异物并清洗靴衬
	3. 由于安全钳拉杆松动等原因，使安全钳楔块与导轨发生摩擦	修复
20. 开、关门时，门扇振动大	1. 门滑轮磨损严重	更换门滑轮
	2. 门锁两个滚轮与门刀未紧贴，间隙大	调整门锁
	3. 门导轨变形或发生松动偏斜	校正导轨；调整紧固导轨
	4. 门地坎中的滑槽积尘过多或有杂物，妨碍门的滑行	清理
21. 门安全触板失灵	1. 触板微动开关出了故障	排除或更换
	2. 微动开关连线短路	检查电路，排除短路点
22. 轿厢或厅门有电麻感觉	1. 轿厢或厅门接地线断开，或者接触不良	检查接地线，使接地线不大于 4Ω
	2. 接零系统零线重复接地线断开	接好重复接地线
	3. 线路有漏电现象	检查线路绝缘，其绝缘电阻不应低于 $0.5MΩ$

449

第六章 自动扶梯

随着经济的发展、科学技术的进步，人们对现代化设施倍加青睐。机场、车站、码头、地铁、商场在增建、扩建、更新中都把自动扶梯作为迅速集散乘客的首选交通设施。

自动扶梯与自动人行道是一种开放式的连续运输工具，运输量可达 8000~9000 人/h。它能上行，也能下行，不仅集散旅客十分方便，而且还起着美化环境的作用。

我国目前形势发展越来越好，经济建设迅速发展，新的商场、车站、宾馆等不断涌现，对自动扶梯的需求越来越大，所以自动扶梯得到越来越广泛的应用。

第一节 自动扶梯的分类和电气控制系统的发展

一、自动扶梯的分类

自动扶梯的形式多样，并从各个角度进行分类，具体分类如下：
① 按曳引链的型式分类：有链条式和齿条式两类。
② 按梯级宽度分类：有 1000mm 双人梯、800mm 单人梯和 600mm 单人梯。
③ 按扶手护壁型式分类：有全透明、半透明和不透明三种。
④ 按扶手照明分类：有有照明和无照明两类。
⑤ 按提升高度分类：有小高度，中高度和大高度三类。
小高度提升高度为 3~6m；
中高度提升高度为 6~20m；

大高度提升高度为 20m 以上。

⑥ 按倾斜角度分类：有 30°，35°和 27.3°三类。

⑦ 按运行速度分类：有当倾斜角度 $\leq 30°$ 时，不超过 0.75m/s 和当倾斜角度 $> 30°$ 而 $\leq 35°$ 时，不超过 0.5m/s 两种。

⑧ 按设置方法分类：有单台型，单列型，单列重叠型，并列型和交叉型等。

二、自动扶梯电气控制系统的发展

初期的自动扶梯采用继电器式电气控制系统。由接触器、继电器和行程开关组成。通常系统分主电路、控制电路、保护电路及电源几部分。特点是电路简单、便于掌握、维修技术要求低；但是采集故障信号的速度慢，故障率较高。

随后，电子式自动扶梯控制系统得到广泛应用。由二极管、三极管和晶闸管等器组成。但通常在强电部分还采用接触器等机电式器件。这种控制系统自动化程度大为提高，各种保护电路得到广泛应用。体积相应的减小。无触点开关噪声小、故障检测准确、及时并可靠。

随着可编程序控制器产品的大量生产，可编程序控制器（PLC）在自动扶梯中也广泛应用。这种控制系统编程简单、并可在现场修改程序，维护方便，可靠性比继电器高，体积小等优点。又由于 PLC 技术不断发展，产品模块化，扩展能力强，并和微机容易连接，所以 PLC 控制系统能在较长时间得到应用。

在计算机应用越来越普及的时代、在电梯和自动扶梯中广泛采用微机控制系统、并采用微机检测，自动监控和各种自动保护装置。采用计算机技术后。使自动扶梯的控制系统各项指标都得到了极大的提高。大体上又分为两类：一是单片机或自动扶梯控制系统，二是微机自动扶梯控制系统。这类控制系统具有体积小、控制功能多、节能、通用性强等特点，是发展的主流。而且随着计算机的进步、功能越来越齐备，越来越向现代化、智能化发展，并且可靠性越来越高。这类系统通常由硬件系统和软件系统两部分组成。特别是由于软件技术的发展，可以实现遥测、遥控、遥调和遥修。有些故障技术人员可以在异地指导维修人员进行故障的排除。

第二节 PLC式和单片机式自动扶梯控制系统

目前，国内外大量使用PLC式和单片机式电梯控制系统。可编程序控制器(简称PLC、)可靠性高、抗干扰能力强、功能完善、编程简单、使用方便、控制程序可变，具有柔性好、扩充方便、组合灵活等特点。单片机包括CPU、ROM、RAM、I/O接口、T/C、SUNIT、A/D、D/A转换器等。电梯控制系统具有体积小、控制能力强、功耗低、成本低、设计周期短、通用性强等特点。尽管技术还在不断发展，已经有更先进的控制系统出现，但是从广泛使用角度讲，仍有必要以PLC式和单片机式电梯控制系统加以介绍。

一、PLC式自动扶梯控制系统

应用可编程序控制器要注意系统配置和程序编写两个方面。PC机的原理框图和自动扶梯PC电气原理框图，如图6-1和图6-2

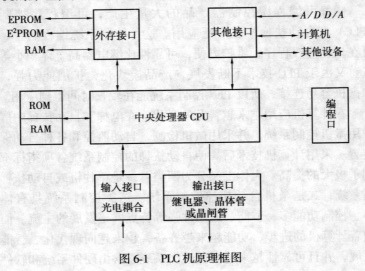

图6-1 PLC机原理框图

所示。

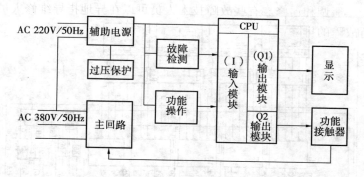

图 6-2 自动扶梯 PLC 电气原理框图

从图 6-1 中可以看出，PLC 机的硬件采用了 CPU、RAM，接口电路等微机技术。PLC 控制方式可以充分发挥其软件功能。具体实例 SU-6 系列 PLC 式总原理图，如图 6-3 所示。

从图 6-3 中可以看出，主电路输入三相交流 380V，50Hz 电源经空气开关 QF，相序继电器 KP 的相序认定后，给上、下行接触器 KM1、KM2 供电，拖动曳引电动机 M1，在启动时频敏变阻器 R 接入 M1 的转子回路，以良好的启动特性自动启动，4~6s 后 KM4 接通（延时由 PC 机完成），将 M1 转子绕组和 R 短接，电机 M1 进入正常工作状态。接触器 KM3 吸合时，制动电动机 M2 工作。HL1 红、绿指示灯，分别为电源指示。

电源变压器 TC、整流桥 VC、稳压块 N（7812）等组成辅助电源。输入交流 220V、50Hz 经开关 QS、熔断器 FU 给 TC 供电，TC 的二次绕组输出 14V 交流电压，经 VC 整流、C1 滤波、N（7812）稳压、C2 滤波后提供 12V 直流电源，二次绕组 II 为控制电路提供与电网隔离的交流 220V、50Hz 电源。HL5 为辅助电源供电指示灯，V5 为负半周续流二极管，C15 为交流阻抗电容，对 HL5 起限流保护作用。

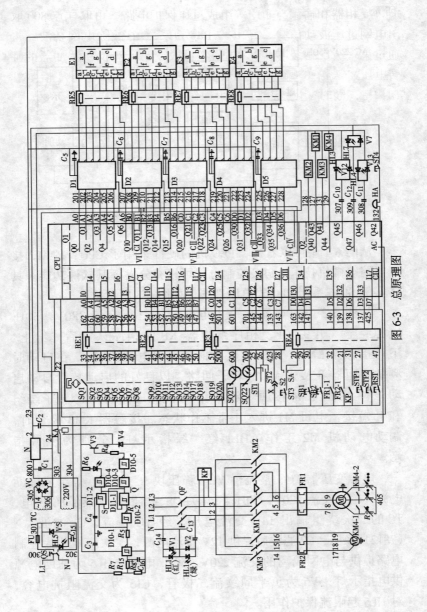

图 6-3 总原理图

反相器和输入与非门等组成过压保护电路。由取样点 800 取出电网过压波动信号，经 R7、R8 分压，C16 滤除电网杂波，再通过第一级反相缓冲器（调整 R7 可改变第一级反相缓冲器的翻转电压）送给 RS 触发器的置位端 S，使 Q 为高电平，指示灯 HL2 亮，同时 $\overline{Q}$ 为低电平，由两级反相缓冲器使开关三极管 V3 导通，继电器 KA 工作，起到过压保护作用。

二、PLC 机

在 SU-6 系列中 PLC 机的 CPU 模块选用 SU-E，输出、输出模块分别为 U-38N、U-38T 和 U-25T。一般 PLC 机 CPU 中都设置有自动和手动 I/O 定义号分配方式。如果不进行任何 I/O 定义号的分配操作，I/O 定义号将从最低基架号的最左面开始，以安装的 I/O 模块顺序进行分配。在此采用的就是这种自动 I/O 定义号分配方式。系统输入量有 32 个，其中检测类 22 个，操作类 10 个；输出量有 36 个，其中主回路占 8 个，显示部分 28 个。

I/O 端子定义、故障输入梯形图、自动和检修梯形图、同步检测梯形图、扶手带异速检测梯形图、运行计时梯形图、故障显示编码梯

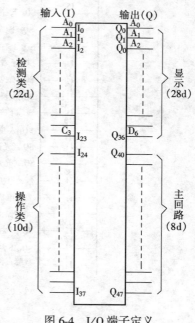

图 6-4 I/O 端子定义

形图、计时显示与故障显示转换梯形图，如图 6-4 ~ 图 6-11 所示。

图 6-5 故障输入梯形图

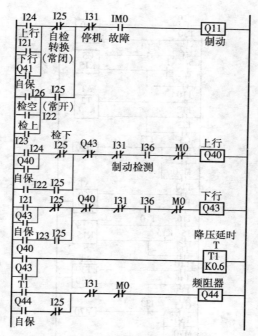

图 6-6 自动和检修梯形图

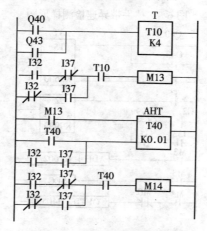

图 6-7 同步检测梯形图

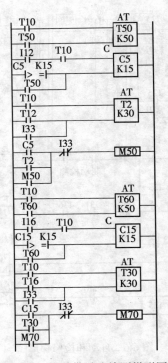

图 6-8 扶手带异速检测梯形图

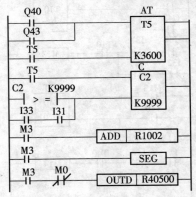

图 6-9 运行计时梯形图

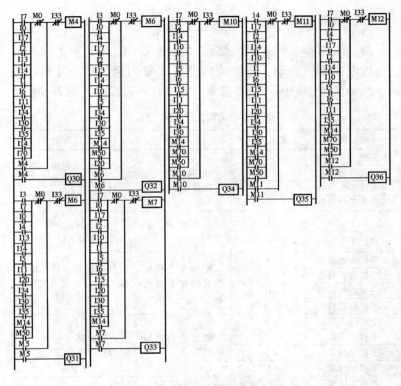

图 6-10 故障显示编码梯形图

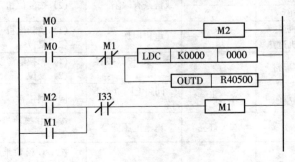

图 6-11 计时显示与故障显示转换梯形图

三、故障维修

自动扶梯有多种多样的结构，但在常见故障类别上大致相同。以电梯无法启动、电铃响的故障现象为例，对于其显示代码、故障的可能原因，以及排除的方法，列表说明，见表6-1。

自动扶梯的常见故障和维修　　　　表 6-1

故　　障	显示代码	故障原因	排除方法
上左扶手带异物	1	扶手带进、出口处有物体进入	(1) 取出物体，将进(出)口挡板复位 (2) 按动复位按钮
上右扶手带异物	2		
下左扶手带异物	A		
下右扶手带异物	B		
左扶手带断	F	过量磨损、老化	(1) 换新扶手带 (2) 复位
左扶手带断	H		
上左梳齿板移位	3	杂物卡进梯级槽重物撞击梳齿板	(1) 取出杂物，换新梳齿 (2) 按复位钮
上右梳齿板移位	4		
下左梳齿板移位	C		
下右梳齿板移位	D		
上梯级下沉	6	螺钉松动或梯级损坏	(1) 修复 (2) 按复位钮
下梯级下沉	E		
上梯级异常	7		
下梯级异常	U		
左曳引链断	L	链条过量磨损或链条有缺陷	(1) 换新链节 (2) 按复位钮
右曳引链断	P		
驱动链断	5		
曳引电动机过热	N	电机损坏	(1) 换新电机 (2) 复位
制动电动机过热	8		
电网相序异常	G	三相电源线接错	(1) 相换电源线 (2) 复位
电网电压过高	发光二极管亮	同路电网负载下降	待电网正常
CPU模块故障	有关灯亮	电池电压低等	按CPU模块维修流程检查
I/O模块故障			按I/O模块维修流程检查（需参阅各模块的规格）
BATT故障	LED显示闪烁		更换电池

四、单片机式自动扶梯控制系统

单片机是将中央处理器（CPU）、只读存储器（ROM）、随机存储器（RAM）、输入/输出接口（I/O）、定时器/计数器（T/C）、串行接口单元（SUNIT）、数/模、模/数转换器（A/D、D/A）等计算机系统的标准分立部件优化组合在一个芯片上。具有体积小、控制能力强、功耗低、成本低、易于施工、通用性强等优点，在电梯和其他装置中广泛应用。

（一）单片机式自动扶梯控制系统的构成

单片机式自动扶梯控制系统原理图，如图 6-12 所示。

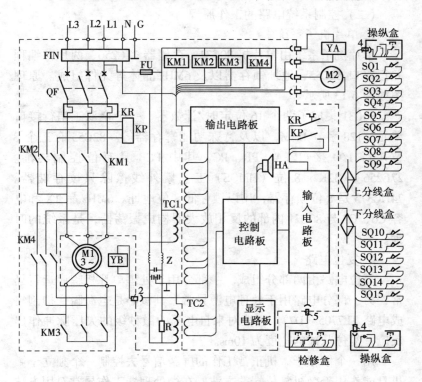

图 6-12　单片机式自动扶梯控制系统原理框图

从图 6-12 中可以看出，电动机的主电路由曳引电动机 M1、失电制动器和制动电磁铁 Y8、可逆接触器 KM1、KM2，星、三角转换接触器 KM3、KM4、热继电器 KR、相序继电器 KP，漏电保护开关 F1N 和断路器（总电源开关）QF 组成。

微机控制系统由控制电路板、驱动电路板、输入电路板、显示电路板、操纵盒、检修盒保护开关和电源等组成。

控制电路板由单片机、安全保护电路、输入输出接口和存储器组成。驱动电路板由光耦合器和晶闸管驱动电路组成。输入电路板为一组光耦合器。显示电路板由 6 位 8 段数码管及相应的驱动电路组成。

（二）控制系统电路的工作原理

1. 单片机子系统

单片机子系统由单片机 80C31、存储器 27C256、两片可编程并行接口 82C55、地址锁存器以及 6MHz 晶体等元件组成。原理图如图 6-13 所示。

80C31 集成了两个 16 位定时/计数器、一个全双工串行接口单元、128 字节 RAM，以及特殊功能寄存器等。82C55 有三个 8 位并行 I/O 接口 PA、PB、PC，其中 PCR 具有位控制功能。27C256 是 32K×8 位（HMOS）工艺紫外线擦除只读存储器。74HC373 是 8 位锁存器，用以锁存低 8 位地址。6MHz 晶 TX 和电容 C6、C7 与 80C31 内部的反相放大器构成振荡器，是系统的时钟。

2. 复位电路

复位电路由两部分组成。一部分用于处理单片机程序运行异常；另一部分电路用于处理电源异常，其核心是电源瞬变抑制集成电路 TL7705（D7），它能对来自电源的微秒级的欠压脉冲作出反应，复位脉冲的宽度为 10ms。

用一个依赖于微机正常工作的屏蔽信号去控制一个独立于微机且能作用于微机复位端的方波，在微处理器工作异常对用方波复位并重新启动系统来恢复正常运行；电路的核心部分是一块 4

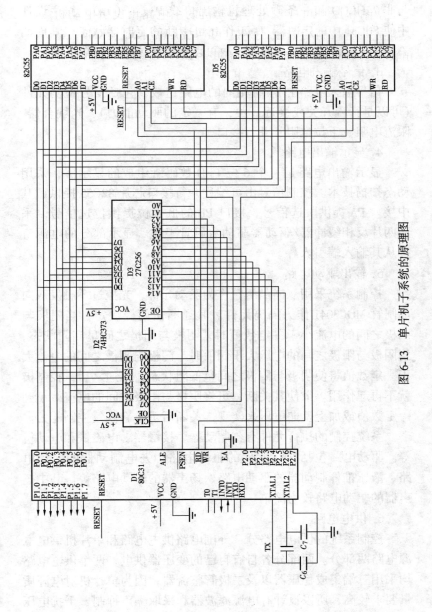

图 6-13 单片机子系统的原理图

与非 74HCOO 和一条微处理机输出口线 P3、4（T_0）；程序设计中使 80C31 中的定时器 T_0 工作在可中断的定时器状态，其周期 T 为 1ms，满足 $T_1 \gg T_2 \gg T$，故可以维持复位电路正常工作。

3. 信号输入电路

信号输入电路由 24 组相同的电路组成。包括信号检测元件（可以是行程开关或接近开关，有一定的驱动能力）、光耦合器、限流电阻、下拉电阻、并行接口等。

4. 显示输出电路

显示输出电路是一个 6 位 LED 数码管组成的显示屏，采用动态扫描技术。控制信号由可编程并行接口芯片 82C55 提供，其中接口 PA 提供段选信号，接口 PB 的低 6 位提供位选信号，采用两片反相缓冲器/驱动器驱动数码管工作。显示部分的电源直接从其输入端引入。

5. 输出驱动电路

控制系统采用双向晶闸管作为驱动元件，光控过零触发双向晶闸管 MOC3041 作为隔离元件。其通断由门极决定，当门极与阴极之间的电流小于一定数值时，阴极与阳极之间呈高阻状态，当阴极与阳极之间的电压大于阀值时，门极与阴极之间的电流大于一定数值将使阴极与阳极之间呈低阻状态，导通之后，控制极就不再起作用。欲使其关断，可将阴极与阳极之间的电流减小到一定数值或加上反向电压来实现，关断后可重新恢复控制能力。

系统控制的执行元件有：制动器、接触器、电磁铁和电动机等。驱动电路包括执行元件的驱动电路、失电制动器的驱动电路、液压推杆制动器的驱动电路、扬声器的驱动电路等。其中扬声器的驱动电路较为简单。

6. 供电电路

控制系统的供电电路分：外围电路供电电路和单片机供电电源电路两部分。两部分各自有自己的变压器供电，两个供电电路均采用三端集成稳压器以及二极管整流器，因为单片机对电源质量要求较高，所以设计有电源滤波器和采取噪声抑制、干扰电压

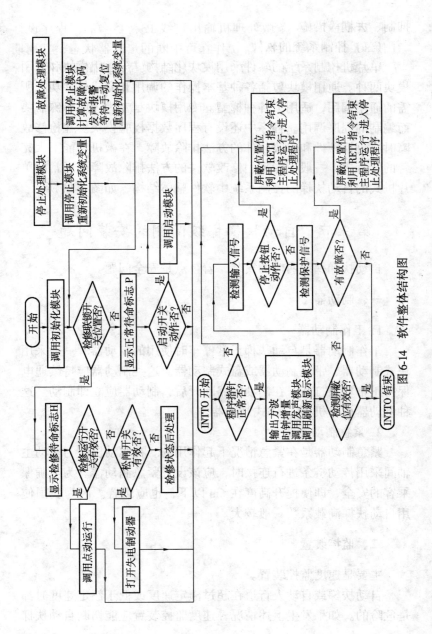

图 6-14 软件整体结构图

抑制、去耦等措施。

(三) 控制系统的软件

单片机控制系统的软件采用模块化结构。分通用模块和专用模块两种。通用模块包括各种基本操作的调用和完成软件功能所需的通用调用，适用于各种梯型。专用模块是专为适应特殊需要而编制的程序调用。程序中还设有程序数据校验模块。在检修故障时有更换硬件和修改软件的方法排除故障，在微机功能不太完善的装置中，一般不能采用修改软件的方法排除故障。通常的单片机式的自动扶梯的控制系统中软件整体结构，如图 6-14 所示。

第三节　自动扶梯梯级两侧的安装问题

自动扶梯梯级两侧的安装，着重点是安全问题。

一、制动器

1. 工作制动器

工作制动器是自动扶梯正常停车时使用的制动器。一般采用块式制动器、带式制动器或盘式制动器。这类制动器应持续通电保持正常释放打开，在制动电路断开后，制动器应立即制动。这种制动器也称机-电一体式制动器。

2. 紧急制动器

紧急制动器是在紧急情况下起作用的。在驱动机组与驱动主轴间采用传动链条进行连接时，应该设置紧急制动器。为了确保乘客的安全，即使提升高度在 6m 以下，也应设置。因为我国使用自动扶梯满载系数一般较大。

二、监控装置

主要是速度监控装置。

自动扶梯或自动人行道在超过额定速度或低于额定速度时都是危险的。如果发生上述情况，速度监控装置应能切断自动扶梯和自动人行道的电源。

图 6-15 所示是速度监控装置的一种。与制动轮 2 同轴装有飞轮 1，在飞轮下面装有磁块 3。另有脉冲接收器装在底架上，与开关相连。飞轮轴转动时，磁块产生脉冲，就能控制速度。当自动扶梯速度高于额定速度 1.2 倍之前或低于额定速度时立即停车。速度监控装置也有用离心式的。

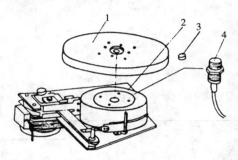

图 6-15　速度监控装置

三、安全保护装置

1. 牵引链条伸长或断裂保护设备

前述的防止牵引链条断裂保护设备是机械式的。另外，在张紧装置的张紧弹簧端部装设开关，当牵引链条由于磨损或其他原因而过长时，即碰到开关，切断电源而使自动扶梯停止运行。

2. 梳齿板保护装置

图 6-16 为梳板结构图。在梳板下方装一斜块（图 6-17），斜块之前装一开关，当乘客的伞尖、高跟鞋后跟或其他异物嵌入梳齿之后，梳齿板向前移动，当移到一定距离时，梳板下方的斜块，撞击开关，切断电源，自动扶梯立即停止运转。斜块和开关间的距离用安装在梳板下的螺杆进行调节。

3. 扶手胶带入口防异物保护装置

扶手胶带在端部下方入口处常常发生异物夹住事故，孩子的手也容易被夹住。因此，应安装防异物保护装置。此处介绍一种

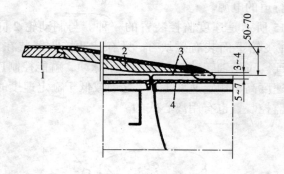

图 6-16 梳齿板结构
1—前沿板；2—梳板；3—梳齿；4—梯级踏板

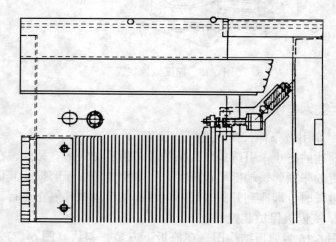

图 6-17 梳齿板保护装置

弹性体套圈防异物保护装置（图 6-18）。这种套圈在受到平行于扶手胶带运动方向的力作用时将发生变形。这一装置有一个安装在扶手胶带入口处的套圈，扶手胶带可以从中通行，弹性体缓冲器安装在套圈内以形成该装置的外层元件。缓冲器装有许多销钉，销钉沿扶手胶带的运动方向穿过套圈。当套圈缓冲器由于与扶手胶带入口的异物接触而充分变形时，这些销钉能触动安装在

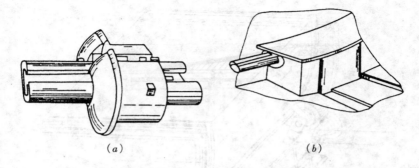

图 6-18 弹性体套圈防异物保护装置
(a) 外观；(b) 扶手入口处

入口内的开关。当销钉触动开关时，自动扶梯停车并发出警报信号。当引起停车的物体与套圈缓冲器脱离接触时，缓冲器的固有弹力使销钉离开开关，使自动扶梯重新启动。

4. 梯级塌陷保护装置

梯级是运载乘客的重要部件，如果损坏是很危险的。在梯级损坏而塌陷时，应有保护措施。在梯路上下曲线段处各装一套梯级塌陷保护装置（图 6-19）。如图所示在梯级辅轮轴上装一角形件，另在金属结构上装一立杆，与一六方轴相连，其下为开关。当梯级因损坏而下陷时，角形杆碰到立杆，六方轴随之转动，碰击开关，自动扶梯停止运转。排除故障后，六方轴复位，自动扶梯重新运转。

5. 裙板保护装置

如图 6-20 所示，自动扶梯正常工作时，裙板 2 与梯级 4 间保持一定间隙，单边为 4mm，两边之和为 7mm。为保证乘客乘行自动扶梯的安全，在裙板的背面安装 C 形钢，离 C 形钢一定距离处设置开关。当异物进入裙板与梯级之间的缝隙后，裙板发生变形，C 形钢也随之移动，达到一定位置后，碰击开关 1，自动扶梯立即停车。

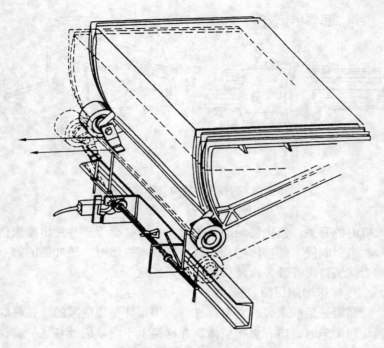

图 6-19 梯级塌陷保护装置

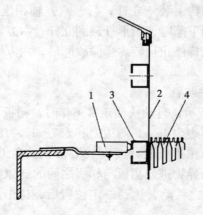

图 6-20 裙板保护装置

四、电气保护装置

1. 电机保护

当超载或电流过大时，开关自动断开使自动扶梯停车。在充分冷却后，开断装置自动复位。直接与电源连接的电动机应进行短路保护，该电动机应采用手动复位的自动开关进行过载保护，该开关应切断电动机的所有供电电源。

2. 梯级间隙照明装置

在梯路上下水平区段与曲线区段的过渡处，梯级在形成阶梯，或在阶梯的消失过程中，乘客的脚往往踏在两个梯级之间而发生危险。为了避免上述情况的发生，在上下水平区段的梯级下面各安装一个绿色荧光灯（图6-21），使乘客经过该处看到绿色荧光灯时，即时调整在梯级上站立的位置。

3. 相位保护

当电源相位接错或相位脱开时，自动扶梯应不能运行。

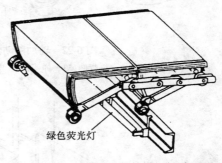

绿色荧光灯

图6-21 上下水平区段的梯级间隙照明

4. 急停按钮

在扶手盖板上装有一个红色紧急开关，其旁边装有钥匙开关，可以按要求方向打开。紧急开关装在醒目而又容易操作的地方。在遇有紧急情况时，按下开关，即可立即停车。

五、辅助的安全装置

1. 辅助制动器（图6-22）
2. 机械锁紧装置（图6-23）

在自动扶梯运输过程中，或长期不用时，为保险起见，按用户要求可将驱动机组锁紧。

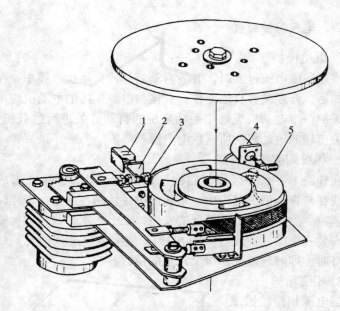

图 6-22 辅助制动器
1—开关；2—弯件；3—弹簧；4—电磁铁；5—拉杆

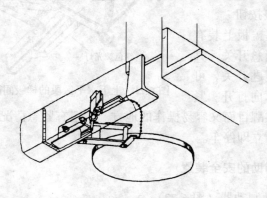

图 6-23 机械锁紧装置

3. 梯级上的黄色边框（图 6-24）

梯级是运载乘客的重要部件，为确保乘客安全，有的国家和

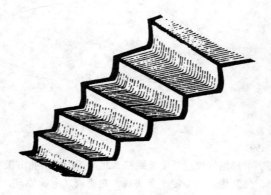

图 6-24 黄色边框

地区还要求在梯级上具备黄色边框,以告知乘客只能踏在非黄色边框区域,以策安全。

4. 裙板上的安全刷

为防止梯级与裙板之间夹住异物例如伞尖等,除上述安全措施外,某些国家还要求有安全刷(图 6-25)。若干安全刷 2 安装在裙板上的底座上,刷子上带油,乘客怕弄脏裤脚就离开裙板站立,因而消除夹住的危险。图中 1 示梯级,3 示裙板。

5. 扶手胶带同步监控装置

扶手胶带正常工作时应与梯级同步。如果相差过大,作为重要的安全设施的活动扶手就会失去意义,特别是在扶手胶带过分慢时,会将乘客的手臂向后拉。为此,可设置扶手胶带监控装置。

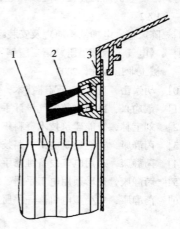

图 6-25 裙板上的安全刷
1—梯级;2—安全刷;3—裙板

参 考 文 献

[1] 史信芳，陈影，毛宗源．电梯技术原理维修管理．北京：电子工业出版社，1992
[2] 陈家盛．电梯结构原理及安装维修．北京：机械工业出版社，2002
[3] 张福恩，吴乃优，张金陵，李秧耕．交流调速电梯原理．设计及安装维修．北京：机械工业出版社，1992
[4] 胡立峰．自动扶梯原理设计与维修．北京：机械工业出版社，1998
[5] 郭兴朴．电机与控制．北京：机械工业出版社，2003
[6] 张俊谟．单片机中级教程原理与应用．北京：北京航空航天大学出版社，2000
[7] 三菱电机株式会社．变频调速器使用手册．北京：兵器工业出版社，1992
[8] 陈家盛．电梯结构原理及安装维修．北京：机械工业出版社，1990
[9] 《电气工程师手册》第二版编辑委员会．电气工程师手册．北京：机械工业出版社，2000
[10] 胡崇岳．现代交流调速技术．北京：机械工业出版社，1999
[11] 戴瑜兴．民用建筑电气设计手册．北京：中国建筑工业出版社，2000
[12] 刘宝林．智能建筑技术资料集．北京：中国建筑工业出版社，2000
[13] 芮静康．智能建筑电工电路技术．北京：中国计划出版社，2001
[14] 芮静康．通用电气设备维修手册．北京：中国建筑工业出版社，2000
[15] 芮静康．袖珍通用电工手册．北京：中国建筑工业出版社，2001
[16] 芮静康．中小型电机修理手册．北京：机械工业出版社，1997